WOGUO HAIYANG WENHUA CHANYE FAZHAN MOSHI YANJIU

我国海洋文化产业发展模式研究

杜　珂　著

中国海洋大学出版社

·青岛·

图书在版编目（CIP）数据

我国海洋文化产业发展模式研究／杜珂著. —青岛：中国海洋大学出版社，2020.11

ISBN 978-7-5670-2647-6

Ⅰ.①我…　Ⅱ.①杜…　Ⅲ.①海洋—文化产业—产业发展—发展模式—研究—中国　Ⅳ.①P7-05

中国版本图书馆CIP数据核字（2020）第225508号

出版发行　中国海洋大学出版社
社　　址　青岛市香港东路23号　**邮政编码**　266071
网　　址　http://pub.ouc.edu.cn
出 版 人　杨立敏
责任编辑　王积庆　**电　　话**　0532-85902349
电子信箱　wangjiqing@ouc-press.com
印　　制　青岛中苑金融安全印刷有限公司
版　　次　2020年11月第1版
印　　次　2020年11月第1次印刷
成品尺寸　170 mm × 230 mm
印　　张　17.75
字　　数　234千
印　　数　1 ~ 1000
定　　价　55.00元
订购电话　0532-82032573（传真）

前言

PREFACE

21 世纪是海洋的世纪，向海则兴，背海则衰。作为 21 世纪的朝阳产业，世界各沿海发达国家均致力于大力发展海洋文化产业。我国海洋文化产业的发展起步较晚，具有很大的发展潜力，发展前景不可限量。在国家重视海洋、加快海洋强国建设和海洋生态文明建设的战略部署下，我国海洋文化产业正以创新、协调、绿色、开放、共享的姿态在海洋经济发展的浪潮中不断把美丽海洋铸造成为可持续发展的“蓝色引擎”。但客观来讲，在发展过程中还存在着重视程度不够、产业发展不平衡、发展方向不明确、体制机制不健全、忽视生态环境保护、专业人才匮乏等发展模式方面的问题和不足，简言之，我国海洋文化产业的发展面临抉择其发展模式的问题。

鉴于此，本书立足于新时代海洋强国建设的背景寻求海洋文化产业发展新路径，主要以海洋文化产业发展模式为研究对象，以习近平新时代海洋强国建设思想、海洋生态文明建设理论和海洋经济可持续发展理论等为指导，以“内涵解析—理论基础—现状分析—综合评价—模型解析—模式重建—对策建议”为研究思路，对我国海洋文化产业发展模式进行系统而全面的研究，提出构建以海洋文化为先导的海洋文化产业创新生态系统发展模式，以期为我国海洋文化产业发展提供借鉴和参考。

第一，海洋文化产业发展模式相关理论溯源。对海洋文化产业发展模式及相关概念的国内外研究文献进行较为详细的综述研究，对海洋文化、海洋文化产业、海洋文化产业发展模式等概念进行界定，阐述各个概念的内涵、特征及分类，论述海洋文化与文化产业的多元融合。梳理学界现有的相关理论，为后面的研究提供必要的理论铺垫和前提分析。

第二，分析海洋文化产业发展模式现状。通过对我国海洋文化产业发展的政策进行梳理，对我国海洋文化产业发展、海洋文化事业、海洋文化第三产业的发展历程进行阐述，厘清我国海洋文化产业发展政策现状。研究分析国外发展海洋文化产业的几类典型做法，通过分析国外海洋文化产业发展模式的基本情况，总结提炼出对我国海洋文化产业发展模式的启示。根据不同的要素需求，结合不同区域的资源禀赋特征梳理不同的海洋文化产业发展模式，在对五类“海洋文化 +”的海洋文化产业发展模式现状进行研究分析的基础上，总结出目前我国海洋文化产业发展模式中存在的问题，以期在接下来的模型解析和模式重建中得到解决。

第三，对我国海洋文化产业发展模式选择进行实证检验。通过对最近 10 年海洋统计年鉴数据的梳理分析，经过反复的研究和论证，兼顾评价指标数据的相关性和可获得性，权衡确定海洋文化产业发展共 5 大类 14 个评价指标，在构建的模型基础上，利用层次分析法对评价指标进行量化分析，通过数据分析得出结论：在海洋文化资源、市场需求、政府行为、人才科技、人口卫生 5 大类指标中，对海洋文化产业的发展影响最大的指标是海洋文化资源，即在海洋文化产业发展过程中，海洋文化产业中的文化属性与产业属性相比，文化属性的作用相对更为重要，我国海洋文化产业的发展应当成为先进文化的助推器，不能脱离海洋文化的先导或者仅仅打着海洋文化的幌子来专门搞产业化。

第四，我国海洋文化产业发展模式的重构。本书尝试提出我国海洋文化产业发展模式构想，即构建海洋文化产业创新生态系统发展新模式。这个发展模式是以海洋文化为先导的，能够融合海洋文化产业政策、市场环境等要素，这些因素和要素互利共生，共同促进海洋文化产业健康发展，系统中各个主体和要素缺一不可，系统的健康运转需要各个因素的相互支持、合理搭配和共同推动。在此基础上，阐述海洋文化产业发展模式重构的必要性，阐明重构的思路、应有的机制、发展模式体系和政策衔接。

第五，对我国海洋文化产业发展模式提出对策建议。以模型评价的结果为依据，结合构建海洋文化产业创新生态系统发展新模式，在提升国民海洋文化意识、优化产业布局、转变政府职能、加强人才培育、完善配套机制等方面提出关于我国海洋文化产业发展模式的对策建议和保障措施。

目录

CONTENTS

5 我国海洋文化产业发展模式选择的影响因素

6 我国海洋文化产业发展模式的重新构建

1 绪 论

1.1 研究背景、研究目的和研究意义

1.1.1 研究背景

海洋文化产业作为文化产业中新兴的产业形态，在全世界各地蓬勃发展，各沿海国家都已开始关注海洋文化产业的发展。目前，世界上各沿海发达国家均把海洋战略提升至国家发展战略的高度。比如，美国和俄罗斯都确定了以海洋经济和海洋安全为核心的海洋战略；韩国和澳大利亚等国把海洋产业发展作为经济发展的核心，以实现海洋经济发展战略；日本更是提出把海洋纳入国家的大战略和全球视野之中。当前，海洋文化产业正慢慢被视为重要战略性支撑产业，以实现海洋经济发展资源瓶颈的突破。近些年来，各沿海国家为了在海洋文化产业中寻找新的动能、实现新的突破，都下大力气在如何更好地开发和利用海洋文化资源、提高文化产业对国民经济的贡献等方面加强研究。在“蓝色浪潮”的冲击下，许多国家意识到发展海洋文化产业是经济发展中一个有潜力的新的增长点，开始进一步深化对海洋经济全球布局观的认知，大力发展和提升海洋文化资源的转化能力，主动适应并引领海洋

文化产业发展新常态。我国正处于新旧动能接续转换、经济转型升级的关键时期，传统经济的增长速度已明显放缓、效益下降，作为新动能的文化产业迎来了黄金发展期，成为国民经济发展的新引擎，并逐步成为国民经济的支柱产业，这其中海洋文化产业作为文化产业中的重要组成部分，发展规模和发展速度日益提升，在丰富沿海地区人民大众文化生活的同时，也在很大程度上推动了当地经济社会的稳步发展。[①] 近年来我国相继制定出台《全国海洋经济发展规划纲要》《全国海洋功能区划（2011—2020年）》和《全国海洋经济发展"十三五"规划》等一系列政策规划，在加快供给侧结构性改革的同时，启动5个省份作为试点，蓄力完善海洋产业的布局，提高海洋产业的层次与结构，增强海洋产业的科技创新能力，科学规划海陆统筹的保护和开发，推动海洋生态文明建设，加强海洋产业的开放与合作，推进海洋经济发展模式由高速度发展向高质量发展转变，海洋经济的发展正面临前所未有的机遇。

在国家战略层面，习近平总书记在中央政治局集体学习时提出"21世纪，人类进入了大规模开发利用海洋的时期""要进一步关心海洋、认识海洋、经略海洋"等论断。早在"十二五"时期，党的十八大提出建设海洋强国，已然将建设海洋强国战略纳入国家发展战略，其中，建设与中国海洋强国战略相适应的海洋文化和海洋文化产业将发挥更加有力的推进器作用。[②] 海洋产业结构优化，创新能力显著增强，可持续发展能力进一步提高，综合开发管理体系得到完善，海洋经济将成为国民经济发展的强大动力。"十三五"规划纲要明确提出，要拓展蓝色经济空间，坚持陆海统筹，建设海洋强国。

---

① 丘萍，张鹏，雅茹塔娜，等．海洋文化产业与旅游产业融合探析［J］．海洋开发与管理，2018，35（4）：16-20.

② 张纾舒．中国海洋文化研究历程回顾与展望［J］．中国海洋大学学报（社会科学版），2016（4）：32-41.

党的第十八届五中全会提出，必须牢固树立并切实贯彻“五位一体”的发展理念，破解发展难题，厚植发展优势，才能实现“十三五”时期发展目标，这是关系我国发展全局的一场深刻变革。[①] 党的十九大报告关于实施区域协调发展战略的表述中，更是明确阐述了“坚持陆海统筹，加快建设海洋强国”的战略部署。2018 年 12 月，十三届全国人大常委会第七次会议，即 2018 年最后一次常委会会议审议了我国海洋经济发展以及加快海洋强国建设的相关报告。2019 年 4 月 23 日，国家主席、中央军委主席习近平接见出席中国人民解放军海军成立 70 周年多国海军活动的外方代表团团长时提出“海洋命运共同体”的重要理念。近年来，在党中央的正确领导下，国家相关部委深入学习贯彻习近平总书记关于建设海洋强国的重要论述，统筹谋划顶层设计，坚决维护我国海洋权益，着力发展海洋高新技术，推出支持促进举措，持续推进现代化海洋经济发展，强化示范项目试点建设，推动海洋强国建设不断取得新成就。

然而，在经济社会发展的大环境下，我国海洋文化产业在快速发展中出现了一些没有坚定走生产发展、生活富裕、生态良好的文明发展道路的情形，与“五大发展理念”不相符的状况时有发生，有的不统筹规划、盲目过度开发，有的过度追求经济效应而违背文化属性、忽略人民大众的文化感受和文化认同，更有甚者还出现了以严重破坏生态环境来换取短期经济利益的现象，以牺牲生态环境为代价换取经济的一时发展，造成了发展中存在的不协调、不平衡、不充分的现状。这些做法不仅不利于海洋文化产业的长期、健康、可持续发展，同时给政府和学界提出了一系列问题：我国海洋文化产业应该如何发展、应该采用什么样的发展模式、为什么要采用这样的发展模式、

---

① 李珂 . 让海洋文化融入海口 21 世纪海上丝绸之路发展战略中［J］. 今日海南，2016（3）：42-44.

这样的发展模式会带来什么样的发展结果等，这需要引起政府和学界的高度重视。

1.1.2 研究目的

我国是海洋文化大国，有独特的海洋自然条件和优厚的海洋资源，在漫长的演变过程中，呈现出显著的区域特征。我国海洋文化延续性较强，近代以来，随着人们海洋意识的不断提高，我国海洋文化得到较快的发展。[①] 本书以当前我国海洋文化产业发展模式中存在的问题为导向，通过梳理海洋文化产业的理论、政策和发展现状，厘清我国海洋文化产业发展模式中存在的问题，梳理分析问题存在的原因，尝试和探索我国海洋文化产业创新生态系统发展模式的研究，阐明海洋文化产业发展模式问题的重要性、理论价值、实践应用价值，从而实现产业结构的升级转变，推动我国海洋文化产业的健康、可持续发展。

（1）对海洋文化产业发展模式的内涵进行界定。通过对海洋文化产业发展模式及相关概念的国内外研究文献进行较为详细的综述，探究海洋文化产业发展模式相关理论基础，阐述海洋文化、海洋文化产业、海洋文化产业发展模式等概念的内涵、特征及分类，论述海洋文化与文化产业的二元融合，在此基础上明确海洋产业发展模式的定义、特征与分类。

（2）分析我国海洋文化产业发展模式现状，找到在目前发展模式中存在的问题以及产生这些问题的原因。首先，梳理国外海洋文化产业发展的典型做法以及给我国带来的启示，对我国海洋文化产业发展模式现状有一个清晰的认识；其次，厘清我国海洋文化产业发展的历程和海洋文化事业、海洋第

① 陈晔．我国海洋文化的时空特征研究——基于地名的由来及其演变过程［J］．中国海洋大学学报（社会科学版），2018（4）：64-69.

三产业的发展现状，阐明海洋文化事业、海洋第三产业对我国海洋文化产业的支持作用；最后，通过上述研究分析和利用系统建模对发展模式进行评价的结果，确定海洋文化产业发展存在的问题，并分析导致目前产业发展模式问题的原因。

（3）提出我国海洋文化产业平衡、协调发展应达到的目标，重构海洋文化产业发展模式，提出今后发展的对策建议。首先，结合当前我国海洋文化产业发展的实际，尝试提出构建海洋文化产业创新生态系统发展模式的总框架；其次，针对我国海洋文化产业发展情况和存在的问题，提出我国海洋文化产业总体发展应有的指向和目标，分析海洋文化产业发展模式重构的必要性和思路；最后，根据所重构的海洋文化产业发展模式，进行模式对接政策的优化设计，提出能够促进所重构的发展模式健康、协调运转的衔接政策体系。

通过本书的理论架构和实证研究，期望为探究海洋文化产业发展机理提供方法和依据；为促进海洋文化产业发展的系统优化和产业市场主体协调、平衡发展，缓和人们日益增长的对美丽海洋、美好生活的需要和海洋文化发展不平衡、不充分之间的矛盾提供决策支撑；为优化海洋文化产业的发展模式以及海洋文化产业发展的政策制定提供参考；为实现海洋经济可持续发展，共建美丽、和平、和谐的海洋世界提供帮助。

1.1.3 研究意义

海洋文化产业是从事涉海文化产品生产和提供涉海文化服务的行业，以人的智慧和创意为核心要素，兼顾经济、文化、生态的协调发展，顺应当今时代特征和发展趋势，是推动我国海洋经济发展由“技术驱动”向“创新驱动”跨越发展的线路之一。[①] 探讨海洋文化产业发展模式的现状及现有模式的问

① 张开城．海洋文化产业现状与展望［J］．海洋开发与管理，2016，33（11）：27-31.

题，根据存在的问题有针对性地建立能够促进各类海洋文化协调、可持续发展的模式、衔接政策和保障机制，对于完善海洋文化产业的理论研究有一定的推动作用。同时，通过对我国海洋文化产业发展模式现状的梳理，对于在产业实际发展中实现不同海洋文化产业模式之间的平衡、协调、互动关系，推动我国海洋文化产业健康、可持续发展具有重要的实践意义。

1）理论意义

任何一个产业的兴起与发展都离不开产业发展模式的选择，在海洋文化产业中，不同类型的模式之间相互交流互动，相辅相成，从而推动海洋文化产业模式有机系统不断实现平衡、协调发展。因此，从理论需要的角度出发，通过梳理我国海洋文化产业发展模式现状，研究海洋文化产业中不同类型的模式之间的互动关系、发展状况、应有的发展指向、扶持政策和保障体系，才是解决海洋文化产业健康、可持续发展的关键问题，才是抓住了海洋经济转型升级发展中“为了谁，依靠谁”的本质。

首先，目前我国学术界对海洋文化产业的研究视角虽广而多，但对海洋文化产业发展模式尚未有专门深入的研究，且对于文化产业发展模式的研究也是局限聚焦在某个沿海省份或沿海城市，没有鞭辟入里的宏观的系统阐释。因此，明确海洋文化产业发展模式的分类构成、分析各模式之间的交互关系等理论问题，可以在一定程度上完善海洋文化产业研究的基本理论框架，促进海洋文化产业及其相关研究的规范化、系统化。

其次，在我国海洋文化产业的发展中，产业发展不平衡、发展模式不科学合理等问题制约了海洋文化产业的健康、可持续发展，因此，运用实证研究和理论研究相结合的方法，探究我国海洋文化产业发展模式的发展现状和存在的问题，找出导致目前我国海洋文化产业发展模式中存在问题的原因，能够为实现海洋文化产业的平衡、稳定、协同发展奠定基础、提供经验。

最后，根据我国海洋文化产业发展模式的模型评价分析结果，构建能够协调、促进产业平衡发展的基本模式、对接政策和保障措施，可以为海洋文化产业发展提供新的研究视角，增强海洋文化产业研究的科学性、系统性、理论性和前瞻性。

2）实际应用价值

我们处于中国特色社会主义建设的新时代，紧随着全面加快建设海洋强国和坚定文化自信的步伐，海洋文化产业也该责无旁贷地承担起以中国传统海洋文化为底蕴，促进海洋经济发展转型与崛起的一方之任。以海洋文化产业发展模式作为研究对象，是对海洋文化产业发展实践问题的基本思考逻辑出发点。

首先，近年来我国政府不断加大对海洋文化产业的重视，并将海洋文化产业发展纳入国家海洋发展顶层设计，中央和地方各级政府也陆续出台了大量促进和规范海洋文化产业发展的政策和措施，在这些政策下，不同沿海地区发展海洋文化产业，实现了怎样的发展绩效？解决这个问题，能够为政府寻找各类海洋文化产业发展对接政策的缺陷和待完善点提供决策与参考。

其次，我国海洋文化产业发展模式呈现怎样的发展现状？是什么原因导致了我国海洋文化产业现在的发展态势？产业应该通过怎样的发展模式来实现海洋文化产业的健康、可持续运转？实证分析这些问题，既是对海洋文化产业模式之间作用机制的客观刻画，也是对不同海洋文化产业发展模式效应的理性考量，能够对不同产业类型采取不同发展模式、利用相应的产业政策来发展海洋文化产业具有现实指导意义。

最后，建立海洋文化产业发展的保障机制和措施，从政府力量、市场力量、社会力量等多个方面提出既保障海洋文化产业协调、平衡发展又能相辅相成、互相促进的基础保障设施建设和完善措施，为经济转型升级中产业的均衡、良性发展和相应产业政策的优化研究提供经验依据。

通过本书的研究，希望能在实践中帮助我国海洋文化产业在稳定、平衡、协调运转的状态下，政府及全社会各利益主体之间形成共同保护海洋文化、建设海洋生态文明、发展海洋文化产业的合力，不断发展形成既有战略高度又契合实际的海洋文化产业品牌，培养一大批海洋文化产业创新人才，从而推动海洋文化产业的健康、可持续发展。

1.2 国内外研究现状分析

1.2.1 国外研究现状

1）关于海洋文化

西方学者较早关注海洋问题。哲学大师黑格尔就在其《历史哲学》中形成关于海洋的描述。[①] 佐藤推崇日本采取“海主陆从”的战略方针，他的《国防私论》（1892）首次从战略的角度关注海洋。伊藤宪一监修（2000）论述了21世纪日本从岛国到海洋国家的战略转变，他指出日本的岛屿四面环海，这是其文明形成的前提，并决定了其与他国通过岛国式和海洋国家式进行联系。[②] Daud Hassan（2011）指出工业革命之前，日本的海洋污染就开始了，二战以后，产业革命迅速在全球爆发，加之沿海地区经济的快速蓬勃发展，大批民众迁居到了沿海地区，这就导致沿海地区环境治污压力骤然加大。[③]

---

①〔德〕黑格尔 . 历史哲学［M］. 上海：三联书店，1956：135.

②〔日〕伊藤宪一 .21世纪日本的大战略——从岛国迈向海洋国家［C］. 日本国际论坛，森林出版社，2000：98.

③ Daud Hassan.Land Based Sources of Marine Pollution Control in Japan：A Legal Analysis，David C.Lan Institute for East-West studies Working Paper Series，2011：2.

Golgan （2013）通过研究美国海洋经济指出，滨海旅游休闲系列活动不仅有效解决了美国部分地区的就业问题，而且极大地促进了美国基础设施建设，依靠海洋文化发展起来的海上娱乐等活动项目也得以顺势发展，因此，应充分利用并保护好海洋自然资源和海洋文化，提高其在海洋经济发展中的战略地位。[①]

2）关于海洋文化产业

国外多以定量分析和实证研究的方式对某一区域特色海洋文化产业进行研究，如海洋文化旅游、休闲渔业、海洋节庆，同时非常注重在海洋文化产业发展过程中对海洋文化遗产的保护研究。如 Margaret B.Swain 在 2002 年探析了巴拿马库拉人的海洋文化旅游业，指出吸引游客的多元文化在其旅游业发展中具有基础性地位。[②] Ron Ayres（2002）提出独特的民族文化资源是海岛旅游业的竞争优势来源，为增强文化产品的多样性，应继续调整产业发展战略。[③] Alberto Frigerio（2013）从理论、法律和管理的角度对水下文化遗产进行探讨，绘制了一个更清晰的图像和感知系统。[④] Johanna Humphrey（2014）提出海洋文化产业的发展一定要重视遗产的保护并加以管理，注重海洋生物资源开发利用与海洋水下文化的协同保护。[⑤]

3）关于海洋文化产业发展模式

Morgan（1995）对可转移配额管理制度下的渔业最佳分配问题进行了

---

① COLGAN C S.The Ocean Economy of the United States: Measurement, Distribution & Trends[J]. Ocean & Coastal Management，2013（71）：334-343.

② Margaret B.Swain. 土著旅游业中的性别角色：库拉莫拉．库拉亚拉的旅游业和文化生存［A］. 东道主与游客：旅游人类学研究［C］. 昆明：云南大学出版社，2002.

③ Ron Ayres.Cultural Tourism in Small-Island States：Contradictions and Ambiguities.Island Tourism and Sustainable Development ［M］.Praeger Publishers.2002.

④ Alberto Frigerio.The Underwater Cultural Heritage：a Comparative Analysis of International Perspectives，Laws and Methods of Management［D］.2013.IMT Institute for Advanced Studies Lucca.

⑤ Johanna Humphrey.Marine and Underwater Cultural Heritage Management，obben Island，Cape Town，South Africa：Current State and Future Opportunities［D］.2014.University of Akureyri.

研究。[①] Jorgensen 和 Yeung（1996）通过长期对公海商业性渔业相关问题进行研究，采用随机微分博弈得出均衡状态下的最佳收获策略。[②] Villena（2005）针对渔业资源提出“领土使用权利规制”，并构建了资源获取动态模型。[③] 渡边昭夫和秋山昌广编写的《围绕日本的安全保障——今后十年的权力转移》（2014）对日本海周边十年内的安保环境做出了预测。书中认为，在美国实力相对衰退和中国逐步崛起的过程中，形成了新的地缘政治格局，东北亚格局逐渐由单极向多极转变，这一变化将推动日本未来海洋的战略转型。[④] Jaime Speed Rossitcr 等学者（2015）依据海洋渔场政策和管理的实践，关注捕捞社区的规划和管理，提出了海洋空间整合的理念，思考如何强化监管责任，探索海洋空间的有效管理和合理利用。[⑤] SarahVann-Sander（2016）分析了澳大利亚海洋文化资源管理中公民参与的价值与重要性，构建了一个能充分发挥公民参与海洋文化资源管理的模型系统。[⑥]

综上可见，第一，国外对文化产业的研究首先是从定义的角度进行界定和分类，比如美国习惯从“版权产业”来看待文化产业，重视对文化产品版

---

① Morgan G.R. Optimal fisheries quota allocation under a transferable quota（TQ）management system [J] . Marine Policy.1995，19（5）：379-390.

② Jorgensen S.，Yeung D.W.K.Stochastic differential game model of a common Property fishery [J] . Journal of Optimization Theory and Applications.1996，90（2）：381-403.

③ Villena M.G and Chavez C.A.The Economics of Territorial Use Rights Regulations：A Game Theoretic Approach [N] .Working Paper Series.2005：41-42.

④ 渡邊昭夫，秋山昌廣 . 日本をめぐる安全保障これから 10 年のパワーシフトーその戦略環境を探る [M] . 東京：亜紀書房，2014.

⑤ Jaime Speed Rossiter，Giorgio Hadi Curti，Christopher M.Moreno.Marine-space assemblages：Towards a different praxis offisheries policy and management [J] .Applied Geography，2015（59）：142-149.

⑥ SarahVann-Sander. Is economic valuation of ecosystem services useful to decisionmakers ？Lessons learned from Australian coastal and marine management [J] .Journal of Environmental Management，2016，178：52-62.

权的保护；英国、澳大利亚、新西兰等国家将其理解为“创意产业”；法国、德国、西班牙、意大利等国家更偏重于文化遗产的经济价值，偏向于艺术文化范畴；日本、韩国等则注重文化内容的生产与提供。第二，由于各个国家对文化产业不同的界定以及不同的国情、法制等因素导致的文化产业政策也不一，对于文化产业发展战略和发展模式的研究也成为热潮，并个彩纷呈。第三，不同的历史和地理因素带来的海洋文化的迥异是海外学者研究海洋文化的视角之一，基于此对海洋文化的利用和保护也是海外学者关注的热点，并日益寻求海洋文化产业带动经济发展的恰当模式。第四，无论是对文化产业还是海洋文化产业的研究，多从人文学科的视角出发，跨领域跨学科的研究相对偏少，而且研究多是规范性研究，极具说服力和指导意义的实证性研究不足。

1.2.2 国内研究现状

1）关于海洋文化

曲金良专著《海洋文化概论》（1999）是中国海洋文化学的基本理论著作，并由相关大学确定为相关专业的指定教材。这本书认为海洋文化的基本内涵不仅是精神的、行为的，也是社会的和物质的。海洋文化，究其本质就是人类与海洋及其产品的相互作用，该定义得到了学术界的广泛认可和赞同。此外，该书还建立了海洋文化的基本理论框架，是研究海洋文化的必读书目。曲金良所著《海洋文化与社会》（2003）也是一部重要著作，这本书总结了海洋文化的概念和内涵，将海洋文化与社会经济文化相结合，突出体现了理论研究的实际应用。[①] 徐杰舜构建了海洋文化理论框架，从多元文化的角度出发，具体阐明了海洋文化的定义、结构及其特征，形成了海洋文化的理论

① 曲金良．海洋科学的海洋人文内涵与大学科体系构建[N]．中国海洋大学报，2008年12月23日．

体系。在《海洋文化理论构架简论》（1997）一书中，他描述海洋文化为“在人类社会历史实践的过程中，受到物质财富和精神财富总和的影响”，其本质是人类这一主体与海洋这一客体在实践中的统一。从文化形态的角度来看，海洋文化主要包括四个方面，即基础的物质文化、保障的制度文化、外显的行为文化和内隐的心理文化，此外，“开放”“外向”“多元化”“崇商”“冒险”也是其主要的概括性特征。[①] 吴继陆（2008）指出，从海洋文化研究的内容、定位和视角等方面出发，物质、制度和观念是海洋文化的三大主要内容，开展此方面的相关研究，有利于发掘和弘扬我国的优秀海洋文化，进一步提高国民全体的海洋意识，同时能够为相应政策的建立提供一定程度的支持。[②] 刘桂春和韩增林（2005）在对我国海洋文化的地理区域特征比较分析的基础上，比较详尽地分析了海洋文化对作为典型的北部和南部沿海和岛屿区域发展的影响，提出我国沿海经济发展应注意海洋文化的作用。[③] 许浩、廖宗林（2007）通过多角度对“土地文化”与“海洋文化”进行全方位的对比讨论，分析了二者在实质层面的区别。[④] 赵君尧的《中国海洋文化历史轨迹探微》（2000）论证了海洋文化经历了三个历史阶段，并指出其不仅具有恢宏的“拓边”精神，而且具有开放性、探险性的特征。[⑤] 李德元《质疑主流：对中国传统海洋文化的反思》（2005）认为，中国海洋文化的起源、发展有自己的脉络轨迹，与游牧文化、农业文化共同构成了多元一体化的中华文化格

---

① 徐杰舜．海洋文化理论构架简论［J］．浙江社会科学，1997（4）：112-113.

② 吴继陆．论海洋文化研究的内容、定位及视角［J］．宁夏社会科学，2008（4）：126-130.

③ 刘桂春，韩增林．我国海洋文化的地理特征及其意义探讨［J］．海洋开发与管理，2005，22（3）：9-13.

④ 许浩，廖宗麟．试论“陆地文化”和“海洋文化”区别的实质［C］．中国海洋学会、广东海洋大学．中国海洋学会 2007 年学术年会论文汇编 .2007：395-398.

⑤ 赵君尧．中国海洋文化历史轨迹探微［J］．职大学报，2000（1）：25-34.

局。[1] 吴建华、肖璇在《海洋文化资源价值探析》（2007）一文中，分析总结了海洋文化资源价值的五大特征，提出海洋文化资源的价值在于实用价值、选择价值和存在价值，并提出利用市场价值法、替代市场法和虚拟市场法对海洋文化资源价值进行评价。[2] 齐晓丰（2014）认为，海洋文化是人类在整个社会历史发展进程中基于对海洋的认识与开发利用，在不断的理论研究与社会实践中创造出来的物质文化、精神文化以及制度文化的总和，并在此概念理解的基础上，对我国目前海洋文化产业现状进行了优势分析，而后提出了相应的发展建议。[3] 杨国桢（2015）指出，在当下的海洋文化时代，做好思维观念和生产方式的转变，方能更好地向世界传扬东方海洋故事，更好地促进中国海洋文化的发展。[4]

2）海洋文化产业

杨国磊（2010）通过对山东省休闲渔业进行分析，提出休闲渔业的发展有利于保护渔业资源，也有利于解决渔民的转产转业问题，提高休闲渔业服务的质量，可以起到保护渔民传统文化的作用。[5] 苗锡哲和叶美仙（2010）基于渔业发展与海洋文化发展二者之间的关系进行分析，指出保护渔业文化是有效保护海洋文化的重要前提。[6] 韩兴勇和马莹（2010）指出，海洋旅游的开展依赖于海洋文化资源，海洋文化资源是否能得到有效利用是决定海洋

---

① 李德元．质疑生流：对中国传统海洋文化的反思［J］．河南师范大学学报（哲学社会科学版），2005，32（5）：87-89.

② 吴建华，肖璇．海洋文化资源价值探析［J］．浙江海洋学院学报（人文科学版），2007，24（3）：17-20.

③ 齐晓丰．中国海洋文化产业的优势分析及几点建议［J］．海洋信息，2014（4）：55-58.

④ 杨国桢．海洋丝绸之路与海洋文化研究［J］．学术研究，2015（2）：92-95＋2.

⑤ 杨国磊．提升休闲渔业服务质量，保护渔家传统文化［A］.2010 中国海洋论坛论文集［C］．青岛：中国海洋大学出版社，2010：297.

⑥ 苗锡哲，叶美仙．渔业资源研究［A］.2010 中国海洋论坛论文集［C］．青岛：中国海洋大学出版社，2010：231-237.

旅游和休闲渔业发展的主要因素。[①] 柳和勇和叶云飞（2007）指出，渔业文化是传统文化的重要组成部分，具有很大的发展和利用价值，应该受到重视和保护。[②] 赵君尧在《郑和下西洋与明代海洋文学》（2004）一文中比较了15世纪中西方海洋文化的价值取向。[③] 郭晓勇（2006）对郑和下西洋的影响及其中断原因进行了详细的分析。[④] 邹桂斌在《海洋文化产业发展和社会治理策略初探》（2007）一文中指出海洋文化产业发展势头强劲，促进了经济发展和社会进步，但是在中国起步较晚，还不够成熟，所以应进一步充分发挥市场和政府的作用，更好地推动海洋文化产业发展。[⑤] 齐晓丰（2014）认为，海洋文化产业即海洋文化的产业化，是海洋文化的重要表现形式之一，其主要生产涉海文化产品，并提供相应的现代化涉海文化服务。张开城（2016）认为，海洋文化产业所涉及的范围主要覆盖海洋节庆会展产业、海洋文化旅游产业、海洋文化创意与设计产业等多个行业门类，并随着海洋文化产业的不断发展，又涌现出了体验文化和滨海体验业、养生文化和滨海养生业、数字动漫文化和数字动漫业等8个新兴产业门类。[⑥] 海洋文化产业的发展，是推动我国海洋事业发展以及文化产业发展的强有力支撑，有利于在全社会形

① 韩兴勇，马莹 . 海洋文化资源在发展海洋旅游产业中的作用分析［A］.2010 中国海洋论坛论文集［C］. 青岛：中国海洋大学出版社，2010：268-275.

② 柳和勇，叶云飞 . 试论我国非物质海洋渔捕文化资源的开发［A］. 中国海洋学会 2007 年学术年会论文汇编［C］. 北京：中国海洋学会，2007：277-283.

③ 赵君尧 . 郑和下西洋与 15 世纪前后中西海洋文化价值取向比较［J］. 湛江海洋大学学报，2004，24（5）：19-21.

④ 郭晓勇 . 郑和下西洋的影响及其中断原因——海洋文化的视角［D］. 武汉：华中师范大学，2006.

⑤ 邹桂斌 . 海洋文化产业发展和社会治理策略初探［A］. 中国海洋学会 2007 年学术年会论文集（下册）［C］. 北京：中国海洋学会，2007.

⑥ 张开城 . 海洋文化和海洋文化产业研究述论［J］. 理论研究，2016（4）：3-4.

成更加成熟的海洋意识，更好地推进海洋强国战略的实施。[①]

3）海洋文化产业发展模式

随着海洋文化研究体系逐步科学化、完善化，海洋文化产业的理论和实践研究也逐渐丰富，众多学者基于不同范围和形式的研究提出相应的海洋文化产业发展模式。尤晓敏和瞿群臻（2013）基于我国海洋文化发展现状、产业集群以及协同创新理论，从产业集群、政府以及创新人才等方面分别对海洋文化产业的发展模式提出了针对性建议。[②] 郝鹭捷和吕庆华（2016）也从产业集群视角出发，对福建省海洋文化产业发展现状和制约因素进行了针对性研究，并指出以海洋文化产业集群发展模式选择为前提，建立临近省份地区的海洋文化产业联动集聚区，能够有力促进该省海洋文化产业又好又快地发展。[③] 此外，两位学者（2014）综合考虑从生产到市场、从人才个体到政府等方面，初步构建出适应我国海洋文化的区域产业竞争力评价体系，并进一步应用该评价体系对部分地区海洋文化产业发展情况进行了实证分析。[④] 吴小玲（2013）结合广西海洋文化产业发展现状，针对发展战略方面提出充分并合理利用时代政策优势的同时，要结合当地海洋文化，实行差异化、集群化、精品化、品牌化的海洋文化产业发展战略以及相关创新人才培养、管理战略。[⑤] 叶武跃和林宪生（2013）借助 AHP 模型确定了辽宁省海洋文化的

① 黄沙，巩建华．中国海洋文化产业发展历程、意义与趋势［J］．中国海洋经济，2016（2）：201–219.

② 尤晓敏，瞿群臻．海洋文化产业集群协同创新问题及对策研究［J］．中国渔业经济，2013（5）：100–103.

③ 郝鹭捷，吕庆华．我国沿海区域海洋文化产业溢出效应研究［J］．中国海洋大学学报（社会科学版），2016（5）：96–102.

④ 郝鹭捷，吕庆华．我国海洋文化产业竞争力评价指标体系与实证研究［J］．广东海洋大学学报，2014（10）：1–7.

⑤ 吴小玲．利用海洋文化资源发展广西海洋文化产业的思考［J］．学术论坛，2013（6）：204–208.

主导产业，提出一类支柱型产业为主导、一个中心城市为依托、多条轴线为链条的发展模式。[①]

综上研究来看，第一，我国对文化产业的研究视角之一也是从定义的角度进行界定和分类，但因为尚未对文化产业有统一的定义，所以各自的着重点也不尽相同。第二，我国“十三五”规划中明确提出“文化产业成为国民支柱性产业”的要求，随着一系列相关文化政策的出台，国内学者结合当前大数据、互联网等背景的“文化产业+”研究成为一股热潮，即国内的研究多贴合我国的政策而来，这有利于文化产业在我国当前国家政策要求下高效快速发展，但也在一定程度上阻碍了学者们研究视角的创新性和前瞻性。第三，国内学者对海洋文化产业的研究也从历史、地理、人文等视角逐步向现在的经济需求、政治需求、国防需求、政策需求等延伸，基于“一路一带”“海上新丝路”等政策而进行的具有时事性的研究也成为国内学者研究的一个热点，并日益寻求海洋文化产业带动经济、政治、国防等发展的恰当模式。第四，我国学者对文化产业尤其是对海洋文化产业的研究，也多是从人文学科的视角出发，跨领域跨学科的研究相对偏少，尤其是对海洋文化产业发展模式的研究来说，综合性研究的视角相对缺乏。

1.2.3 国内外研究现状述评

总体而言，随着海洋战略的地位越发重要，国内外学者都在与之对应的领域开展了大量的研究。由于各国对海洋文化资源的利用起步较晚，因此对海洋文化产业的理论研究尤其是基础理论研究较少。国外学者大多侧重对滨海旅游业、涉海节庆会展业、涉海休闲渔业等进行实证性的分析，这在一定

① 叶武跃，林宪生．辽宁省特色海洋文化产业的集聚化发展模式探讨［J］．海洋开发与管理，2013（10）：98-102.

程度上丰富了海洋文化产业的基础理论，同时也能够为相关产业的发展进步提供一定的策略指导。国内学者在该领域主要采用实证方法开展相关研究，且研究焦点主要集中在海洋文化产业的现象描述以及相关政策的探讨方面，目前而言，在涉及海洋文化及其产业的基础性、规律性和共性方面的研究相对较少，例如海洋文化产业的形成机理、海洋文化产业的发展模式及动力机制、海洋文化产业的营销策划。国外在该方面开展的相关研究主要集中于海洋资源的开发利用及保护、海洋军事等几个重点领域，由此不难看出，实用性是他们开展研究的重要关注点，这对促使海洋文化相关研究从实用层面提升到国家战略层面具有重要意义。相比之下，国内学者站在国家宏观视角下开展的研究较少，更多的是关注历史、民俗或信仰等方面，或者仅关注单一地区和产业，更侧重于沿海地区海洋文化产业的定性分析。在国外，海洋文化产业的发展和其资源的开发利用已经引起了各国的高度重视，但是国内有关海洋文化产业的研究相对较少，专题性的研究不多，科研成果的转化有待进一步加强，与其研究现状相比还有很大的差距。总之，我国海洋文化产业发展尚处于起步阶段，其产值在国民经济总产中所占比重较小，这一领域需要重点扶持。[1] 学者们要多加强海洋文化产业研究，丰富相关理论，为我国海洋文化产业发展模式提供理论指导和政策依据。

① 张开城．海洋文化产业现状与展望［J］．海洋开发与管理，2016，33（11）：27-31.

1.3 主要内容、研究方法和逻辑框架

1.3.1 主要内容

本书研究的主要内容分为以下八大部分。

（1）绪论。介绍本书的研究背景、目的和意义，在概述英法等欧洲国家、日韩等亚洲国家、澳洲、美洲等国家海洋文化产业发展研究现状的基础上提出本书的框架内容，并对文章的研究方法、创新之处与不足之处做了阐述。

（2）海洋文化产业发展模式相关理论基础。在对海洋文化产业发展模式及相关概念的国内外研究文献进行较为详细的综述基础上，探究海洋文化产业发展模式相关理论基础。阐述海洋文化、海洋文化产业、海洋文化产业发展模式等概念的内涵、特征及分类，论述海洋文化与文化产业的二元融合。梳理学界现有的相关理论，如习近平新时代海洋强国思想、海洋生态文明建设理论、海洋可持续发展理论，从而为后面的研究提供了必要的理论铺垫和前提分析。

（3）分析我国海洋文化产业发展现状。对我国文化产业和海洋文化产业的发展概况做梳理总结，同时明确海洋文化资源的现状对海洋文化产业的发展而言起着至关重要的作用，是海洋文化产业发展的重要基础和必要前提，通过分析海洋文化产业发展条件进一步展示我国海洋文化产业发展的现状。同时，我国海洋事业和海洋第三产业对我国海洋文化产业的发展具有一定的支持和支撑作用，为深入研究我国海洋文化产业的发展现状，对我国海洋事业和海洋第三产业的发展同时进行梳理分析。

（4）国内外海洋文化产业发展模式的梳理与启示。首先梳理国外海洋文化产业发展模式的典型做法，得出对我国海洋文化产业发展模式的启示，明确我国的海洋文化产业发展要突出海洋文化的先导作用。在对我国目前两大类发展模式分析的基础上，提出“海洋文化＋”这个全新的发展模式概念，对以海洋文化为先导的“海洋文化＋”发展模式进行分析，根据不同的要素需求，结合不同区域的资源禀赋特征对5类“海洋文化＋”产业发展模式现状进行研究分析，并研究海洋文化产业发展模式的两个进展趋势。

（5）我国海洋文化产业发展模式选择的实证检验。本部分对最近10年海洋统计年鉴数据的梳理分析，兼顾评价指标数据的相关性和可获得性，初步确定了海洋文化产业发展共5大类14个评价指标。在构建的模型基础上，利用层次分析法对模型指标数据进行量化分析评价，并得出相应评价结论：对海洋文化产业发展影响最大的指标是海洋文化资源，即在海洋文化产业发展过程中，海洋文化产业中的文化属性与产业属性相比，文化属性的作用相对更为重要。

（6）构建我国创新生态系统海洋文化产业发展新模式。在上一章分析的基础上，阐述海洋文化产业发展模式重构的必要性，阐明重构的思路。尝试创新地提出我国海洋文化产业发展模式构想，即构建创新生态系统海洋文化产业发展新模式，这个发展模式是以海洋文化为先导的，能够融合海洋文化产业模式、政策、市场环境等要素。这些要素和谐共生，组成一个整体，共同促进海洋文化产业健康发展。系统中各个主体和要素缺一不可，系统的健康运转需要各个因素的相互支持、合理搭配和共同推动。

（7）我国海洋文化产业发展模式的对策建议和保障措施。本部分以模型评价的结果为依据，结合构建创新生态系统海洋文化产业发展新模式，在提升国民海洋文化意识、优化海洋文化资源布局、转变政府职能、实施人才培育工程、健全完善配套机制等方面提出我国海洋文化产业发展模式的对策建议和保障措施。

（8）结论与展望。对本书得出的结论进行总结，并提出下一步对海洋文化产业发展模式研究的展望。

1.3.2 研究方法

（1）文献研究法。查阅国内外大量有关海洋文化、海洋文化产业和文化产业发展模式的文献资料，站在前人的肩膀上，通过对海洋文化产业涉及的各方面问题的历史和现状的掌握，对海洋文化产业未来发展趋势进行合理预测。

（2）比较分析法。通过对美国、英国、意大利、日本、马尔代夫等国家海洋文化产业发展模式的全面系统梳理，进而与我国发展模式现状进行对比分析，从而看清我国海洋文化产业发展中存在的优势和不足，在提出相应政策建议的同时，也得出海洋文化产业发展的一般规律性认识。

（3）实地调研法。通过深入国内外海洋省区市和海岛的实地调查研究，获得第一手资料和数据，将资料和数据整理、统计、分析，加深对海洋文化产业发展的认识。

（4）实证分析法。整理分析《中国海洋统计年鉴》《中国文化及相关产业统计年鉴》和相关统计公报的数据资料，得出海洋文化产业当前的发展情况，同时结合案例进行个案分析。

（5）定性与定量分析相结合。构建海洋文化产业发展模型，在建立评价体系的基础上，采用定性分析与定量分析相结合的研究方法，进一步体现研究的客观性和准确性。

1.3.3 逻辑框架

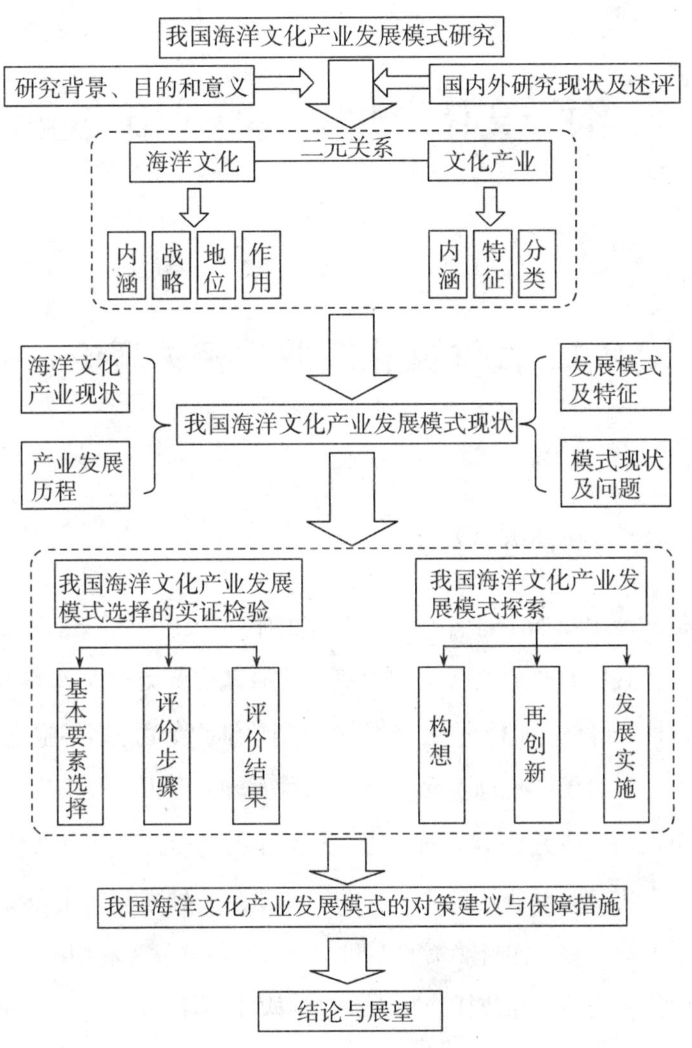

图 1-1 本书研究的逻辑框架

2 海洋文化产业发展模式相关理论基础

2.1 海洋文化产业的相关理论

2.1.1 海洋文化的内涵界定

海洋是地球生命的孕育者，地球上的生命起源于海洋，这期间经历了漫长的演变，从叠层石（蓝藻、少数细菌及其他真核藻类和真菌等共同形成，不是单一物种的群体，而是小的生物群落）到单细胞生物、多细胞生物、植物、动物，海洋不但给予了地球生命，对于人类而言，自古至今，海洋一直在不遗余力地向人类提供它能给予的一切。我国是拥有着五千年悠久历史的文明古国，海洋文化是其核心构成之一。海洋文化是一种精神文化和物质文化，其形成经历了一个对海洋自然资源不断认识、不断开发和利用的漫长过程。[①]两种文化往往相互关联和依托，互为表里，构成一种社会文化，呈现在信仰、审美、科学、道德、社会制度和生活民俗等各个方面。文化的创造、继承和

① 吴思．海洋文化特质对中国国家形象建构的价值与作用［J］．新闻前哨，2019（8）：113-114.

发展主体，基本层面是年复一年、日复一日、“与海为伴、靠海而生”的海洋产业及海洋社会；作为最高决策机构的是政府组织或非政府组织的“海洋机关”，这是其中、高级层面；而作为海洋文化的主要消费者亦是享用者的，既有海洋产业和海洋社会，也有海事机构。

海洋文化是海洋生成的文化，也就是说人类借助海洋并创造和传承发展出来的物质、精神、制度、社会文明生活的内涵。[①] 在这一定义中，“缘于海洋”是人类海洋文化最基本也是最根本的“海洋因子”和“海洋元素”。人类分散在不同的地理环境中，其所处的海洋环境与享有的资源条件不同，社会实践也不相同，创造的精神成果和物质成果就不同，亦即其所呈现的精神的、物质的、制度的、社会的生活方式与形态就不同。

依据如上关于“海洋文化”的界定，可以认为“中国海洋文化”就是中华民族依据我国的海洋资源创造的文化。[②] “中国海洋文化”是相对于“中国内陆文化”而言、与“中国内陆文化”相对应的概念，两者都是“中国文化”的有机构成，亦即两者共同构成中国文化的整体。这样划分人类文化的“海洋文化类型”和“内陆文化类型”，是一种文化地理学视角的划分。这是人类认知、分析国别、区域文化的基本视角。

依据对“中国海洋文化”的定义，可以对“中国海洋文化”内涵结构的四个层面做如下表述。中国海洋文化的物质文化层面，是指中华民族作为“经济文化体”面向海洋、发展海洋的物质生产、技术制造、流通消费方式，体现为中国面向海洋、发展海洋的物质生活风貌；中国海洋文化的精神文化层面，是指中华民族这一“民族文化体”面向海洋、发展海洋的思想意识、价值观念与精神导向，体现为中国面向海洋、发展海洋的民族精神和国家意志；

① 曲金良．海洋文化概论［M］．青岛：中国海洋大学出版社，1999：5-6.

② 李晓欢．中华海洋文化的基本特征及发展特点［J］．时代金融，2019（17）：130-132.

中国海洋文化的制度文化层面，是指中华民族的历代国家和地方政权作为“政治文化体”面向海洋、发展海洋的行政制度、法规政策与组织管理，体现为中国面向海洋、发展海洋的制度设计与运行安排；中国海洋文化的社会文化层面，是指中华民族这一“社会文化体”面向海洋、发展海洋的社会形态与民俗传承，体现为中国面向海洋、发展海洋的社会运营模式。其中，其文化主体的基本构成是中国幅员辽阔的沿海、岛屿地区，直接与海洋打交道并与内陆地区和海外地区关联互动的涉海民间社会。

如上四个层面，就是中国海洋文化内涵的主要构成。它们都是中华民族缘于海洋资源环境所创造和传承的，由此，我们可以这样说：中国海洋文化是中华民族依据我国海洋资源创造、继承并延续下去的包括物质、精神、制度等方面在内的文化总和。[①] 其中的每一个层面，依其“缘于海洋”的直接和密切程度，都有广义和狭义之分。狭义的中国海洋文化，即直接缘于海洋、与海洋密切相关的文化元素，这是中国海洋文化的基本内涵；广义的中国海洋文化，即与其基本内涵具有相互关联性、互为条件和因果，从而构成中国海洋文化整体系统的全部内涵。

2.1.2 海洋文化产业的内涵、特征与分类

海洋文化产业，包含以海洋文化产品为中心的手工业、商业、服务业、旅游业等产业形式的产业领域，各领域以此为中心彼此联络相互融合，形成了一个独具产业模式和产业框架的海洋文化产业体系。

海洋文化产业的内涵，是以海洋文化产品为载体，展现人类与海洋的关系，表现人类在开发海洋资源的过程中所表现出的精神，包含勇气、智慧，

① 张开城．比较视野中的中华海洋文化［J］．中国海洋大学学报（社会科学版），2016（1）：30-36.

彰显人类对于海洋的敬畏之情。

海洋文化产业的载体涵盖多个层面，主要围绕着海洋文化产品这一核心，包括海洋产品的生产、交换、消费各方面。海洋产品具有独特的物质存在方式，源自海洋又面向消费市场，所以在海洋产品从原料到商品的各个环节都有各种各样的物质形态参与其中，这些构成了完整的海洋文化载体，如海洋文化产品的原材料、加工车间、产品运输方式、产品营销方式。

海洋文化产业，是以海洋文化为内容，突出海洋文化属性，以海洋相关生产、经营为主体，以海洋周边为主要存在的区域性文化产业。

一般来讲，海洋文化产业可分为以下五大类别。

第一类是以海洋文化为主要产品内容的产业（包括文化产品的创意、生产、经营和服务活动，以及为此所必需的辅助生产活动、工具性文化用品生产活动、专用设备生产活动，以下同）；

第二类是以海洋文化产品为载体、材料、媒介的文化产品产业；

第三类是以海洋相关社会为创作主体的文化产品产业；

第四类是以海洋相关社会为消费主体的文化产品产业；

第五类是以海洋周边存在的空间为主要活动的文化产品产业。

前两类是文化产品产业的内容，没有明确其具体的产业主体；后两类是文化的创作主体和消费主体，对其外在形式没有做出明确界定；第五类是文化产品产业的空间。这就是海洋文化产业的“五大类别”。

具体到每一个“海洋文化产业”的企事业机构，其生产和经营至少要具备以下五大要素之一。

① 海洋文化资源的原资料。

② 海洋文化资源的加工方式。

③ 海洋文化资源的生产经营群体。

④ 海洋文化资源的营销方式。

⑤ 海洋文化资源的产销场所。

当今世界各国政府备加重视海洋战略，一时海洋经济、海洋文化、海洋科技急剧发展，人类已迈步于蓝色文明时代，全社会受到海洋文明大潮的洗礼。海洋文化产业作为海洋文明的支柱，各国政府倾注了极大的心血，海洋文化产业不仅能有效促进全社会文化的大繁荣，更能推动新时代社会经济的大增长。

成为海洋强国是我们中华民族的梦想，是中国梦的一部分。就海洋文化产业而言，我们国家具有独特的优势，但也有不少的软肋。应借助我国强大的文化底蕴和中华民族生生不息的斗志，在新时代依托海洋科技的新成果，不断深挖我国海洋文化蕴含的能量，丰富其新的时代内涵，借助新时期的互联网技术，实现海洋文化资源的融合，在文化的交融互通中创造和衍生新的海洋文化产品，依此不断推动我国海洋文化产业进一步做大做强，产生中华文明应有的世界影响力。

我国海洋新资源、新能源开发形势一片大好，其生产力和消费影响力日益增强。从量化指标方面来看，其"相关度"具体包括"整体相关""主体相关""互补相关"三方面内容。①

依据海洋文化产业和文化及相关产业的内涵、特征和基本类别，可将两者的结构边界表示如图 2-1 所示。

---

① 曲金良，王苧萱．海洋文化产业统计指标体系研究［R］．青岛市统计局委托课题研究报告，2015.

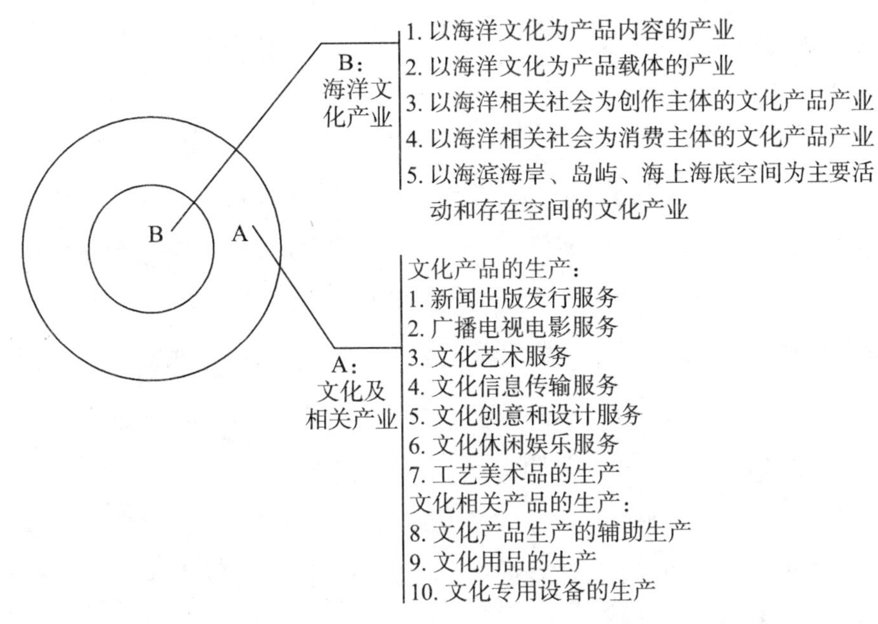

图 2–1　海洋文化产业和文化及相关产业结构边界图

图 2–1 中：

大圆 A 是文化及相关产业，分为文化产品和文化相关产品的生产两部分，其中文化产品的生产涵盖新闻出版发行服务、广播电视电影服务、文化艺术服务、文化信息传输服务、文化创意和设计服务、文化休闲娱乐服务和工艺美术品的生产七个类别；文化相关产品的生产涵盖文化产品生产的辅助生产、文化专用设备的生产和文化用品的生产三个类别。

小圆 B 指的是海洋文化产业，包含以海洋相关社会为创作主体的文化产品产业、以海洋文化为产品内容的产业、以海洋相关社会为消费主体的文化产品产业、以海洋文化为产品载体的产业，以及以海滨海岸、岛屿、海上海底空间为主要活动和存在空间的文化产业五大类。

基于“文化产业是指从事文化产品生产和提供文化服务的经营性行业”的概念，我们把“从事与海洋相关的文化产品的生产和服务的经营性行业”，称之为“海洋文化产业”。而“从事与海洋相关的文化产品的生产和服务的非经营性行业”，一般视为“海洋文化事业”。

“与海洋相关”是海洋文化产业区别于其他文化产业的标志。“与海洋相关”是指文化产品的原材料与海洋相关，譬如直接或间接取材于海洋资源（包括海洋自然资源和海洋文化资源）；或文化产品的反映内容与海洋相关，譬如海洋相关主题；或文化产品的消费对象和市场空间与海洋相关，譬如是海洋相关从业社会；或对海洋知识内容或审美内容感兴趣的消费人群。因此，“海洋文化产业”意即海洋相关文化产业。

海洋文化产业是文化产业大门类中的一个次级综合门类。海洋文化产业的行业林林总总，范围广泛，可参照文化产业分类法对其进行分类。这里，在以往学界分类的基础上，结合近几年的新兴产业，将目前经营规模、市场规模、从业人口规模较大的主要海洋文化产业划分为10类：海洋旅游业、海洋休闲渔业、海洋演艺业、海洋民俗产业、海洋工艺品业、海洋博览业、海洋传媒业、海洋咨询业、海洋竞技业、海洋节会业。其内涵的具体列举，如表2–1所示。

表2–1 海洋文化产业类型及主要形式

序号	产业类型	主要形式
1	海洋旅游业	滨海都市旅游、渔村游、海岛游、海上游、水下游等
2	海洋休闲渔业	观光渔业、体验渔业、观赏性养殖业等
3	海洋节会业	海洋主题、海洋相关主题节会、庆典业等
4	海洋博览业	海洋主题、海洋相关主题大中小型展览、博览业等
5	海洋民俗业	饮食起居、服饰、传统节日、婚俗、信仰等产业化开发等
6	海洋工艺品业	渔民画、刺绣、剪纸、珊瑚、贝类、珍珠工艺品等
7	海洋咨询业	海洋政策咨询、科技、工程、管理、法律咨询等
8	海洋传媒业	海洋新闻出版广播影视业、电子网络信息新传媒业等

（续表）

序号	产业类型	主要形式
9	海洋演艺业	艺术、音乐、戏剧、曲艺等创作、表演及演出服务等
10	海洋体育竞技业	沙滩项目、水上项目、水下项目等

2.2 海洋文化产业发展模式的内涵及类型

发展模式的本质就是确定最优的综合战略资源分配方案，用有限的综合战略资源实现既定的发展目标。在产业发展上，发展模式的表现形式不同从而导致形成的产业发展模式也各不相同。所谓产业发展模式，其基本构成要素是部门产业结构与区域产业结构，具体来说，就是由产业布局、产业结构所构成的总体格局。部门产业结构与区域产业结构两者间相互贯通、深度融合，形成相互依存、不可分割的关系体系。

本书将海洋产业发展模式定义为：在既定的外部发展条件和市场定位的基础上，通过产业内部和外部的一系列结构所反映出来的一种资源利用方式；它的内容包括产业发展目标、内部结构、产业布局、技术进步及产业竞争力形成的各影响要素。

2.2.1 国外海洋文化产业发展模式

由于国外海洋文化产业发展模式的概念在国外较少提及，所以本部分对国外海洋文化产业发展模式研究的相关内容主要由分析其文化产业发展模式为参照，由此来探究其文化产业的宏观政策对海洋文化产业的影响。

1）美国模式

在世界上，美国的文化产业在全球处于主导地位，是目前世界上第一文化产业强国，影视业、艺术博物馆、表演业、媒体行业和音像唱片业等领域都居于世界前列，形成对世界文化市场的控制态势。然而到目前为止，美国联邦政府都没有设立相应负责制定和实施文化政策的部门，也没有出台一份正式的、与文化产业相关的官方文件。因此美国学界的一些声音认为联邦政府对于本国文化产业的发展，采取的是一种“无为而治”的政策。更多的人认为美国的宪法就是美国的政策，当然文化产业的发展政策也包括在内，即美国宪法便是美国文化产业政策的最佳体现。1791 年美国宪法第一修正案明确提出：“国会不得制定法律剥夺人民的言论和出版自由。”这一表述体现了美国宪法对于政府行政权力的约束，这一政策行为极大限度地开拓了文化生活的发展空间，充分体现了文化产业的发展在美国政策中的自由开放性。当然这并不意味着美国政府对文化产业的发展完全放任自流，美国政府及一众准政府部门在面对与国家安全息息相关、公益属性强、不能充分依靠纯市场力量得到扶持和发展的文化事业方面，通常佐以开展保障国家安全和国家根本利益的文化外部宣传项目，或者修建公益性的文化设施，以及在普及文化艺术知识、保护弱势族群文化遗产、维护文化产业多元性发展等方面积极作为。此外，还有大量文化产业非政府组织和机构在文化产业领域里活跃着，特别是像美国电影协会、全国广播业者协会、美国唱片业协会、美国出版者协会、全美演出主办者联合会等这样的行业协会。各行业协会向美国国会、联邦政府和法院等政府机构代表本行业进行沟通、游说，对政策和法律法规的制定施加影响，并制定本行业规范，提供知识产权保护服务，推广新技术在本行业的应用，对美国文化产业的发展起着举足轻重的作用。

2）韩国模式

20 世纪的金融风暴席卷全亚洲之后，文化产业的发展就被韩国政府提出作为21世纪的战略性支柱产业进行发展，希望能够使其引领国家经济，带动国家的发展建设。韩国政府也积极采取了一些政策，从1998年的“文化立国”方针到2005年的“文化强国”战略，从2002年的《文化产业振兴基本法》这一基础性范本的制定到如今文化产业各领域法制的规范，这些政策法律体系为韩国文化产业人才培养提供了坚实的制度保障。[①] 其具体内容大体可总结为：集中力量加大开发高质量新文化产品，提升国际竞争力；力争凝练和打造出战略型文化产业品牌，要集本国的资源和资金，加大对重点产业和重要项目发展的支持和建设；确保有限的国力发挥出最大的整体效益。

3）英国模式

英国的创意理念是政府机构首先系统提出和加以阐述的，并以此为理论基础，制定国家文化产业发展的战略规划。当英国意识到其在世界上的经济政治地位和影响力不断削弱的现状后，开始着力抓住文化产业发展的重要机遇，力图以文化产业的发展促进社会经济发展的全面复苏，提升国家综合实力。在文化产业的管理方面，英国政府建立了比较先进的文化管理三级体制：文化媒体体育部是高级管理机构，地方政府和非政府公共文化执行机构组成了中级管理机构，基层管理机构包括地方艺术董事会和各种行业联合组织，这三级文化管理机构相对独立运行，彼此之间没有上下级的隶属关系，只是因为分工的不同，分别在各自职责范围内制定和执行统一的文化政策，逐级分配和使用经费等。[②] 英国政府在文化产业方面制定了一整套完善的发展战略和措施规划，其中包括从国家层面积极扶持文化创意产业、大力推广创意出口、加大创意教育及技能培训力度、提供多种手段帮助文化创意企业融资

① 朴京花．基于文化资本理论的文化产业人才培养——对韩国经验的借鉴［J］．山东大学学报（哲学社会科学版），2019（6）：58-66.

② 张娜，田晓玮，郑宏丹．英国文化创意产业发展路径及启示［J］．中国国情国力，2019（6）：71-75.

和为创意产业提供资金支持、重视对文化消费群体的培养、注重对本国文化资源和产业链的深度开发等。英国文化产业运作机制得宜，产业结构合理，基础环境成熟。英国政府部门及英国一些重要社会团体，以及相关研究机构和商业机构，对文化产业都非常重视，从音乐产业、艺术产业、彩票业、演艺产业、影视业等各个方面推动文化产业的快速发展。

4）加拿大模式

加拿大的文化底蕴不是很深厚，究其原因，其是一个移民国家，立国相对比较晚，但是从地理位置上分析，加拿大与美国接壤，受美国文化产业蓬勃发展的影响，加拿大政府也开始重视文化产业。在 20 世纪 90 年代，加拿大国务院负责管理国家广播、影视、表演艺术、图书、美术、出版、博物馆等的通讯部改为遗产部，文化产业司应运而生，主持开发本国的文化产业产品和支持版权保护，并将多元化的文化产业政策上升到国家的基本国策这一高度。这一策略的实施，加强了加拿大国内各族裔的团结，丰富了加拿大文化的内涵，极大地繁荣了加拿大的文化产业市场。在促进文化产业的发展方面，加拿大政府也制定和出台了多套发展战略。具体表现为：加强立法，借助立法手段加大文化产业的管理；制定政策，对本国文化产业发展进行保护，以抗衡外来文化入侵；设立基金，对文化产业进行资金资助；加强文化信息管理，充分发挥市场的作用等。

5）澳大利亚模式

澳大利亚作为国家的历史比较短暂，至今只有 200 多年的历史。因此，澳大利亚的文化资源主要以现代为主。在发展上，澳大利亚政府积极立足于现代文化的发展模式，更加侧重于发展文化娱乐业等与现代文化密切联系的产业，具体发展战略和措施有：第一，采取宽松和务实的政策，鼓励文化产业发展；第二，采取集团化经营方式，做强大文化企业；第三，重视文化多元性价值，发挥本国文化优势；第四，鼓励社会赞助，开辟广阔的融资渠道；

第五，立足本国实际，利用旅游业带动整个文化产业发展。

6）法国模式

法国是世界文化大国之一，是高雅艺术的典范，有着较为丰富的世界文化艺术遗产，文化设施齐全，文化活动活跃，国民也展现出较高的文化艺术修养。与此同时，法国的文化产品市场也有旺盛的需求，法国时装、法国葡萄酒、法国香水、法国大餐都闻名遐迩。面对美国的文化霸权和威胁，法国也相应地提出保护国家文化的多样性，维护本民族文化，促进民族文化产业发展，从而带动国家经济发展和社会就业。值得一提的是，出版业方面，在世界文化大市场的氛围下，法语和法国文化与英语和英美文化相比，显然并不能成为主流力量，而法国政府为了逆转这一劣势，给予本国出版业一套保护和支持制度以促使法国出版业欣欣向荣。

2.2.2 我国海洋文化产业发展模式

一般来讲，海洋文化产业的发展模式是在秉承文化产业发展模式的基础上产生的，其模式更加凸显其自身的、内在的、独有的海洋属性，以海洋文化作为出发点和落脚点。

我国海洋文化产业要实现可持续发展，需要厘清海洋文化产业主体类型及其特点，探究其各自的发展模式与形态，寻找适合各模式自身发展乃至具有普遍意义的路径。我国海洋文化产业主体有政府主导的产业，包括国有、集体、私营、联营、合资、外资、家族、家庭、个体、公益性慈善性非营利性组织等多种类型类别。各海洋文化产业主体类型独具特点，发展存在不平衡性。毋庸讳言，在海洋文化产业类型中，从业主体经营的个体是被大型从业主体雇佣之外的从业社会主体，却也是我国经济社会市场化、主体多样化、股份化、私有化以来越来越弱势化的从业社会主体。然而，工业化、城市化的现代化发展模式导致环境生态、资源已经不堪重负，沿海地区、岛屿地区、近海近岸海洋海域尤为严重，生态文明建设已经成为国家战略，海洋生态文明建设更是迫在眉睫。在当代这种条件下，由于家族、家庭个体从业主体经营者的海洋文化产品的制作加工主要靠的是手工技术，不是现代化的机械，所以从环境保护的角度分析，这是对环境和资源破坏最小、最为生态、最具可持续性的一种生产方式。这种不使用机械工业化大批量复制生产的方式，使海洋文化产业产品的原始性、丰富性和多样性得到了保持，更加符合文化产业的文化内涵与特色，更加符合千姿万态的地域、品种、内容、形态的多样化和民生需求化本质，因此，这是政府最需要重视、保护和发展的一种生产方式。这需要政府转换角色，调整国家政策，重新树立除企业之外其他经营者的主体地位，并对各主体的发展模式进行合理规划和科学布局，使海洋文化产业的发展更加趋向良性化、协同化，创造更加良好的产业发展局面。①

目前，我国海洋文化产业发展还存在着诸多问题，如文化产业主体类型不平衡、市场地位不高、政府导向过多、产业机构配置不够合理等，要努力破解上述难题，需要政府转变角色，改善相应的政府政策。

1）政府

在社会经济活动中，政府作为“看得见的手”与作为“看不见的手”的市场是一个有机整体，二者相互依存、互相补充，尤其在协调社会资源分配方面，都有着不可替代的作用。但如何权衡二者之间的作用，是一个世界性的难题，各国各地相异，且至今未能取得学界共识。结合我国目前实际，海洋文化产业要得到更高质量的发展，应该是以政府调控为主、市场调节为辅，还是市场调节为主、政府调控为辅，一直存在争议。从整体上看，政府和市场是两方面，或者说是两个层面。以市场调节为主的调控方式并不是不要政府的管理管制，而是要政府减少“干预”的措施或是把握好适当的尺度，掌

① 柴志明．发展海洋文化产业的若干思考［J］．浙江传媒学院学报，2014，21（1）：76-78.

握好最适当的尺度“在哪里”“到多少”非常重要。然而，怎样才能既确保政府最适当尺度的管控得到合理的实施，又能保证市场作用的充分发挥，创造出有利于企业良性发展的有利环境，各方面的社会主体都理应通过共同努力为市场主体营造宽松的发展环境。从海洋文化产业的经济角度而言，必须通过发挥市场的主体性，才能更大程度地充分利用海洋文化产业资源，更多地调动参与者的主观能动性和创造性；此外，从海洋文化产业的文化层面考虑，海洋文化产业不单关涉经济或市场问题，也包括相关的文化问题，同时也是一个涵盖对公平正义、社会公益、民俗风气以及社会价值观进行评判的问题。[①] 政府扮演的角色，就是站广大人民群众的一边，给市场经营主体提供管理的同时，向全体人民提供一种均等化的公益文化产品和服务。

2）企业

从海洋文化产业发展现状来看，海洋文化企业是海洋文化产业的重要主体，在产业的相互竞争中，担任着不可替代的角色和地位。特别是大型海洋文化企业，政府允许其存在，甚至鼓励、促进这部分企业的发展，同时也赋予了这些企业增强海洋文化产业的国际竞争力的宗旨和使命，让这些企业在国际市场上大有作为。我们应当坚持政府引导、市场运作的原则，对企业合理布局，科学谋划，对于竞争力强、成长性好的海洋文化企业集团，政府应该支持并且选择性地重点发展。政府可以利用财税政策的优惠措施，推动跨行业、跨地区海洋文化企业的联合或重组，壮大企业规模，形成大型的企业集团，提高集约化经营水平，促进结构调整和资源整合，形成集团化、集约化的管理模式和资源整合，形成一批在国际上竞争取胜、打拼能赢、占领国际市场并不断发展壮大的中国海洋文化企业。这是世界上还存在“国家利益”

① 郝鹭捷，吕庆华．我国沿海区域海洋文化产业溢出效应研究［J］．中国海洋大学学报（社会科学版），2016（5）：96-102.

的情势下，依赖国家政策扶植的企业的应有使命。作为具有国际竞争力的企业，要眼界开阔、方向向外、聚焦国际大市场，实现国外盈利，而不是眼界狭窄、方向向内、只能看到国内狭窄小市场，仅仅局限于在国内盈利，只是在国内恶性竞争，相互之间疲于内部争斗。与其他行业不同，在文化产业领域，具有国际竞争力的企业，应当是集体所有制性质占主体地位的企业，而不应当是私有化、剥削性和市场争斗性强的企业。因为文化企业生产、销售的产品（商品）是文化，包括文化的内涵、内容和文化的形态、载体，一方面是具有意识形态的道德、思想、伦理等价值观属性，承担着主流文化的传承和发展，以及国家和民族精神弘扬的使命，另一方面其内容和形式载体具有基本社会、公共社会至少是区域社会所普遍欣赏、接受的文化品位、审美趣味的社会属性；而且，毋庸讳言，文化产业断然离不开的是历史文化资源和传统民俗资源，而这种资源具有国家、民族、区域社会所有的公共属性——这就是它不可能、不应该等同于一般产业企业的基本特性。

3）自然人

包括隶属于血缘关系组织内的自然人、家庭及家族等的单纯经济—社会—文化体。设立“企业”（公司）以外个体、家庭、家族进行海洋服务经营和文化产品（商品）生产者的市场主体地位，是目前需要刻意强调的。因为这个市场主体是人口最多的市场主体，并且向来被轻忽和失当对待，未取得与之匹配的主体位置，所以从来都是一个处于非强势的市场主体。党的十八届五中全会审议通过的我国“十三五”规划建议提出：坚持经济发展要以保障和改善民生为出发点和落脚点，生态修缮、民生改进已经成为经济社会是否可持续发展的问题。所谓民生就是人民的生计，既是经济问题，又是社会问题，具有经济和社会的双重意义和属性。作为个体经营的个人、家庭以及家族式的产业主体，在海洋文化产业的市场竞争中明显长期处于弱势地位，其发展在很大程度上依赖于政府给予政策上的扶持和培育，在海洋文化产业的发展保护中，肯定个人、家庭和家族式的产业主体地位，注重发挥人口社会主体优势这一无法被取代的主体作用。对“民本”“民生”类型的海洋文化产业，政府应进一步加大扶持力度，完善相应的法规制度和法律体系，从国家层面制定相关的海洋产业发展规划，明确海洋文化产业在民本、民生层面的发展方向，做出正确的指导，并提供优惠的发展政策和法规制度支持。目前已有一些地方政府对这一问题有了充分认识并采取了相应措施，例如上海市金山区嘴渔村的案例就值得借鉴。近几十年来，随着上海地区经济的蓬勃发展，一些化工企业兴房建厂、扩大生产导致周边环境包括海洋环境污染加重，再加上近年来对近海海域的过度捕捞，致使渔业资源开始显现紧张状况。面对这些问题的凸显，金山嘴渔村的渔民们开始寻求改变，部分渔民主动离开几代人生产生活的地方，外出务工或者经商，但仍有一些渔民继续坚持滩涂养殖和近海捕捞。与之前不同的是，他们开始在村里兴办渔业产品养殖、加工等产业，也有渔民充分利用村子临靠沪杭公路的地理优势，在公路沿侧开办“渔家乐”式海鲜美食餐饮店，形成了具有地方特色的海鲜美食产业。该村在当地政府的政策导向与大力扶植下，在保留渔村渔民原有个体经营权利的基础上，将渔村原本散落各区域的个体经营户整合成综合性更强、有一定规模的观光旅游消费集群区，以此进一步充分利用本土资源，提高渔民经济生活水平；同时开展丰富多彩的海洋文化节庆活动，修建渔村渔俗馆、民俗文化馆等公益性海洋文化展览馆，与经营性的海鲜美食消费区域相得益彰，既弘扬和传播了当地的渔村文化，促使古老的深厚文化底蕴和鲜明特色得以传承和进一步发展，还为旅游消费区域带来了更多人气，提高了当地渔民的经济收入和生活水平，同时，又给古老的渔村注入可持续的发展活力。[①]

4）非营利性组织

需要清晰地知道社会服务、社会福利、社会公益之间的关系，将“文化

① 韩兴勇，刘泉：《发展海洋文化产业促进渔业转型与渔民增收的实证研究——以上海市金山嘴渔村为例》［J］. 中国渔业经济，2014（2）：91-96.

事业单位”更改成“文化企业单位”后，开展的产业经营和谋取利益的布局，变换非政府组织、行业组织、民间社会团体组织性质的学会、协会、基金会等开展的谋利活动，特别是行业垄断和变相垄断本性的体制模本，使之归从于社会服务、社会福祉、社会公益等NGO（非政府组织）。

中国海洋文化产业和海洋经济的发展离不开产业主体的建设，我国各海洋文化产业主体类型独具特点，发展存在不平衡性。在各类海洋文化产业主体类型中，政府是产业的主导者、管理者和公共产品的提供者，企业（公司化企业）是单个势力大、“财大气粗”、十分复杂的主体类型，而家族家庭等民户和个体经营者则是数量最多、最原始、最基础、最生态却也是最弱势的主体类型。这就需要我们转变政府角色，改变和完善政府政策，以协调控制为主，明确企业自身的主体地位，同时均衡集体、国有、民营、私营、联营等各类型企业的统筹发展和资源配置，确立企业之外个人、家庭、家族等主体经营者的地位，实现各主体的最佳发展方式，推动海洋文化产业最终形成主体间协同发展、良性发展的繁荣局面。[①]

2.3 海洋文化产业发展模式的理论依据

2.3.1 习近平新时代海洋强国建设思想

党的十九大报告指出，坚持陆海统筹，加快建设海洋强国。海洋是经济

① 徐文玉．基于产业主体视角的海洋文化产业发展研究［J］．浙江海洋学院学报（人文科学版），2016，33（6）：16-24.

社会发展的重要依托和载体，建设海洋强国是中国特色社会主义事业的重要组成部分。党的十八大以来，习近平总书记准确把握时代大势，科学研判我国海洋事业发展形势，围绕建设海洋强国发表一系列重要讲话、做出一系列重大部署，形成了逻辑严密、系统完整的海洋强国建设思想，为我们在新时代发展海洋事业、建设海洋强国提供了思想罗盘和行动指南。海洋强国建设思想是习近平新时代中国特色社会主义思想的有机组成部分，要深入学习把握其科学内涵、思想方法，大力推进海洋强国建设，助力实现中华民族伟大复兴的中国梦。

一是深刻领会海洋强国建设的科学内涵。习近平总书记立足我国所处历史方位，着眼实现中华民族伟大复兴中国梦的奋斗目标，就新形势下我国海洋事业发展的指导思想、主要任务、根本目标等做出重要论断和重大部署，科学回答了建设海洋强国面临的一系列重大理论和实践问题。

坚定走向海洋，建设海洋强国。我国是海洋大国，海岸线漫长，管辖海域广袤，海洋资源丰富。习近平总书记指出，海洋事业关系民族生存发展状态，关系国家兴衰安危。作为一个陆海兼备的世界大国，坚定走向海洋、建设海洋强国对推动我国经济社会持续健康发展，维护国家主权、安全和发展利益，实现全面建成小康社会目标进而实现中华民族伟大复兴具有重大而深远的意义。纵观人类发展史，走向海洋是民族振兴、国家富强的必由之路。但与一些国家为了殖民掠夺而走向海洋有着根本性的不同，我国坚定走向海洋，坚持走的是依海富国、以海强国、人海和谐、合作共赢的发展道路。我们要着眼于中国特色社会主义事业发展全局，统筹国内国际两个大局，坚持陆海统筹，通过和平、发展、合作、共赢的方式，扎实推进海洋强国建设。

全面经略海洋，助推实现中华民族伟大复兴。海洋蕴藏着人类可持续发展的宝贵财富，是世界各国推动经济社会发展、参与国际竞争的战略要地。习近平总书记强调，要提高海洋资源开发能力，着力推动海洋经济向质量效益型转变；要保护海洋生态环境，着力推动海洋开发方式向循环利用型转变；要发展海洋科学技术，着力推动海洋科技向创新引领型转变；要维护国家海洋权益，着力推动海洋维权向统筹兼顾型转变。这“四个转变”深刻阐明了我国发展海洋事业的主要任务和实施路径，构筑起全面经略海洋的“四梁八柱”。在新时代推进海洋强国建设，必须紧紧围绕这“四个转变”，不断提升开发海洋、保护海洋、利用海洋、维护海洋权益的综合实力，进一步关心海洋、认识海洋、经略海洋，推动我国海洋强国建设不断取得新成就。

坚决维护海洋权益和海洋安全，构建合作共赢伙伴关系。维护海洋权益和海洋安全，是建设海洋强国的题中应有之义。当前，我国主权利益、安全利益、发展利益在海洋方向上日趋重合。建设海洋强国，就要不断提高维护海洋权益和海洋安全的综合能力，确保我国海洋权益和海洋安全不受侵犯。习近平总书记指出，要秉持和平、主权、普惠、共治原则，把深海、极地、外空、互联网等领域打造成各方合作的新疆域，而不是相互博弈的竞技场。这为国际社会更好地解决海洋问题、共同开发海洋提供了中国方案。新时代建设海洋强国，一方面要继续抓住和用好我国发展的重要战略机遇期，从我国长远发展和整体利益的战略高度思考、设计、实施海洋权益维护工作，有效维护国家主权、安全、发展利益；另一方面要深度参与全球海洋治理，与其他国家共同构建合作共赢的伙伴关系，积极推动世界各国共享海洋。各国维护海洋权益和海洋安全均应打破零和博弈的思维模式，树立合作共赢的现代理念。

二是准确把握海洋强国建设的科学思想方法。习近平总书记海洋强国建设思想贯穿着马克思主义的立场、观点、方法，蕴含着指导我国发展海洋事业、建设海洋强国的科学方法论。

引领时代的创新思维。创新是引领发展的第一动力。坚持创新思维，才能以思想认识的新飞跃打开事业发展的新局面。当前，国际海洋治理体系进入加速演变与深度调整期，我国海洋事业进入历史上最好发展期，尤其需要提高创新思维能力。习近平总书记为我们做出了榜样。他创造性地提出建设海洋强国是中国特色社会主义事业的重要组成部分等一系列重大命题，提出提高海洋资源开发能力、保护海洋生态环境、发展海洋科学技术、维护国家海洋权益等重大观点，科学谋划我国海洋事业创新发展，推动理论创新和实践发展。这些重要思想和观点丰富和发展了我国海洋强国建设的科学内涵，引领和推动我国发展海洋事业、建设海洋强国。

统筹全局的战略思维。建设海洋强国，必须制定出站得高、看得远、想得全、立得住、能管用的海洋战略，强化对海洋事业发展的顶层设计与战略统筹。建设海洋强国是一项宏大复杂的系统工程，需要不断强化战略思维和系统思维，在党和国家事业发展全局中、在实现中华民族伟大复兴历史进程中、在国际格局深刻演变的大背景中谋篇布局、统筹推进。党的十八大以来，以习近平同志为核心的党中央牢固树立陆海统筹理念，从根本上转变以陆看海、以陆定海的传统观念，强化多层次、大空间、海陆资源综合利用的现代海洋经济发展意识，既提升海洋经济、军事、科技等硬实力，又增强海洋意识、海洋文明等软实力；从经济建设、政治建设、文化建设、社会建设和生态文明建设等各领域统筹推进我国海洋事业整体向前发展，海洋及相关产业、临海（港）经济对国民经济和社会发展的贡献率不断提高。

国家利益至上的底线思维。海洋权益和海洋安全是国家核心利益，维护海洋权益和海洋安全是建设海洋强国必须坚守的底线。习近平总书记强调，我们爱好和平，坚持走和平发展道路，但决不能放弃正当权益，更不能牺牲国家核心利益。他还指出，要坚持把国家主权和安全放在第一位，贯彻总体国家安全观，周密组织边境管控和海上维权行动，坚决维护领土主权和海洋权益，筑牢边海防铜墙铁壁。这划出了我国维护海洋权益、捍卫海洋安全的底线，表达了我国在涉及重大核心利益问题上的严正立场、高度自信和坚定决心，彰显出国家利益至上的底线思维。

习近平海洋强国建设思想既是内涵丰富而深刻的科学理论，又是指导具体实践的基本原则和有效方法。在中国特色社会主义进入新时代的背景下推进海洋强国建设，必须将这一重要思想贯穿到我国海洋事业发展的各领域各方面各环节，努力在发展海洋经济、建设海洋生态文明和参与全球海洋治理等重点领域实现新突破、取得新成就。

2.3.2 海洋生态文明建设理论

习近平总书记提出树立“绿水青山就是金山银山”的强烈意识，实现海洋生态文明就是要建设海上“绿水青山”，这是海洋经济绿色发展的思想基础。绿色发展是五大发展新理念之一，在实现形式上表现为发展绿色经济和加大环境治理两大内容。海洋经济绿色发展是以海洋资源节约集约和保护海洋生态环境为特征的发展过程，是同时获得海洋经济效益和环境效益的发展方式。当前和今后一个时期，海洋生态文明建设需要转方式、补短板、保底线、抓示范、建制度，形成全民参与共同推进的大格局。要以提高海洋资源开发利用水平、改善海洋环境质量为主攻方向，推动形成节约集约利用海洋资源和有效保护海洋生态环境的产业结构、增长方式和消费模式，在全社会牢固树立海洋生态文明意识，力争在海洋生态环境保护与建设上取得新进展，在转变海洋经济发展方式上取得新突破，在海洋生态文明制度建设上取得新成效。

解决制约海洋经济持续健康发展和影响民生的海洋生态环境问题。良好的海洋生态环境是最公平的公共产品及最普惠的民生福祉，是实现全面建成小康社会的支撑和保障。在推进海洋文明建设进程中，需要采取行之有效的措施，重点解决包括陆源污染与近海富营养化、渔业资源种群繁殖生境修复与海洋保护区网络建设、应对气候变化与海洋防灾减灾等问题。

构建节约集约的“绿色”海岸带和海洋经济体系。海岸带和海洋经济活动的每个环节都会消耗海洋资源，对海洋环境带来影响。海洋生态文明建设要把节约集约利用海洋资源、保护海洋生态环境的理念，全面体现到海洋开发和经济发展的各个领域和环节，坚持精细化利用海洋资源，坚持预防原则，维护海洋生态安全，坚持从再生产的全过程防范海洋环境污染，构建低耗、清洁、循环、绿色的海洋经济体系，使得海岸带、海洋经济发展与海洋资源消耗量和污染排放量相对脱钩乃至绝对脱钩，实现海洋经济的持续健康发展。重点是调整和优化海洋产业结构和海岸带重化工业区域布局，努力促进传统海洋产业转型升级，培育壮大海洋战略性新兴产业。

努力形成有利于海洋生态文明建设的激励约束机制。制度具有引导、规制、激励和服务等功能。增加制度供给，保证有效实施，形成规范的而不是随意的、系统的而不是碎化的、稳定的而不是易变的制度环境和激励约束机制，为海洋生态文明建设提供持久动力和保障。重点是推进海洋资源资产的产权制度，加快建立海洋生态补偿和损害赔偿机制，完善海域使用的有偿使用和经济政策等，构建海洋生态文明建设制度体系。

生态文明建设和生态环境保护，功在当代、利在千秋。海洋生态文明建设是建设海洋强国的重要内容。党的十八大以来，我国海洋生态文明建设取得显著成效，初步形成“四大体系”：以海域和无居民海岛开发利用为主体的资源管理体系，以污染防治、生态保护、环境修复为主体的环境管理体系，以监测、预报、调查等为主体的业务体系，以专门法律和督察制度为基础的法治体系。大力推进海洋生态文明建设，需要深入实施生态管海、着力推动绿色发展，把海洋生态文明建设纳入海洋开发总体布局，建立健全海洋生态补偿和生态损害赔偿制度，像保护眼睛一样保护海洋生态环境。以系统思维抓海洋生态环境保护，进一步强化海洋生态红线管控，优化海洋空间开发与保护格局，坚持陆海统筹的空间规划方式，强化海洋污染联防联控，深入开展海洋生态整治修复。严格海洋工程建设项目环评审批，严控污染物入海总量，强化海洋资源环境执法力度，建立“湾长制”，逐级压紧压实党政领导干部的海洋生态环境和海洋资源保护职责。

2.3.3 海洋可持续发展理论

海洋可持续发展理论主要是研究人类如何理性地对待海洋发展问题，力图合理地协调自然与人类、环境与经济、社会与人生、现实与未来之间的关系，是一种“人—自然—社会—海洋”之间的高质量、高水平协调发展的良性生态系统，它不仅包括保护海洋环境、建立海洋生态平衡和资源的合理配置等经济社会、政治层面的因素，而且还含有人的全面发展和人的素质全方位提高的内容。其实质和核心是永续发展，就是经济、社会、资源和环境协调发展。协调发展，即做到当前发展与未来发展相结合，当代人利益与后代人利益相结合，发展经济与合理利用海洋资源和保护环境相结合，使我们的子孙后代永续发展和安居乐业。

海洋可持续发展是可持续发展概念在海洋领域的具体体现，是以获取海洋开发和海洋保护的双赢为立足点，实现海洋资源的综合利用、深度开发和循环再生，建设可持续发展的海洋文化，构建基础资源共享、养护修复并进、有序共同发展的海洋格局，经济上持续发展和社会普遍接受的海洋开发模式。

海洋是高质量发展战略要地，我们要像对待生命一样关爱海洋，落实海洋整体可持续发展目标，以保障海洋经济发展和资源永续利用为目的，实现海洋资源有序开发利用，实现经济、社会、生态效益相统一，实现海洋经济发展和海洋资源环境相统一，实现海洋产业结构优化与布局合理化，形成能够发挥资源禀赋比较优势的产业结构。

困境倒逼改革，探索赋能重生，海洋领域在可持续发展之路上行稳致远。海洋资源属于现在，更属于未来。如何处理好海洋开发和海洋可持续发展，做到在保护中发展，在发展中保护，这是“时代之问”，也是“应有之义”。站在新时代的新起点，保持加强海洋可持续发展的战略定力，探索以绿色发展为导向的高质量发展新路子，守护好海洋这道亮丽风景线，探一条创新引领可持续发展的新路子，唱一曲科学规划的时代最强音，筑一方福泽万代的美丽新海洋，冲破地域限制与利益的藩篱，绘就一幅统筹资源、环境、产业、民生协调发展的海洋创新发展融合新画卷。

2.3.4 产业集群理论

产业集群理论源于马克思的分工协作理论。对高效率低成本的追求是产业集群形成的内在动因。马歇尔在1890年出版的《经济学原理》中提出了“产业区”的概念，并阐述了他的“规模经济理论”。为了降低成本，提高效率，企业自觉集中在专业化产业集聚的特定地区，即“产业区”。在产业区内，企业可以降低生产成本，资源共享，协同创新，形成“规模经济”。在随后的一系列研究中，最著名的当属哈佛大学教授麦克尔·波特。他从竞争力的角度分析产业集群现象，率先提出全球经济下的产业集群理论，利用“钻石模式”对产业集群现象进行研究，结果显示集群能够改善创新条件，促进企业成长。根据波特的“钻石理论”模型，产业集群的形成是以企业战略为核心，与市场、人才、制度、技术、资本以及区域文化等生产因素、需求状况、政府行为和相关产业集群等因素相关，并受到外部机遇的影响。不同地区，不同的资源优势，形成不同的产业集群。产业集聚是创意产业发展的基本形式，创意产业的发展能够促进产业集群升级，如图 2–2 所示。

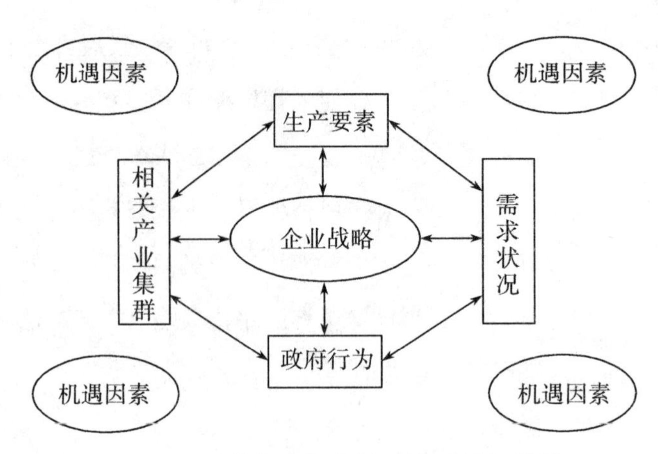

图 2-2　波特产业集群的“钻石理论”模型

3 我国海洋文化产业发展现状

3.1 我国海洋文化产业发展概况

从上一章的内涵界定中我们不难发现，我国海洋文化产业是文化产业的类别之一，要梳理分析我国海洋文化产业的发展现状，首先要对我国文化产业的发展现状做一个大致的了解。其次，海洋文化资源的现状对海洋文化产业的发展而言起着至关重要的作用，是海洋文化产业发展的重要基础和必要前提，需要通过分析海洋文化资源的需求性和基本状况来进一步展示海洋文化产业发展的现状。同时，我国海洋事业和海洋第三产业对我国海洋文化产业的发展起到了一定程度的支持和支撑作用，为了深入研究我国海洋文化产业的发展现状，也很有必要对我国海洋事业和海洋第三产业的发展进行梳理分析。

3.1.1 我国文化产业发展概况

1）支持文化产业发展的政策频繁出台

近几年，中央政府先后出台了《文化产业发展第十个五年计划纲要》《国家“十三五”时期文化发展改革规划纲要》、中国共产党十九大报告、国务院《文化产业振兴规划》、文化部《关于加快文化产业发展的指导意见》《中共中央关于深化文化体制改革、推动社会主义文化大发展大繁荣若干重大问题的决定》等重要政策性文件，力图大力推动文化产业的全方面发展。文化部《“十三五”时期文化产业发展规划》于2017年4月19日正式发布，明确了“十三五”时期文化产业发展的总体要求、主要任务、重点行业和保障措施，并以8个专栏列出22项重大工程和项目，着力增强操作性。其中，《规划》指出“到2020年，实现文化产业成为国民经济支柱性产业的战略目标”，此外，还确定了促进结构优化升级、优化发展布局、培育壮大各类市场主体、扩大有效供给、扩大和引导文化消费、健全投融资体系、加强科技创新与转化、完善现代文化市场体系、深度融入国际分工合作9个方面的主要任务，重点发展演艺、娱乐、动漫、游戏、创意设计、网络文化、文化旅游、艺术品、工艺美术、文化会展、文化装备制造11个行业，明确了创新体制机制、推进法治建设、完善经济政策、强化人才支撑、优化公共服务、加强统计应用、抓好组织实施7项保障措施。上述一系列相关政策的出台及实施，充分体现了我国相关领导者对国家文化产业发展的高度重视和全力支持，而这也必将推动中国文化产业继续向着持续高速发展的良好态势前进。

2）持续加大的相关财政资金支持力度

在文化产业的投入方面，近年来各级相关财政部门持续加大投资力度，以满足广大人民群众在文化消费方面日益增长的需求，具体表现在修建各类文化设施方面。表3-1为全国在文化产业方面的各类投资情况。

表 3-1 全国在文化产业方面各类投资及增长情况

单位：亿元

年度	一般公共预算文化体育与传媒财政拨款	增长 1	固定资产投资实际到位资金	增长 2	新增固定资产投资	增长 3
2007	898.64	7%	4301.1	26%	2273.0	17%
2008	1095.74	22%	5725.7	33%	3142.3	38%
2009	1393.07	27%	7803.8	36%	4757.5	51%
2010	1542.70	11%	9583.7	23%	5453.9	15%
2011	1893.36	23%	11003.6	15%	6609.4	21%
2012	2268.35	20%	16256.6	48%	9567.5	45%
2013	2544.39	12%	19862.3	22%	12165.3	27%
2014	2691.48	6%	24356.0	23%	15999.5	32%
2015	3076.64	14%	28503.4	17%	20913.3	31%
2016	3163.08	3%	31983.1	12%	20637.3	−1%
2017	3391.93	7%	34869.9	9%	24569.2	19%

数据来源：《中国文化及相关产业统计年鉴》。

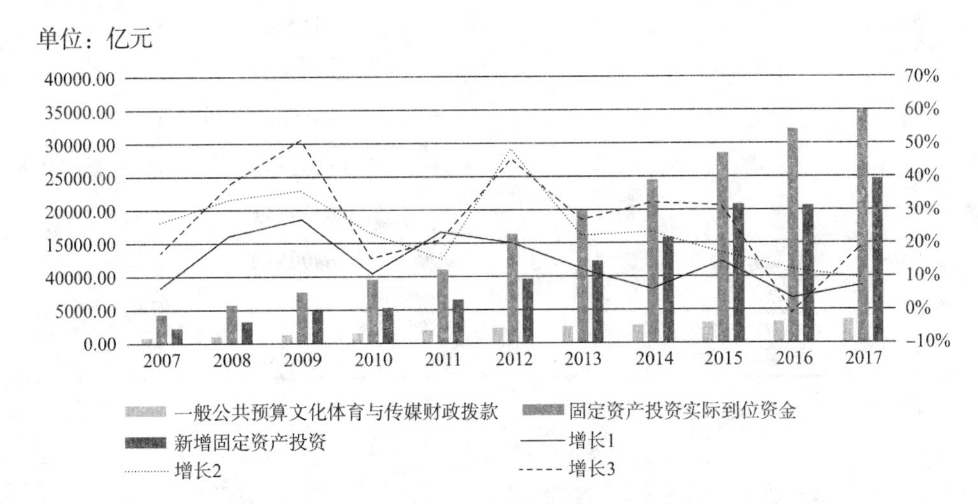

图 3-1 文化产业各类投资变化趋势

由表 3–1、图 3–1 可看出，自 2007 年以来，全国一般公共预算文化体育与传媒财政拨款方面的支出以 14% 的年平均增速逐年增加，2017 年达到了 3163.08 亿元，固定资产投资实际到位资金也以 25% 的年平均增速逐年增加。在新增固定资产方面的投资幅度总体上逐年加大，2014 年和 2015 年的新增固定资产投资较上一年度的增幅分别达到了 32% 和 31%，两个年度总体上的投入增速均超过了 30%，2015 年、2016 年和 2017 年均达到了 2 万亿元以上，投资逐渐趋于平缓。由以上数据可以了解到，近年来，我国逐步加大了财政文化投入力度，在固定资产的投资方面体现得尤为明显，这些都将大力推动文化产业的发展，促进文化产业规模的进一步扩大。

表 3–2　全国文化产业增加值与 GDP 情况

单位：亿元

年度	文化产业增加值	占 GDP 比重	文化产业增加值增长速度	GDP	GDP 增长速度
2007	6455	2.39%	26.00%	270232.3	23.15%
2008	7630	2.39%	18.20%	319515.5	18.24%
2009	8786	2.52%	15.15%	349081.4	9.25%
2010	11052	2.68%	25.79%	413030.3	18.32%
2011	13479	2.75%	21.96%	489300.6	18.47%
2012	18071	3.34%	34.07%	540367.4	10.44%
2013	21870	3.67%	21.02%	595244.4	10.16%
2014	24538	3.81%	12.20%	643974.0	8.19%
2015	27235	3.95%	10.99%	689052.1	7.00%
2016	30785	4.14%	13.03%	743585.5	7.91%
2017	34722	4.20%	12.79%	827121.7	11.23%

数据来源：《中国文化及相关产业统计年鉴》。

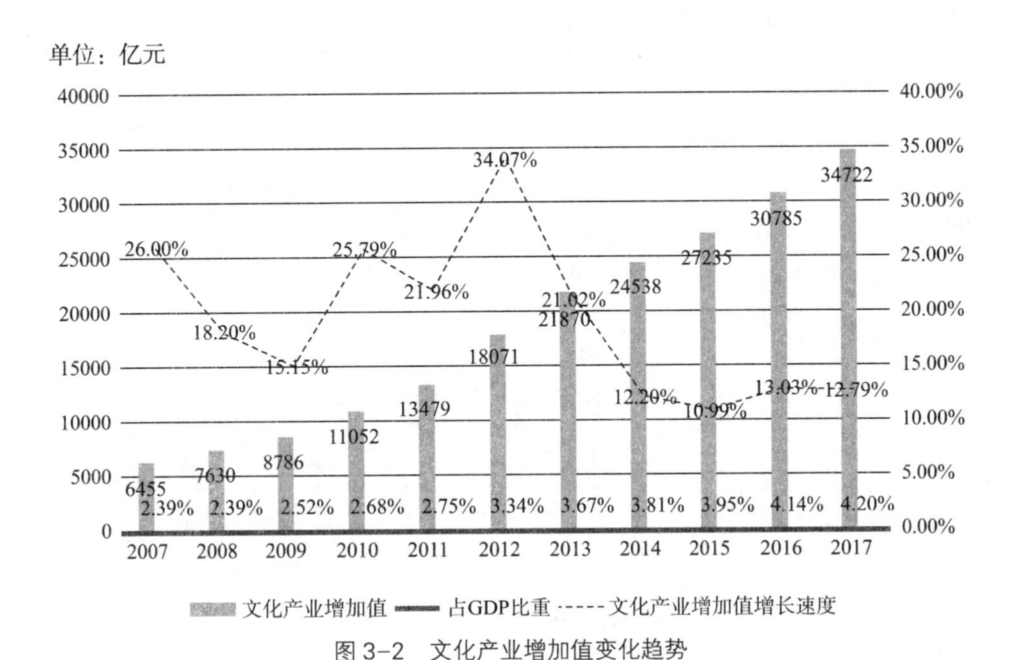

图 3-2　文化产业增加值变化趋势

由表 3-2、图 3-2 可看出，从 2007 年至 2017 年这 11 年期间，全国文化产业增加值从 6455 亿元增长到 30785 亿元，增长了近 5 倍，以高达 19.9% 的年平均增速逐年增加，文化产业增加值占当年 GDP 的比重也从 2.43% 增长到 4.14%。19.9% 的文化产业增加值平均增长速度高于 13.1% 的 GDP 平均增速，展示出了较快的发展势头。由以上数据可以了解到，近年来，我国越来越重视文化产业的发展，通过逐步加大在文化产业方面的投入力度，切实推动了文化产业的发展，文化产业增加值的增速超过了财政拨款的增速，进一步说明文化产业作为朝阳产业，在经济结构转型升级的今天，具有很强的发展潜力，将对我国国民经济发展产生深远的影响，其占 GDP 比重的逐年增加，也说明文化产业正在一步步地向我国的支柱产业迈进。

3.1.2 我国海洋文化产业发展概况

表 3-3 全国海洋生产总值

单位：亿元

年份	海洋生产总值			
	海洋生产总值	第一产业	第二产业	第三产业
2006	21，592.4	1，228.8	10，217.8	10，145.7
2007	25，618.7	1，395.4	12，011.0	12，212.3
2008	29，718.0	1，694.3	13，735.3	14，288.4
2009	32，261.9	1，857.7	14，926.5	15，377.6
2010	39，619.2	2，008.0	18，919.6	18，691.6
2011	45，480.4	2，381.9	21，667.6	21，530.8
2012	50，172.9	2，670.6	23，450.2	24，052.1
2013	54，718.3	3，037.7	24，608.9	27，071.7
2014	60，699.1	3，109.5	26，660.0	30，929.6
2015	65，534.4	3，327.7	27，671.9	34，534.8
2016	69，693.7	3，570.9	27，666.6	38，456.2

数据来源：《中国海洋统计年鉴》。

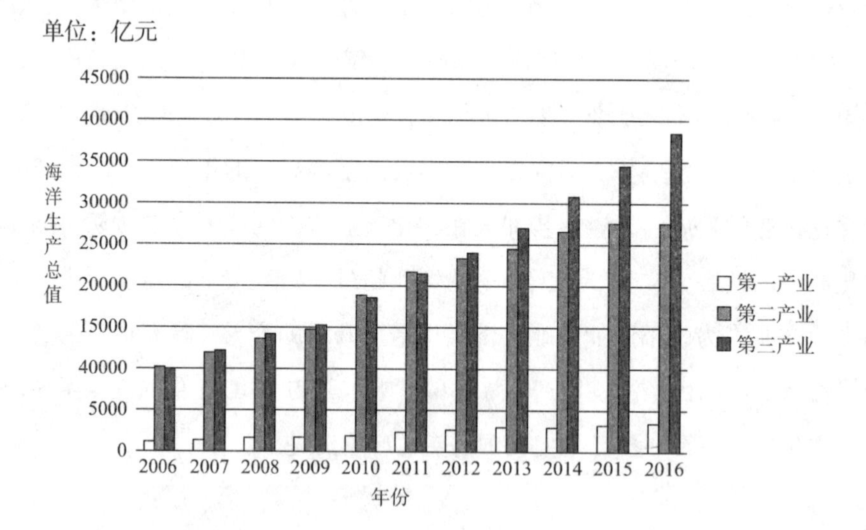

图 3-3 全国海洋生产总值

表 3-4 全国海洋生产总值构成

单位：%

年份	第一产业	第二产业	第三产业
2006	5.7	47.3	47.0
2007	5.4	46.9	47.7
2008	5.7	46.2	48.1
2009	5.8	46.4	47.8
2010	5.1	47.8	47.2
2011	5.2	47.5	47.2
2012	5.3	46.7	47.9
2013	5.6	45.0	49.5
2014	5.1	43.9	51.0
2015	5.1	42.2	52.7
2016	5.1	39.7	55.2

数据来源：《中国海洋统计年鉴》。

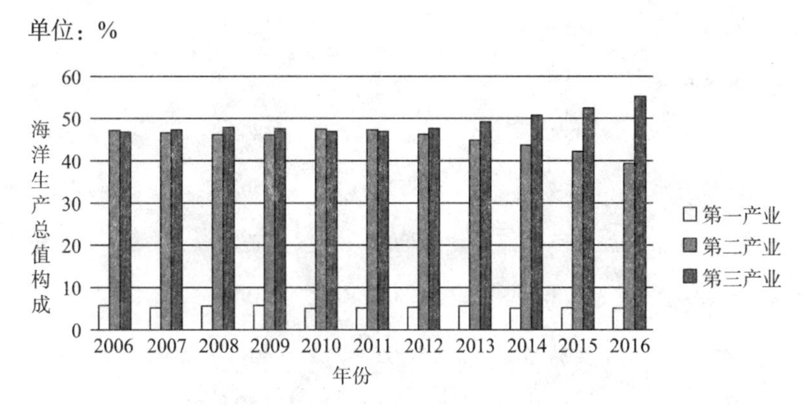

图 3-4 全国海洋生产总值构成

通过表 3–4、图 3–4 可以看出，自 2006 年以来全国海洋生产总值逐年上升，其中 2016 年第一产业、第二产业和第三产业生产总值分别达到了 3570.9 亿元、27666.6 亿元和 38456.2 亿元。从组成比例上看，第一产业占比相对较少，第二产业和第三产业达到海洋生产总值的一半左右，2006—2016 年第一产业、第二产业和第三产业比重基本稳定，第一产业比重浮动范围在 5.1% ~ 5.8%，第二产业比重浮动范围在 39.7% ~ 47.8%，第三产业浮动范围在 47.0% ~ 55.2%。

表 3–5　2016 年我国沿海省份海洋生产总值

地区	海洋生产总值（亿元）	第一产业（亿元）	第二产业（亿元）	第三产业（亿元）	海洋生产总值占沿海地区生产总值比重（%）
合计	69693.7	3570.9	27666.6	38456.2	16.4
天津	4045.8	14.5	1838.6	2192.7	22.6
河北	1992.5	88.6	738.6	1165.3	6.2
辽宁	3338.3	424.9	1192.3	1721.1	15.0
上海	7463.4	4.4	2571.1	4887.9	26.5
江苏	6606.6	434.5	3290.6	2881.6	8.5
浙江	6597.8	499.3	2292.6	3805.9	14.0
福建	7999.7	584.5	2853.1	4562.1	27.8
山东	13280.4	776.8	5730.7	6772.9	19.5
广东	15968.4	273.8	6500.9	9193.8	19.8
广西	1251.0	203.5	434.4	613.1	6.8
海南	1149.7	266.1	223.8	659.8	28.4

数据来源：《中国海洋统计年鉴》。

表3–5为2016年我国11个沿海省份的海洋生产总值数据。从表中看，我国东部沿海各省份第三产业海洋生产总值大体呈现出从北到南的递增趋势和从东到西的递减趋势。从宏观上来看，大致呈现出一个反写的大写字母“L”形，两条线段的交汇点即广东省所在的位置，从数据中也可以看出，广东省的第三产业海洋生产总值在11省份中是最高的。这一趋势也跟各省份的国民生产总值排名相匹配。这也从另一个角度为我们指明了海洋文化产业发展今后的努力方向，“L”形的t两条线段要分别向北、向西两个方向发散，充分发挥广东海洋强省的辐射带动作用。

3.1.3 我国海洋文化产业发展条件分析

我国拥有十分丰富的海洋文化资源。我国岸线总长度32000千米，其中大陆岸线长度为18000千米，岛屿岸线长度14000千米，面积在500平方米以上的海岛7300个，海洋平均深度961米，最大深度为5559米。内水和领海主权海域面积为38万平方千米。根据《联合国海洋法公约》有关规定和我国的主张，我国管辖的海域面积约300万平方千米。此外，我国在国际海底区域还获得了7.5万平方千米专属勘探开发区。数千年来，经过我国人民的不懈努力，我们不仅拥有灿烂的大陆文化，也同时拥有辉煌的海洋文化。近些年来，我国相关部门非常重视海洋资源的开发以及利用，其中，早在我国“十二五”规划相关文件中即明确指出在坚持海陆统筹的基础上加大海洋经济发展力度，相关部门科学制定并且切实有力实施相关海洋资源的发展战略，大力推进海洋资源产业结构调整优化升级，提升我国海洋经济的可持续发展能力以及在国际上的竞争力，这充分表明，我国海洋强国战略开始全面启动实施。党的十七大会议中，在强调坚持中国特色社会主义经济建设、政治建设、文化建设、社会建设的基础上首次提出大力推进社会主义生态文明建设。党的十八大报告明确提出了要大力推进生态文明建设，大力建设我国海洋强国的战略部署。党的十九大报告关于实施区域协调发展战略的表述中，更是明确阐述了“坚持陆海统筹，加快建设海洋强国”的战略部署。近年来，随着沿海区域规划纳入国家战略，我国沿海 11 个省、市、自治区也都接续掀起了海洋热潮，相继出台支持区域海洋经济发展的相关规定和举措，确定了各自的海洋发展主题，制定适合本地的海洋经济战略，不断推动我国经济战略转变从陆域经济延伸到海洋经济，这些战略的实施预示着我们将迎来一个全面开发海洋资源的新时代。

表 3-6 我国海洋省区市海洋发展主题

序号	陆海区域	海洋发展主题
1	河北沿海地区	弄潮渤海，希望河北
2	福建沿海地区	潮涌海西，蓝色福建
3	广西沿海地区	广西北部湾——中国沿海经济发展新一极
4	上海沿海地区	海·城市
5	广东沿海地区	魅力海洋，蓝色广东
6	江苏沿海地区	蓝色家园，美好江苏
7	海南沿海地区	海南国际旅游岛，圆您蓝色幸福之梦
8	浙江沿海地区	善待海洋，善待人类
9	天津沿海地区	和谐开放、洋气大气的天津
10	辽宁沿海地区	辽海之韵
11	山东沿海地区	岱青海蓝，好客山东

表 3-7 中国沿海省区市海洋文化产业状况统计表

序号	陆海地域	海洋文化基础与文化产业发展
1	河北沿海地区	河北唐山是我国近代工业文明的摇篮，吴桥杂技、沧州武术、唐山皮影等非物质文化遗产丰富，北戴河海滨、山海关古长城已成为著名国际旅游胜地，拥有世界文化遗产 2 处，国家历史文化名城 1 座，国家文物保护单位 25 处，国家非物质文化遗产 27 项。
2	福建沿海地区	福建海洋历史文化源远流长，特色鲜明。早在四五千年前，新石器时代福建先民就在东海之滨生产、生活，福州昙石山遗址成为中国海洋文化的杰出代表。东汉初叶，福州就与中南半岛开辟了定期航线。三国时，福州又成为吴国的水军基地。宋元时期，泉州是舶商云集的东方第一大港，成为海上丝绸之路的起点。到晚清时期，福州马尾船政更是成为我国最早的船舶工业基地和海军人才摇篮。昙石山文化、船政文化、航海文化、妈祖文化、海丝文化、闽商文化、海岛音乐文化等，使福建成为中国海洋文化最集中、最典型、最有特色的地区，像一颗璀璨的明珠，闪烁在中国沿海的历史长河中。
3	广西沿海地区	广西有着深厚的海洋文化积淀。如以贝丘遗址、伏波山、刘永福故居等为代表的历史人文文化，以疍家文化为代表的渔家盐业文化，以京族为代表的少数民族文化，古代港口遗址和现代港口并存的海洋港口文化，以大清界碑遗址和古炮台为代表的边海防军事文化，以红树林为代表的海洋湿地生态文化等都是广西海洋文化的精髓。
4	上海沿海地区	面向海洋、联结内陆的区位特点造就了上海这座城市海纳百川、交汇中西的独特气质和特殊文化底蕴。
5	广东沿海地区	广东是海洋大省，自古以来临海而立，因海而兴。广东是海上“丝绸之路”的最早发祥地。自西汉起，由广东徐闻、合浦港出海，魏晋南北朝从广州港起航的海上“丝绸之路”，历经隋、唐、宋、元、明、清以至民国时期，两千年经久不衰。

（续表）

序号	陆海地域	海洋文化基础与文化产业发展
6	江苏沿海地区	江苏沿海拥有基岩海岸、沙滩海岸、淤泥质海岸、基岩海岛等地貌，拥有亚洲大陆边缘最大的海岸湿地，建有国家级珍稀动物自然保护区和国家级海洋特别保护区，花果山、狼山、范公堤等自然景观及新四军纪念馆、盐文化博物馆等人文景观遍布沿海各地。
7	海南沿海地区	总投资达 65 亿元的陵水海洋主题公园在 2018 年春节期间正式开业。亚龙湾、海棠湾、清水湾、香水湾、神州半岛、石梅湾、棋子湾、龙沐湾、铜鼓岭等旅游度假区的酒店及重点项目已经动工建设，有 12 家五星级酒店竣工。万宁石梅湾 2 个游艇会项目也建设完工。海南省海洋与渔业厅配合省旅游发展委策划开放开发西沙旅游。
8	浙江沿海地区	浙江沿海地区分布着舟山普陀山、嵊泗列岛 2 个国家级风景名胜区，又有舟山桃花岛、岱山、洞头列岛、桃渚、海滨—玉苍山 5 个省级风景名胜区，此外，还有南麂列岛国家级海洋自然保护区，拥有杭州、绍兴、宁波、临海等全国历史文化名城，以及为数众多的国家级和省级重点文物保护单位。据浙江海岛资源综合调查，浙江主要海岛共有可供旅游开发的景区（点）450 余处，景区（点）的陆域面积为 188 平方千米，约占海岛陆域总面积的 9.7% 其中，可供旅游开发的成片海蚀景观 60 余处，适宜开发为海水浴场的沙滩有 48 处，海岸线长度总计约为 33 千米，还有峰、石、洞景观 150 余处，人文景观、历史胜迹 100 余处。
9	天津沿海地区	天津历来重视海洋文化遗存和非物质文化遗产的保护。潮音寺、天后宫、大沽炮台遗址、大沽船坞遗址、北塘古镇等是天津海洋文化的历史见证。滨海新区的版画、飞镲、龙灯、宝辇等是天津海洋文化的时代传承。天津积极推动海洋文化基础设施建设。天津古贝壳堤博物馆、天津港博览馆相继建成，极地海洋世界、东疆湾沙滩、中心渔港和航母主题军事公园成为一道亮丽的海洋旅游文化风景线。正在积极筹建的国家海洋博物馆力争建设成为国内领先、国际一流。天津还十分注重海洋文化宣传。坚持开展每年一度的海洋宣传日、海洋防灾减灾日活动，举办妈祖文化节、滨海旅游节、港湾文化节等大型海洋文化节庆活动，特别是举办世界海洋日暨全国海洋宣传日的主场活动、中国南极科考队暨“雪龙”号科考船天津出发地系列活动，增强了全社会的海洋意识。

（续表）

序号	陆海地域	海洋文化基础与文化产业发展
10	辽宁沿海地区	全省滨海旅游收入持续增长，全年接待旅游人数每年增长。游艇俱乐部、海洋休闲度假区、海洋主题游等项目成为休闲文化主体。
11	山东沿海地区	山东拥有约6500年历史的山东海洋文化，底蕴深厚，特色鲜明。青岛奥运会帆船比赛、国际海洋节、中国海军节等一系列重大活动，不断演绎着海洋文化的丰富内涵。

3.1.4 我国海洋文化资源的基本状况

作为海洋文化产业发展的基础要素构成，丰富的海洋文化资源是海洋资源不可或缺的重要组成部分。简而言之，海洋文化要求在地域方面处于沿海地区，在内容方面具有海洋属性，在功能方面要能够适应并充分满足人们各种精神层面的需求，包含满足这三方面条件的各种形式的产品、衍生物以及相关的系列活动，总体而言包括三种基本类型：海洋物质层面、海洋制度层面及海洋精神层面。

一为海洋物质层面基本类型。该层面的文化资源是指海洋文化资源中包括海洋自身、岸线资源及海洋产业等在内的以物质形态而存在的海洋文化资源形式。

二为海洋制度层面基本类型。该层面的文化资源包括海洋法等在内的海洋综合管理，其以海域使用管理、海洋权益管理等为核心内容，是相关各级海洋行政主管部门代表政府充分履行相应基本职能的重要依据。制度文化是包括家庭、政治、经济、宗教等制度及组织形式在内的人类在各种社会实践活动中建立的多种社会规范的总和。而海洋制度文化主要涵盖了海洋开发的制度与规章、海洋管理文化、海洋法、各国海洋文献、渔业制度与可持续发展、国际海洋会议与公约、海事档案海事处理与国际惯例、海洋交通管理法规、海盗海霸问题等。

三为海洋精神层面基本类型。该层面的文化资源又可进一步划分为海洋意识、海洋宗教文化、海洋民俗文化以及海洋文学艺术等。海洋意识主要涵盖海洋国土意识、海洋开放意识、海洋资源意识以及海洋战略意识等。海洋宗教文化主要指沿海宗教文化活动场所，例如观音大佛信仰、龙王妈祖信仰。海洋民俗文化主要指海洋生产、生活、信仰习俗等。海洋文学艺术主要指民间海洋文学、民间海洋艺术等。

1）海洋公园

海洋自然保护区、海洋特别保护区是我国海洋保护区的主要组成部分，而海洋公园则属于后者中的类型之一。在我国，部分区域处于特殊地理条件或是在生态系统、生物及非生物资源、海洋开发利用等方面具有特殊要求，需要通过采取切实有效的保护措施以及科学合理的开发方式对其进行特殊管理，这些区域被称为海洋特别保护区。目前，我国海洋特别保护区包括国家和地方两种级别。其中，国家级海洋特别保护区需要报国家海洋局批准，是指在区域海洋生态保护以及资源开发上具有重大价值，并且有助于维护国家海洋权益，或是其他有必要向国家申报的海洋特别保护区。目前，我国的海洋保护区建设正逢战略发展机遇，建设我国海洋保护区系统是实现海洋发展战略的重要“抓手”和现实途径。① 为深入贯彻落实我国党中央提出的“建设生态文明”的战略方针，大力切实推进我国海洋生态文明良好建设，切实加大我国海洋生态保护力度，有效加强海洋生态环境保护以及资源循环可持续利用，国家海洋局于2010年修订了《海洋特别保护区管理办法》，在该办法中海洋公园被纳入我国海洋特别保护区的体系当中。可以看出，国家级海

---

① 张晓.海洋保护区与国家海洋发展战略[J].南京工业大学学报(社会科学版)，2017，16(1)：100-105.

洋公园在我国的建立，进一步丰富了我国海洋特别保护区的类型，使广大人民群众能够在风景优美、环境适宜的滨海区域休闲娱乐，非常有利于海洋生态环境保护，也促使滨海旅游业更加欣欣向荣、蓬勃发展，同时也极大地丰富了我国海洋生态文明建设的内容和形式。国家海洋局于 2011 年 5 月 29 日公布了我国首批国家级海洋公园，此后至 2016 年 8 月 31 日的几年时间里，我国先后分 6 批在不同地域批准建立了共 48 个各具特色的国家级海洋公园，总面积约为 523227.51 公顷，涵盖了我国绝大部分美丽的海岸、海岛。目前，我国已经初步形成了含有海洋公园、海洋资源保护区以及特殊地理条件保护区等诸多类型的海洋特别保护区网络系统。

2011 年 5 月设立 7 处：江苏连云港海州湾、福建厦门、山东刘公岛和日照、广东海陵岛、特呈岛、广西钦州茅尾海。

2012 年 12 月设立 12 处：江苏海门蛎岈山和小洋口，浙江渔山列岛和洞头，福建福瑶列岛、长乐、湄洲岛、城洲岛，山东大乳山、长岛，广东雷州乌石，广西涠洲岛珊瑚礁。

2014 年 3 月和 12 月分两批次设立 14 处：辽宁盘锦鸳鸯沟、绥中碣石、兴城觉华岛、大连长山群岛、大连金石滩、团山，山东青岛西海岸、烟台山、蓬莱、招远砂质黄金海岸、威海海西头，浙江嵊泗，福建崇武，广东南澳青澳湾。

2016 年 8 月和 12 月分两批次设立 15 处：辽宁大连仙浴湾、大连星海湾、凌海大凌河口、锦州大笔架山，河北北戴河，山东烟台莱山、青岛胶州湾，浙江宁波象山花岙岛、台州玉环、舟山普陀，福建平潭综合实验区海坛湾，广东阳西月亮湾、红海湾遮浪半岛，海南昌江棋子湾、万宁老爷海。此外，盘锦鸳鸯沟国家级海洋公园范围调整并更名为辽河口红海滩国家级海洋公园。

这些国家级海洋公园中，面积最大的是大连长山群岛（51939.01 公顷），最小的是福建城洲岛（225.2 公顷）。其特点各不相同，有些是滨海景观，有些是珍稀生物群落，有些是地质遗迹，还有些侧重历史遗迹或文化民俗。

国家级海洋公园在协调处理海洋生态保护和资源利用二者关系中发挥了重要作用，十分有效地促进了我国海洋特别保护区的相关规范化建设及管理，大力推进了我国沿海地区海洋生态文明建设及社会经济的可持续发展。具体包括以下几个方面：首先，在生态效益上，国家级海洋公园的建立极大地丰富了我国海洋生态文明的内涵，而这能够切实有效地保障我国区域滨海、海岛以及海洋生态系统的安全与健康，通过为相关海洋生物提供栖息、繁育以及觅食的场所等措施进一步保护和恢复相关区域的生物多样性，从而构建更加完善的生态网络；其次，在社会效益上，一方面，海洋公园是相关领域科研实践以及进行科普教育的理想基地，能够有效促进我国优秀海洋文化的提升与传播，另一方面，这有利于增强我国广大公民海洋生态保护方面的社会公众意识，从而有效促进公众积极参与及良好社区共管模式的快速形成。此外，通过发展海洋休闲、生态旅游等可以进一步推动区域海洋经济的多样化发展助力构建更加和谐的人居生态环境，进一步提高广大居民的生活水平。

表 3-8　我国国家级海洋公园统计表

序号	名称	重点保护区（公顷）	生态与资源恢复区（公顷）	适度利用区（公顷）	预留区（公顷）	总面积（公顷）	批次	获批时间
1	广东海陵岛国家级海洋公园	367.05	403.22	719.39	437.60	1927.26	第一批	2011 年 5 月
2	广东特呈岛国家级海洋公园	100	633.2	840	320	1893.2	第一批	2011 年 5 月
3	广西钦州茅尾海国家级海洋公园	578.7	721.0	2183.0	0	3482.7	第一批	2011 年 5 月

（续表）

序号	名称	重点保护区（公顷）	生态与资源恢复区（公顷）	适度利用区（公顷）	预留区（公顷）	总面积（公顷）	批次	获批时间
4	厦门国家级海洋公园	153	85	2201	48	2487	第一批	2011 年 5 月
5	江苏连云港海州湾国家级海洋公园	694	5962	8225	36574	51455	第一批	2011 年 5 月
6	刘公岛国家级海洋公园	804.8	1816.4	893.1	313.7	3828	第一批	2011 年 5 月
7	日照国家级海洋公园	5443	4943	16941	0	27327	第一批	2011 年 5 月
8	山东大乳山国家级海洋公园	620.67	1951.3	2266.71	0	4838.68	第二批	2012 年 12 月
9	山东长岛国家级海洋公园	270.44	168.51	687.52	0	1126.47	第二批	2012 年 12 月
10	江苏小洋口国家级海洋公园	2124.91	1308.21	1267.17	0	4700.29	第二批	2012 年 12 月
11	浙江洞头国家级海洋公园	1998.19	23703.36	4342.26	1060.28	31104.09	第二批	2012 年 12 月
12	福建福瑶列岛国家级海洋公园	3330	0	2186	1267	6783	第二批	2012 年 12 月
13	福建长乐国家级海洋公园	1087	0	1357	0	2444	第二批	2012 年 12 月
14	福建湄洲岛国家级海洋公园	692	0	6110	109	6911	第二批	2012 年 12 月
15	福建城洲岛国家级海洋公园	39.7	40.0	121.8	23.7	225.2	第二批	2012 年 12 月

（续表）

序号	名称	重点保护区（公顷）	生态与资源恢复区（公顷）	适度利用区（公顷）	预留区（公顷）	总面积（公顷）	批次	获批时间
16	广东雷州乌石国家级海洋公园	423.1	80.18	649.91	518.09	1671.28	第二批	2012年12月
17	广西涠洲岛珊瑚礁国家级海洋公园	1278.08	0	1234.84	0	2512.92	第二批	2012年12月
18	江苏海门蛎岈山国家级海洋公园	169.03	643.78	733.10	0	1545.91	第二批	2012年12月
19	浙江渔山列岛国家级海洋公园	41.2	178.7	2492.6	2987.5	5700	第二批	2012年12月
20	辽宁盘锦鸳鸯沟国家级海洋公园	761.49	1450.32	1735.42	2177.50	6124.73	第三批	2014年3月
21	辽宁绥中碣石国家级海洋公园	1118	5303	5421	2792	14634	第三批	2014年3月
22	辽宁觉华岛国家级海洋公园	664.8	2762.0	3995.8	2826.4	10249	第三批	2014年3月
23	大连长山群岛国家级海洋公园	16097.1	418.78	30560.9	4862.23	51939.01	第三批	2014年3月
24	大连金石滩国家级海洋公园	1212	1494	3154	5140	11000	第三批	2014年3月
25	青岛西海岸国家级海洋公园	14763.38	10992.44	20099.53	0	45855.35	第三批	2014年3月
26	山东烟台山国家级海洋公园	451.41	290.47	506.11	0	1247.99	第三批	2014年3月

（续表）

序号	名称	重点保护区（公顷）	生态与资源恢复区（公顷）	适度利用区（公顷）	预留区（公顷）	总面积（公顷）	批次	获批时间
27	山东蓬莱国家级海洋公园	2130.5	1389.89	3309.48	0	6829.87	第三批	2014年3月
28	山东招远砂质黄金海岸国家级海洋公园	816.08	970.24	913.62	0	2699.94	第三批	2014年3月
29	威海海西头国家级海洋公园	371.12	381.01	522.2	0	1274.33	第三批	2014年3月
30	广东南澳青澳湾国家级海洋公园	836	16	214	180	1246	第三批	2014年3月
31	辽宁团山国家级海洋公园	159.10	215.41	72.17	0	446.68	第四批	2014年12月
32	福建崇武国家级海洋公园	137	10	1208	0	1355	第四批	2014年12月
33	浙江嵊泗国家级海洋公园	19600	11500	23800	0	54900	第四批	2014年12月
34	大连仙浴湾国家级海洋公园	140	2191	818	1242	4391	第五批	2016年8月
35	大连星海湾国家级海洋公园	147.2	1255.4	1137.5	0	2540.1	第五批	2016年8月
36	烟台莱山国家级海洋公园	181.22	202.5	197.61	0	581.33	第五批	2016年8月
37	青岛胶州湾国家级海洋公园	5585	3116	11310	0	20011	第五批	2016年8月

（续表）

序号	名称	重点保护区（公顷）	生态与资源恢复区（公顷）	适度利用区（公顷）	预留区（公顷）	总面积（公顷）	批次	获批时间
38	福建平潭综合实验区海坛湾国家级海洋公园	1954	64	1472	0	3490	第五批	2016年8月
39	广东阳西月亮湾国家级海洋公园	1095	549	730	1029	3403	第五批	2016年8月
40	红海湾遮浪半岛国家级海洋公园	575	232	538	533	1878	第五批	2016年8月
41	海南万宁老爷海国家级海洋公园	449.34	90.77	580.9	0	1121.01	第五批	2016年8月
42	昌江棋子湾国家级海洋公园	1780	971	3270	0	6021	第五批	2016年8月
43	北戴河国家级海洋公园	2799	1167	6249	0	10215	第六批	2016年12月
44	辽宁凌海大凌河口国家级海洋公园	850.95	894.08	1404.94	0	3149.97	第六批	2016年12月
45	玉环国家级海洋公园	3173	21995	5502	0	30670	第六批	2016年12月
46	宁波象山花岙岛国家级海洋公园	1424.23	676.8	2318.18	0	4419.22	第六批	2016年12月

（续表）

序号	名称	重点保护区（公顷）	生态与资源恢复区（公顷）	适度利用区（公顷）	预留区（公顷）	总面积（公顷）	批次	获批时间
47	普陀国家级海洋公园（普陀中街山列岛国家级海洋特别保护区加挂）	7985	7961	5894	0	21840	第六批	2016年12月
48	辽宁锦州大笔架山国家级海洋公园（锦州大笔架山国家级海洋特别保护区调整范围并加挂国家级海洋公园）	590.6	7300.2	4326.9	0	12217.7	第六批	2016年12月
49	辽河口红海滩国家级海洋公园（盘锦鸳鸯沟国家级海洋公园范围调整并更名）	2657.93	17147.3	11833.78	0	31639.01	第六批	2016年12月

数据来源：自然资源部信息公开数据。

2）海洋自然保护区

广西山口红树林生态、海南大洲岛海洋生态、海南三亚珊瑚礁、河北昌黎黄金海岸以及浙江南麂列岛这五处海洋自然保护区是我国批准建立的第一批国家级自然保护区。我国海洋自然保护区自1990年国务院批准个别区域建立到其他地方大规模兴建的二十多年来，海洋自然保护区以及特别保护区的建设和管理工作已然成为我国各级相关海洋行政主管部门的重要职责并在海洋环保工作内容中占据主要地位。到目前为止，我国海洋类型保护区已经超过 130 处，其中经由各级海洋相关行政主管部门管理的超过 80 处，其中，国家级海洋自然保护区有 12 处，海洋特别保护区有 8 处。在建设和管理以上海洋自然保护区的过程中，我国多省份相关部门工作者根据各自的地域特点和现实条件，总结并形成了大量的经验，并在实践过程中涌现出了一大批先进典型。

广东省：基本形成了海洋自然保护区网络。近些年来，在海洋保护区建设工作方面，广东省一直保持平稳快速发展。从 1999 年到 2005 年的 7 年时间里，广东省相继成立了 37 处海洋自然保护区，全省海洋自然保护区总数最终达到 43 处，其以 55.78 万公顷面积占据全省海域面积的 1.33%。

需要注意的是，广东省海洋自然保护区建设工作得到长足发展是体现在包括数量迅速增长以外的其他多个方面的。经过大量努力，广东省海洋自然保护区网络基本成形，大体上实现了地域分布方面能够覆盖本省主要沿海地区，保护类型方面覆盖了包括文昌鱼等在内的珍稀濒危水生野生动物、大黄鱼等在内的重要经济水产品的产卵繁殖场以及包括红树林等在内的典型海洋生态系统，这切实有效地修复以及重建了海洋生态系统，在保护海洋资源和环境方面发挥着十分重要的作用。

在海洋自然保护区的建设和管理工作方面，广东省于 2002 年筹划成立了海洋与水产自然保护区管理总站，专职负责指导协调、监督管理本省所有海洋自然保护区。该机构自成立以来，在海洋自然保护区的建设方面首先从法律政策的层面入手开展相关工作，通过立法和施行各项政策和规划等，力图实现着力搭建保护区总体和长远发展框架的首要目标。具体表现上，如公布了《广东省海洋与渔业自然保护区总体发展规划》，提出力争到 2015 年实现建成215个海洋与渔业自然保护区的目标。在海洋自然保护区的管理方面，广东省在大力发展建设的基础上凭借完善的政策法律体系，一方面，在筹建和管理相应的保护区上都坚持高标准，并充分发挥前期已建成示范点的引领带头作用；另一方面，大力开展全方位、多层次的宣传推广工作，吸引更多的人关注并投身到我国海洋自然保护区的建设与保护队伍中来。在对保护区的资金投入方面，近些年来，广东省海洋与渔业局的投入与之前相比也有所增加。如2005年，广东全省保护区的相关事业费与人头经费总和达到700万元。

浙江省：海洋自然保护区建设和管理方面形成新突破。2003年以来，浙江省先后建立了乐清西门岛、嵊泗马鞍列岛以及普陀中街山列岛三个闻名全省的国家级海洋特别保护区，在海洋自然保护区的建设和管理过程中实现了制度与程序两方面的双突破，充分体现了浙江省在相关工作中制度规范、组织得当及后续工作保障到位的特点。

近年来，浙江省对海洋特别保护区相关工作给予了非常大的重视和期望，出台了《浙江省海洋特别保护区管理暂行办法》相关文件，实现了海洋保护区在建设和管理相应工作中的重要突破。与此同时，浙江省将建设海洋特别保护区工作作为本省海洋管理部门响应国家号召实施生态省建设的一项十分重要的工作内容纳入到了相关考核指标中来，这促使相关管理工作得到了极大的强化。

通过以开展大量充分的调研工作为基础，浙江省在海洋特别保护区的申报模式及发展规划方面的工作逐步得到调整完善，制度方面也更加规范化，从而使得各项涉及海洋自然保护区的活动均能够有章可循、有据可依。目前而言，总体上该省特别保护区的各项工作均处于良好状态，具体表现为，在保护区相关申报条件与申报程序、保护区管理范围以及保护区分类管理方面更加规范和明确，保护区内禁止性活动和相关鼓励性措施也都得到了很好的落实。

保障方面，浙江省海洋特别保护区建设工作已经实现了“三到位”的目标。目前为止，省内已建海洋特别保护区在人员、机构、经费以及管理制度工作、政府引导性资金和地方配套资金上以及各项相关宣传工作方面均基本到位。海洋自然保护区生态保护补偿应该以持续的生态效益供给为目标，海洋自然保护区生态保护补偿的主体是国家，由相关政府部门代表国家履行补偿责任，多元主体和客体积极配合，协同调整、优化海洋产业结构和海岸带重化工业区域布局，努力促进传统海洋产业转型升级，培育壮大海洋战略性新兴产业。[①]

河北昌黎黄金海岸：保护与开发两方面“双赢”，面对经济要发展的同时环境要改善、资源要保护的现实情况，怎样协调好海洋保护区在保护与开发上的矛盾，从而真正实现经济效益与生态效益的“双赢”，一直是海洋自然保护区建设管理工作过程中的一项难题。昌黎黄金海岸是得到国务院批准、国家海洋局筹划建立的第一批国家级海洋自然保护区之一，自建设以来该自然保护区通过多年探索积累了大量经验。

地理位置方面，昌黎黄金海岸自然保护区位于河北省东北部秦皇岛市的昌黎县东部沿海，其主要保护对象包括以文昌鱼、沙堤、泻湖和海洋生物等为主构成的沙质海岸自然景观和所在海区生态环境以及自然资源。此外，该自然保护区处于研究海洋动力过程及海陆变化的典型岸段内，因此其在生态、科研以及观赏方面均具有十分重要的价值。

不可否认，自然保护区在保护海洋环境与资源方面发挥着不可替代的作用，但是与此同时，这也使得保护区内部分资源在开发和利用方面受到一定程度的限制，这一点在核心区体现得尤为明显，进而在一定程度上阻碍了当地的经济发展。建区之初，面对地方对保护区存在一定程度抵触心理的状况，

① 李宇亮，刘恒，陈克亮．海洋自然保护区生态保护补偿机制研究[J].生态学报，2019(22)：1-11.

保护区相关部门及时采取了切实可行的协调措施。具体包括，一方面通过一系列宣传活动促使当地转变态度，正确并充分认识保护区在促进当地海洋资源可持续利用等方面的重大作用；另一方面，通过大力提高知名度，促进当地对外开放以及生态旅游业的发展。同时，本着因地制宜的原则，积极帮助当地群众探索适宜当地的资源开发利用模式，积极带领当地探索脱贫致富之路。总体上，通过开展一系列工作潜移默化地转变了当地政府对保护区的部分抵触态度。如今，保护区与当地政府在工作中互相沟通与支持，双方关系进一步朝着积极向上的方向发展。

福建宁德：大胆创新，积极探索。作为海洋环保工作中的新领域，福建宁德海洋特别保护区在相关建设和管理之初可谓是处于毫无模式可循、无经验可取的情况。在这种背景下，作为我国沿海地区首个由地方政府批准建立的福建宁德海洋生态特别保护区的建设和管理工作难度不言而喻。

为了打破现实困境，福建省在开展相关工作过程中，首先，以积极的态度借鉴其他地区海洋自然保护区的相关建设管理工作经验；其次，因地制宜，将大胆创新与积极探索作为搞好本地海洋保护区工作的着力点，积极寻求适合本地并切实可行的日常化管护机制与开发途径。具体根据区内包括的 6 个子保护区和 1 个观察站在生态类型、保护范围以及开发状况上各有差异的现状，针对性的采取了不同的保护措施。如经多方努力，闻名省内的台山厚壳贻贝保护区探索出了一个以当地民众为主要构成成立“管护队”，由相应海洋执法力量派驻的管理模式，目前其管护触角可延伸至保护区第一线。

在宁德海洋生态特别保护区成立之初，由于采用的是较新型的生态保护区模式的原因，相关建设与管理工作在开展过程中面对的是相关法律法规真空现象。对此，宁德保护区相关部门始终十分重视地方性管理规定或办法的制定与修订工作，先后编制了《台山厚壳贻贝繁育保护区管理规定》《官井洋大黄鱼繁殖保护区管理条例》等一系列相关规定与条例，从而有力地保障了我国国家海洋生态特别保护区相关管理规定出台前期本地保护区建设和管理工作的扎实推进，同时也为我国其他地区海洋生态特别保护区的相关建设管理工作提供了良好的示范。

3）海洋民俗艺术等文化景观

环东海区域是我国东南沿海经济发展、对外交往的重要支撑，海洋贸易发达，航海活动众多，历史上为发展我国与日本、朝鲜半岛、东南亚国家的友好往来做出了重要贡献。沿海居民“以海为伴”，在漫长的岁月中，依靠自己的智慧，在生活、生产、对外交流等方面，创造了丰富多彩的海洋民俗、艺术等文化，表现了沿海民众特有的生活体验。该区域沿海省份充分利用这种海洋文化资源，发掘、开发海洋民俗艺术等文化景观，向民众推广，增加了知名度，展示了自己独特的海洋民俗、艺术文化。

浙江是海洋大省，不但沿海地区多，而且还有全国唯一的千岛群岛舟山群岛，海洋民俗艺术等海洋文化景观非常丰富，特色凸显（表3–9）。

表3–9 浙江典型海洋民俗艺术文化景观①

名称	类型
钱塘江观潮	海洋自然—历史文化景观
观音香会	海洋宗教—民俗文化景观
舟山海钓	海洋民俗—旅游文化景观
象山“三月三”	海洋民俗文化景观
东岙普度节	海洋民俗文化景观
洞头渔灯	海洋民俗文化景观
石浦妈祖祭典	海洋民俗文化景观

①根据浙江旅游网、浙江省非物质文化遗产目录整理。

（续表）

名称	类型
普陀山佛茶茶道	海洋宗教—民俗文化景观
岱山县开洋谢洋节	海洋民俗—旅游文化景观
赛龙鳌灯会	海洋民俗文化景观
舟山渔民号子	海洋艺术文化景观
舟山渔民画	海洋艺术文化景观
贝雕	海洋艺术文化景观
舟山锣鼓	海洋艺术文化景观
贝壳舞	海洋艺术文化景观
宁海舞狮	海洋艺术文化景观
普陀船模艺术	海洋艺术文化景观
象山晒盐技艺	海洋艺术文化景观
龙头龙尾	海洋艺术文化景观
大奏鼓	海洋艺术文化景观

浙江具有多样的海洋民俗、艺术文化景观，不仅涉及信仰习俗、生活习俗、船饰习俗、出海习俗等，还创造了独具特色的海洋艺术，包括歌谣、舞蹈、绘画、剪纸等，形式多样，内涵丰富。

钱塘江观潮、舟山渔民号子、舟山渔民画等文化景观具有很高的知名度，闻名中外。拿舟山渔民画来说，它已成为舟山旅游工艺品，走出海岛，打入了国际市场，作为我国的对外文化交流作品在十多个国家展出，享誉国内外。其中，舟山群岛的定海、普陀、岱山以及嵊泗四个县（区）被文化部命名为“全国现代民间绘画之乡”。

福建的海洋民俗文化景观也丰富多样，如船饰文化、出海生产和海上劳动习俗、海上生活习俗等。以船饰文化为例，在对桅杆等部位怎样刷油漆以及怎样搭配油漆的颜色方面，渔民们非常讲究，渐渐的，这些便在渔民内部形成了相沿成习的规矩。而且，还有必须严格遵守的海上生活习俗，如吃鱼不能翻鱼身、保留“全鱼”、羹匙不能背朝上搁置。

妈祖信俗是世界文化遗产之一。妈祖信仰的祖庙在福建莆田。福建莆田的妈祖祭典被国务院批准列入第一批国家级非物质文化遗产名录，在我国大陆沿海一带影响深远。福建莆田湄洲岛是妈祖信仰的发源地，自古以来，航海者们将妈祖尊称为“护海女神”。在我国多地相继立庙祀奉妈祖，此外，每逢妈祖圣诞，世界各地信仰妈祖的人们经常组团到湄洲岛祖庙朝圣，一同举行大型的祭典活动。妈祖祭典全程约 45 分钟，13 道程序，规模有大、中、小三种。内容独特的妈祖祭典是妈祖文化的重要组成部分，在多方面均具有极高的价值，妈祖祭典在促进文化交流方面承担着不可替代的特殊使命，是传播和弘扬妈祖文化的良好载体，在弘扬中华民族优秀传统文化方面发挥着重大的作用。

沿海各地的海洋民俗艺术文化景观，充分显示了区域海洋文明的特色，是沿海居民精神、物质和社会生活智慧的结晶，是必须传承的海洋文化传统。

4）节庆会展活动

由于海洋节庆会展活动包括了海洋节庆活动和海洋会展活动，所以下面我们分别考察目前中国具有代表性的海洋节庆活动和海洋会展活动，以反映中国海洋节庆会展业的现状。

（1）中国象山开渔节。首届中国象山开渔节于 1998 年成功举办。象山县通过充分发挥自身的资源和地理位置优势，推出了包括沙滩游玩、踏浪、品尝海鲜、趣味钓鱼等活动，这样不仅成功打破了气候和季节对于海洋节庆会展产业的限制，还可以通过采取进一步深加工的方式，促进海洋与民间文化二者之间的良好结合，具体包括民间原始艺术、当地人文景观、民俗风情以及当地特产资源，象山县海洋节庆会展产业经济呈现发散发展的思维模式，不仅提高了当地的经济发展速度，当地人民的生活水平也得以大幅提升。一方面，象山县将海洋节庆会展产业和第一产业两方面的发展进行有力结合，充分利用本地区资源优势的特点，大力发展以乡村旅游为重点的农家乐文化、餐饮特色文化、旅游特色文化等活动，这样不仅为本地区人员提供给一个发家致富的道路，还为当地居民提供大量工作岗位，创造就业机会，大力发展本地旅游业；另一方面，象山县积极将海洋节庆会展产业与第三产业相结合，将具有当地特色的渔业文化与部分非物质遗产文化相结合，通过举办一系列大型赛事来提高本地区的知名度。与此同时通过借助这些大型赛事来发展一些高端特色产业包括文化旅游、影视基地旅游、商务会展旅游、豪华游艇旅游等项目，大力兴建海洋主题文化公园，积极探索海洋陆地发展的契合点。通过海洋节庆会展产业的发展以及一系列的创新而衍生的其他各行各业为当地居民提供了广泛的就业岗位，虽然我国就业形势依旧严峻，但是象山县在就业水平方面却有了大幅增长。与此同时，海洋节庆会展产业带来的经济收入对整个象山县 GDP 贡献持续提升，其中，自 2008 年以来，象山县游客重游率较之前相比明显提高且人均消费方面也已突破千元。而这些消费也以直接或间接的方式带动和促进了当地餐饮、住宿、娱乐、交通等一系列相关第三产业的加速发展，目前，象山县以海洋文化产业为主导的适应本地发展的产业化格局已然确立。

（2）青岛周戈庄上网节。周戈庄是田横镇东端湾畔的一个渔村，村里居民依靠海湾、海洋生活，渔家人通过崇神敬佛、祈求海神保佑来寻求精神寄托。沿袭至今就形成了祭祀海洋的习俗。每年阳历 3 月 18 日，是周戈庄渔民庆祝“上网节”这一传统节日的日子。

延续至今的周戈庄上网节已经有 500 多年的历史。在经济相对落后的时代，面对海洋的巨大力量，渺小的渔民只能通过参拜和祭祀海洋的方式祈求海神的保护，就这样逐渐形成了祭祀海洋的民俗文化。最原始的祭祀方式只是渔民以一户一船的方式进行，并没有一个约定俗成的日期。后来，渔民多在谷雨时节出海祭祀，大约在100年前，上网节已经有了一定的规模，开始出现以家族和船群为单位的集体祭祀海洋的活动。文革期间，祭祀活动被搁置，20世纪90年代初逐渐恢复正常，也有了固定的祭祀日期。青岛周戈庄上网节已发展成为全国渔文化特点最浓郁、原始祭海仪式保存最完整、规模最大的民俗盛会，是国家非物质文化遗产项目。

（3）烟台渔灯节。2015年3月3日，中国民间文艺家协会授予烟台经济技术开发区“中国渔灯文化之乡”称号，烟台的渔灯节是从传统的元宵节中分化出来的一个专属渔民的节日。每年的正月十三或十四午后，烟台市沿海渔民以一家一户为单位进行一系列传统的祭祀活动。具体包括，他们自发地抬着从各自家里准备的祭品，一路打着彩旗并放着鞭炮，首先到龙王庙或海神娘娘庙那里通过送灯、祭神等祭祀活动来祈求来年鱼虾满舱、平安发财；然后到各家渔船上祭船、祭海；最后，通过到海边放灯以祈求海神娘娘用灯来指引着下海的渔船能够顺利平安返航。今天，烟台市的渔灯节已经不仅仅只有传统的祭祀活动，新增加的各种群众自娱自乐活动如在庙前搭台唱戏、舞龙会狮等活动更是为渔灯节增添了不少节日气氛。时至今日，烟台渔灯节已有超过500年的历史，被列入了我国国家级非物质文化遗产当中。

（4）荣成国际渔民节。荣成国际渔民节发源于当地渔民传统的谷雨节，1991年和1992年的第一、二届国际渔民节均在谷雨时节举办，从第三届开始将举办的日期更改为7月24日至7月28日，在连续举办四届之后，现在将举办的间隔改为三年。荣成国际渔民节可以追溯到大兴鱼盐之利的春秋时期。每年的谷雨时节，受到春汛的影响，鱼汛期出现，休整了一个冬天的渔民开始忙碌起来。为了感恩海洋赐予他们丰厚的鱼虾，渔民们便在谷雨这天祭祀海洋，祈求海洋的保佑，免除灾难，久而久之谷雨节便成了荣成渔民的佳节。进入21世纪以来，渔民的生活水平不断提高，于是将新的文化形式、新的思想观念融入谷雨节当中，从单纯的祭祀海洋发展到具有多种形式的海洋文化节庆活动，谷雨节日益成为荣成渔民的重要文化娱乐节日。

荣成国际渔民节以渔民主体，以渔村文化为主要内容，每年渔民节都有近万名中外来宾和10万当地群众参加。在节日期间还举行游艺、观光旅游、地方名优产品和书画的展览以及举办文艺晚会等活动，弘扬了当地的民俗文化，增进了国际之间的交流与合作，促进了荣成经济的发展。

（5）三亚海洋文化节。三亚海洋文化节至今已经成功举办了两届，它是由三亚市政府主办，三亚市海洋局承办，面向全国范围的海洋经济、文化节日。2010年第一届海洋文化节成功举办，这一届海洋文化节主要包括三个模块：海洋文化、海洋经济、美丽经济。2012年第二届海洋文化节至今的展品主要以“驾驭”为主题，展品的内容主要包括私人飞机、私人定制游艇等高端奢侈的私人物品，这些高端的定制产品为参加海洋文化节的观众带来了全新的体验。三亚市政府的海洋建设策略应该摆在突出位置，在建设海南国际旅游岛的大背景下，要合理开发和利用三亚的海洋资源，通过海洋文化节等一系列与海洋相关的海洋活动发展蓝色经济。

（6）广西京族的“哈节”。少数民族聚居的广西地区，居住着京族这样一个少数民族，“哈节”是广西京族中除春节、中秋节、端午节这几个与汉族相同的传统节日外在重要性、隆重程度、热闹度上均处于最高地位的一个节日。哈节中的“唱哈”即唱歌，这是广西京族的传统歌节，在节日期间，人们通宵达旦，歌舞不息，尽情陶醉在节日的愉快氛围之中。每年的特定时间，京族男女老少都要举办最隆重的仪式来庆祝“哈节”，庆祝期间，在吟唱方面采取歌手“哈妹”轮流献唱的方式，京族的民歌内容也十分丰富，由于生产的影响有不少歌曲都与大海相关。唱哈活动要连续进行3天3夜，一边宴饮，一边听唱。唱哈多在哈亭举行，哈亭是具有独特民族风格的建筑物。广西京族中最能体现其独特民俗风情的节日便是“哈节”。自古以来，信奉海神的京族人生产生活活动以海洋渔业生产为主，而哈节便是他们为了纪念海神公诞生而创设的节日。每年都要到海边把海神迎回哈亭敬奉，希望借此来实现人畜兴旺、五谷丰登的美好愿望。唱哈的整个活动过程，大致由迎神、祭神、入席唱哈、送神四个部分组成。唱哈节的前一天，京哈族人首先将京家信奉的诸神迎于哈亭，而正式的祭神活动开始于唱哈节当日下午 3 点钟前后，等到祭神完毕后，他们便开始入席饮宴、唱哈，这是广西京族哈节的主要活动项目。歌唱族杰、灯舞等是哈节的高潮节目，等到唱哈至尾声时便开始进入最后的送神阶段，送神完毕意味着唱哈节的结束。通览京族居住的地区，每个村寨都建有哈亭。在庆祝哈节的时间里，整个民族都通宵达旦，歌舞不息，会吸引和邀请周围各个少数民族来一起庆祝。2006 年 5 月 20 日，独具特色的海洋民族哈节被国务院公布为第一批国家级非物质文化遗产名录。

类似的海洋民俗节会还有旅顺海灯节、长岛上网仪式、獐子岛“海神娘娘生日”等。

5）海洋工艺品

涉海工艺品一直是滨海旅游者喜爱购买的产品，主要以珍珠、贝类、珊瑚等加工工艺品为主。例如，沿海地区历来有“西珠不如东珠，东珠不如南珠”的说法，湛江作为著名的南珠之乡，珍珠产业占全国产量三分之二以上，依托珍珠文化，开展文化交流、旅游开发、经济贸易等活动，促进了当地经济社会的快速发展。

中国（莆田）海峡工艺品博览会，到目前为止已举办 12 届。2017 年 4 月 28 日开幕的第 12 届艺博会以传统妈祖文化和现代工艺美术二者相互融合促进共同发展为主题，通过设置以妈祖文化为主题的传统工艺美术作品和相关文创作品，充分展示了妈祖文化经久不衰的独特魅力。此次“艺博会”共设置了莆田工艺美术城主会场和包括莆田国际油画城、中国陈桥家具园分会场在内的两个分会场。其中，根据需要，主会场设置了容纳来自全国20余个省份共计3000多家企业参展的1000余个标准展位，参展企业共携带3万余件，包括宜兴紫砂、寿山石雕、宁德剪纸等10余个门类的工艺精品汇聚莆田，尽情展示与交流各具特色的地域文化和艺术精髓，为广大参展观众和消费者呈现了一场精彩绝伦的文化艺术盛宴。

6）海洋饮食文化资源

早在旧石器时代，中国的沿海地区和海岛地区就有人类迁徙居住，今天所发现的大量贝丘遗址，就是其依海生存与居住的见证。新石器时代的海洋社会生活的信息更为丰富。广西沿海的东兴贝丘遗址，海南岛的三亚落笔洞遗址、东方、乐东等的贝丘遗址，广东、香港、澳门等珠江三角洲地区丰富的沙丘遗址和贝丘遗址等，都遗存有大量螺、蛤、蚌壳、网坠等，反映着贝丘人“靠海吃海”的社会生活。在台湾、福建、浙江、东海沿岸和舟山群岛等地区发现的新石器时代遗址成百上千，如福建的富国墩贝冢遗址、壳丘头遗址、昙石山遗址，反映着这一时期福建沿海与琉球群岛等之间的海上交通；舟山群岛新石器时代遗址显示着海岛区域的海洋族群生活；浙江余姚河姆渡遗址中发现的干栏式建筑、背山滨海的生态环境、滨海的渔捞生业、独木舟木桨等，都体现出明显的海洋文明生活特征。在江苏沿海，山东半岛、辽东半岛的沿黄渤海地区，“东夷考古”“海岱考古”发掘出来的大量、丰富的贝丘遗址，还有大连大潘家村新石器时代遗址中发现的网坠、骨鱼卡、蚌器及大量鱼骨、鱼鳞、陶器上的网纹、海参形罐器等，都体现了先民从事海产捕捞以及滨海选址居住的海洋社会特性。

3.2 我国海洋文化产业的发展历程

3.2.1 我国海洋文化产业导向性政策发展历程

文化作为推进国家治理体系和治理能力现代化的重要组成部分，要从五位一体的宏观整体上进行改革的顶层设计，并从改革的系统性、整体性、协同性出发辩证施政。[①] 党的十一届三中全会后，中国进入了以经济建设为中心、坚持四项基本原则、坚持改革开放的社会主义事业新阶段。通过多年的发展，物质文明和精神文明建设两手抓、两手都要硬的思路进一步明确，为发展文化产业提出了现实要求，也为中国文化产业导向性政策的提出奠定了思想和舆论基础。在 1992 年党的十四大中就提出了“积极推进文化体制改革，完善文化事业的有关经济政策，繁荣社会主义文化”的要求，引起了人们对文化事业的关注。1997 年党的十五大进一步形成“文化＋经济”的理念，此外还提出既要“深化文化体制改革，落实和完善文化经济政策”，也要“一手抓繁荣，一手抓管理，促进文化市场健康发展”，至此“文化产业”的理念呼之欲出。

在三年之后的十五届五中全会中，会议通过了《中共中央关于制定国民经济和社会发展第十个五年计划的建议》，这是第一次在中央正式文件里提出有关“文化产业”和“文化产业政策”的概念，并将文化产业正式列入我

---

① 金元浦．文化体制改革向何处去？——产业发展与普惠民众之间新的平衡［J］．人民论坛·学术前沿，2013（23）：46-53.

国国民经济和社会发展战略之中，是中国文化产业导向性政策发展的一个重要转折点。自此之后，中国文化产业导向性政策每隔几年都迈上一个新台阶，为中国文化产业发展实践提供了坚定的价值理念保障。2002 年 11 月，党的十六大会议中首次确立了文化产业的国家战略地位，首次明确提出"发展各类文化事业和文化产业"的要求，制定了"完善文化产业政策，支持文化产业发展，增强我国文化产业的整体实力和竞争力"的方针，并对文化产业与文化事业概念进行了区分，中国文化产业导向性政策有了实质性发展。

2007年10月,党的十七大制定了更加明确的方针,要"大力发展文化产业，实施重大文化产业项目带动战略"等。2011 年 10 月，党的十七届六中全会通过了《中共中央关于深化文化体制改革、推动社会主义文化大发展大繁荣若干重大问题的决定》，第一次以文件的形式将文化产业确立为中国国民经济支柱性产业。中国文化产业的发展开启了新篇章。

十八大以来，基于对中国特色社会主义事业发展所面临的国际国内形势判断，大力发展文化产业，提升文化软实力，重视海洋，经略海洋，建设海洋强国战略成为新时期中国共产党和中国特色社会主义事业发展的重要任务。目前，张开城[①] 刘传海[②] 等学者基于海洋强国背景对我国海洋文化产业发展开展了相关探讨研究。2012 年 11 月，党的十八大又一次强化了文化建设在中国特色社会主义"五位一体"总体布局中的地位，并且对扎实推进中国特色社会主义文化强国建设做出了专门部署。党的十八大指出，"文化实力和竞争力是国家富强、民族振兴的重要标志。要坚持把社会效益放在首位，社会效益和经济效益相统一，推动文化事业全面繁荣、文化产业快速发展，

① 张开城 . 海洋强国战略背景下的海洋文化产业发展研究［J］. 中国海洋经济，2016（1）：245-259.

② 刘传海 . 我国海洋体育旅游发展研究［J］. 体育文化导刊，2019（10）：92-98.

促进文化和科技的融合，发展新型文化业，提高文化产业规模化、集约化、专业化水平”，要努力“解放和发展文化生产力”，“让一切文化创造源泉充分涌流”，这些思想要求为新时期中国文化产业的发展注入了强劲动力。

3.2.2 我国海洋文化产业规划性政策发展历程

21世纪，文化是促进国家发展、民族振兴的巨大力量，文化体制改革作为国家手段被赋予了新的价值和意义。深化文化体制改革需要进一步明晰文化体制改革的目标与步骤，借助于顶层设计，逐步实现从“边缘性创新”到“核心制度改革”的战略路径转换。借助于数字信息技术的广泛应用引导文化领域的制度变迁，突破文化行业体制的壁垒，开创“后四十年”时期文化体制改革的新局面。[①] 与导向性政策的宏观性、理念性相比，规划性政策属于中观层次，更趋务实，重点是引导和培育文化产业市场。随着文化产业规划性政策的逐步出台，海洋文化产业也从中受益，逐步走上历史舞台。

2006年9月，中共中央办公厅、国务院办公厅印发了国家首个专门部署文化产业建设的中长期规划——《国家“十一五”时期文化发展规划纲要》。这个规划不仅明确提出“十一五”时期文化产业发展的具体目标、产业发展重点内容、产业门类以及相应的保障措施，还对知识产权、产业结构、产业园区建设、文化贸易等相关内容做出了详细分析，明确了东中西产业布局与发展路径，部署了中国文化“走出去”相关的重大项目，成为一段时间里中国文化产业发展的指南。

2009年7月，中国的首部文化产业专项规划——《文化产业振兴规划》经国务院常务会议审议通过。这是继纺织、钢铁、汽车等十大产业振兴规划

① 傅才武，何璇．四十年来中国文化体制改革的历史进程与理论反思［J］．山东大学学报（哲学社会科学版），2019（2）：43-56.

后出台的又一个重要的产业振兴规划，标志着文化产业已上升为国家战略型产业。

2010 年 10 月，党的十七届五中全会中提出“推动文化产业成为国民经济支柱性产业”的发展目标，并为国家将文化产业纳入国家产业发展规划，制定相应的产业发展政策奠定了基础。2012 年 2 月，《国家“十二五”时期文化改革发展规划纲要》出台，提出推动文化产业跨越式发展，实现文化产业“逐步成长为国民经济支柱性产业”的目标。同年，文化部发布了《文化部“十二五”时期文化产业倍增计划》，明确指出了“十二五”期间文化系统、文化产业发展的指导思想、发展思路、发展目标、主要任务、重点行业、保障措施和“十二五”时期文化部门管理的文化产业拟实现增加值至少翻一番的目标。中国的文化产业进入了一个实质性发展的新时期。

党的十八大以来，在早日实现民族伟大复兴的目标指引下，党和政府更加注重文化产业发展，一方面，积极探索将文化产业发展与“一带一路”倡议尤其是“海上丝绸之路”结合起来，强调民心相通是“一带一路”建设的社会根基，沿线国家要弘扬和传承丝绸之路友好合作精神，广泛开展文化往来、学术交流、人才交流合作、媒体合作、志愿者服务等，沿线国家可互办图书展、电视周、电影节、艺术节和文化年等活动，合作开展广播影视剧精品创作及翻译，联合申请世界文化遗产，开展世界遗产的联合保护等工作；另一方面，继续加强文化产业规划性政策建设，在十八届三中全会中通过的《中共中央关于全面深化改革若干重大问题的决定》的文件里，在十八届四中全会提出的制定文化产业促进法，把文化经济政策法制化，健全促进社会效益和经济效益有机统一的制度规范的思想中，以及十八届五中全会提出的理论创新、制度创新、科技创新、文化创新的“四大创新”理念等思想要求中都蕴含了文化产业发展的巨大潜力。

3.2.3 我国海洋文化产业扶持性政策发展历程

在制定宏观层面引导性政策和中观层面规划性政策的同时，党和国家还根据不同时期下我国文化产业发展面临的关键问题，出台了一系列扶持性政策，为进一步增强文化产业市场活力、规范文化产业市场运行、健全文化产业市场体系提供了保障。作为政府干预经济资源有效配置和充分利用的重要制度安排之一，文化产业政策深深地嵌于我国经济转型制度框架体系之中，同时其也伴随着独具中国特色的分权改革不断变化发展。① 与导向性政策和规划性政策一样，因单独完全针对海洋文化产业的扶持性政策尚不多，此节主要通过梳理文化产业的扶持性政策发展历程来揭示海洋文化产业的相关政策。

1）以体制改革为核心的扶持性政策

在改革开放以来的中国特色社会主义事业发展历程中，体制改革是一个无法绕开的问题。中国文化产业发展也不例外。在文化产业市场获得初步发展后，第一拨扶持性政策于2003~2008年间出台。与之后的文化产业扶持性政策相比，这时出台的扶持性政策以开拓创新和深化体制改革为重心，注重文化产业结构的调整和完善、鼓励文化产业创新发展，主要有：《国务院关于非公有资本进入文化产业的若干决定》《文化部关于鼓励、支持和引导非公有制经济发展文化产业的意见》《文化部关于支持和促进文化产业发展的若干意见》《财政部国家税务总局关于宣传文化增值税和营业税优惠政策的通知》《关于文化领域引进外资的若干意见》《财政部国家税务总局关于宣传文化所得税优惠政策的通知》《国务院办公厅关于印发文化体制改革中经营性文化事业单位转制为支持文化企业发展两个规定的通知》《关于加强文化产

① 王凤荣，夏红玉，李雪．中国文化产业政策变迁及其有效性实证研究——基于转型经济中的政府竞争视角［J］．山东大学学报（哲学社会科学版），2016（3）：13-26.

品进口管理的办法》等。

在此之后的2009—2011年中，中国文化产业经历了由小到大的成长过程。相应的，这一时期的文化产业政策也以进一步支持文化产业企业发展，鼓励文化产业市场形成为目标，在壮大国有企业文化、创建文化产业园区、扶持文化贸易、加强科技新媒体与文化资源的整合、鼓励社会资本进入文化产业项目和金融支持文化产业发展等方面出台了很多政策文件，主要有：《关于深化中央各部门各单位出版社体制改革的意见》《关于支持文化企业发展若干税收政策问题的通知》《关于文化体制改革中经营性文化事业单位转制为企业的若干税收优惠政策问题的通知》《文化部关于加快文化产业发展的指导意见》《关于金融支持文化产业振兴和发展繁荣的指导意见》《商务部等十部门关于进一步推进国家文化出口重点企业和项目目录相关工作的指导意见》《关于保险业支持文化产业发展有关工作的通知》《关于进一步推动新闻出版业发展的指导意见》等。

2）以促进转型升级为核心的扶持性政策

2012年以来，我国文化产业进入了全面深化改革、转型升级的新发展阶段。多项相关文化产业政策密集出台，为文化产业转型升级、提质增速提供了坚实的政策保障，也彰显了国家对文化产业发展的重视与决心。

（1）有助于增强中国文化产业竞争力的扶持性政策。2012年2月，中宣部、商务部、外交部、文化部、海关总署、财政部、税务总局、广电总局、国务院新闻办、新闻出版总署共同修订的《文化产品和服务出口指导目录》，旨在支持我国文化产品和服务出口；2012年4月，财政部出台的《文化产业发展专项资金管理暂行办法》，规范并加强了文化产业发展专项资金的使用规则，提高了文化产业整体的实力，促进了经济发展方式的转变和结构战略性的调整，推动了文化产业跨越式发展；2012年6月，中宣部、科技部、财政部、文化部、广电总局以及新闻出版总署出台的《国家文化科技创新工程纲要》，旨在充分发挥科技创新对文化产业发展强有力的引擎作用，并深入实施科技带动战略，增强文化产业领域的自主创新能力及文化产业核心竞争力，充分发挥科技对文化产业发展的重要支撑和推动作用。

（2）有助于中国文化产业市场主体升级的扶持性政策。2012 年 6 月，文化部出台的《关于鼓励和引导民间资本进入文化领域的实施意见》，高度肯定了民间资本在文化领域的重要作用，首次明确提出将文化部管理的文化领域全面向民间资本开放并制定具体措施；2012 年 12 月出台的《中央文化企业国有资产评估管理暂行办法》为加强对中央文化企业国有资产的评估监管和中央文化企业改制、产权流转、投融资等提供了政策参照；2013 年 5 月财政部印发的《关于加强中央文化企业国有产权转让管理的通知》和《中央文化企业国有产权交易操作规则》，为中央文化企业产权转让和交易提供了制度保障。2013 年 6 月，文化部、中央组织部、中央宣传部、中央编办、发展改革委、财政部、人力资源社会保障部、税务总局、工商总局出台的《关于支持转企改制国有文艺院团改革发展的指导意见》，为提升国有文艺院团体自我发展能力指出了方向。

（3）有助于中国文化产业升级的扶持性政策。2014 年 2 月，习近平总书记主持召开中央全面深化改革领导小组的第二次会议，此次会议审议通过了《深化文化体制改革实施方案》，该方案对开展支持小微文化企业发展工作提出了更为明确的要求；同年 3 月，国务院发布的《国务院关于推进文化创意和设计服务与相关产业融合发展的若干意见》，提出重点促进创意设计与装备制造业、消费品工业、建筑业、文化体育业、旅游业、信息业以及特色农业等实体经济融合发展的意见；随后，文化部印发了文化系统贯彻落实国务院文件的一系列具体举措；十八届三中全会后，文化部、财政部、中国人民银行联合印发的《关于深入推进文化金融合作的意见》，提出鼓励有条件的地方建设文化金融专营机构、建设文化金融服务中心、创建文化金融合作试验区等一系列措施。之后出台的《文化部中国人民银行财政部关于深入推进文化金融合作的意见》等政策也为中国文化产业企业升级提供了政策支持。同时，国家对中小型文化产业企业也给予了关注。在国务院办公厅发布的《关于印发文化体制改革中经营性文化事业单位转制为企业和进一步支持文化企业发展两个规定的通知》，文化部、财政部、工业和信息化部出台的《关于大力支持小微文化企业发展的实施意见》等多个政策中，对怎样培育中、小、微型文化企业提出了完善相关配套措施、加强文化品牌建设、加快培育要素市场、支持管理咨询机构和创业服务机构发展等有针对性的举措，是一个极大的政策利好。

（4）注重内涵发展的扶持性政策。十八大以来，中国文化产业政策更强调特色发展、内涵发展，一些有助于提升中国文化产业竞争力的政策陆续出台。

（5）关于规范旅游业发展的政策。旅游业是文化产业发展的重要载体。为了提高中国旅游业的规范化水平，国务院办公厅印发的《关于促进旅游业改革发展的若干意见》明确指出，要创新文化旅游产品，更加注重文化传承创新，实现可持续发展，推动旅游服务向优质服务转变。2014 年 12 月，国务院办公厅还发布了《国务院关于促进旅游业改革发展的若干意见》任务分解表的通知。

（6）关于注重特色发展的政策。2014 年 8 月，文化部、财政部联合印发了《关于推动特色文化产业发展的指导意见》。这是对党中央关于发展中国特色文化产业、国务院关于推进文化创新和设计服务与相关产业融合发展精神的进一步落实，推动了特色文化产业又快又好地健康发展，中国海洋文化产业的春天即将到来。

（7）关于文化产业规范运行的政策。2015 年 1 月，国务院出台了《关于促进云计算创新发展培育信息产业新业态的意见》《博物馆条例》；同年

3月，国务院办公厅发布了《关于发展众创空间推进大众创新创业的指导意见》，中国银监会发布了《关于2015年小微企业金融服务工作的指导意见》，国务院印发了《关于深化体制机制改革加快实施创新驱动发展战略的若干意见》，国家新闻出版广电总局、财政部联合印发了《关于推动传统出版和新兴出版融合发展的指导意见》《国务院关于进一步促进展览业改革发展的若干意见》；同年4月，国家旅游局发布的《关于进一步加强旅游行业文明旅游工作的指导意见》，工业和信息化部制定的《国家小型微型企业创业示范基地建设管理办法》；同年5月，文化部制定的《2015年扶持成长型小微文化企业工作方案》；同年6月，国务院制定的《关于大力推进大众创业万众创新》；同年7月，国务院制定的《关于积极推进“互联网＋”行动的指导意见》；同年8月，国务院办公厅发出了《关于进一步促进旅游投资和消费的若干意见》；同年9月的《国务院关于印发促进大数据发展行动纲要的通知》等。随着党的十八届四中全会提出全面依法治国战略，我国文化立法工作将加速推进。“十三五”期间，《电影产业促进法》《公共文化服务保障法》《文化产业促进法》有望正式颁布，我国文化产业发展的法治环境将进一步改善。

3.3 我国海洋事业发展概况

海洋事业是海洋意识实践的产物，是一定历史时期海洋战略的具体呈现，包括海洋经济建设、海洋政治建设、海洋文化建设、海洋社会建设、海洋生态文明建设和海洋军事安全、海洋科技教育等多方面内容。海洋文化产业作为兼具海洋经济属性、海洋政治属性和海洋文化属性的产业形态，是海洋事业发展到一定阶的必然要求和重要体现，二者互为支撑，密不可分。在推动我国海洋事业不断发展壮大的过程中，要注重把握经略海洋的经济、科技、生态三个维度。①

3.3.1 我国海洋事业发展历程

我国海洋事业发展历程是中国海洋意识和海洋战略与不同时期中国社会主义建设面临的国际国内政治经济形势相结合的产物，具有鲜明的阶段性特点。

1）1949—1979 年的中国海洋事业

1949 年中华人民共和国成立后，各项事业百废待兴，巩固和建设新生民主政权、迅速恢复和发展经济成为党和人民的首要任务。在这样的背景下，改革开放前新中国海洋事业大体沿着“建海军、近海防卫”和“发展传统海洋产业、恢复发展经济”两条线发展，海洋军事、海洋管理和海洋经济等方面建设初见成效。

（1）组建海军，加强海防。新中国成立后，在外有大洋彼岸的美国等国家意识形态封锁威胁，内有海南岛、台湾岛等地区尚未解放的情况下，组建新中国海军、实施近海防卫是新中国成立初期中国海洋事业发展的重中之重。

（2）恢复传统海洋产业，发展海洋经济。新中国成立后，海洋渔业、海港运输业等传统产业也获得恢复和发展。1954 年颁布了《海港管理暂行条例》，1955 年颁布了《关于渤海、黄海及东海机轮拖网渔业禁渔区的命令》，1958 年颁布了《关于领海的声明》。20 世纪 60 年代，新中国的海权意识逐渐加强，1961 年公布实施《进出口船舶联合检查通则》，1964 年公布实施《外国籍非

① 姜竹雨，沈佳强．海洋事业发展的三个维度研究综述和评论［J］．江苏商论，2018（8）：104-106.

军用船舶通过琼州海峡管理规则》，进一步加强了对船舶的检查。1974 年和 1977 年分别发布了《防止沿海水域污染暂行规定》和《中国国境卫生检疫条例实施规则》等规定，开始关注海洋环境问题；1976 年 11 月 12 日颁布了《中华人民共和国交通部海港引航工作规定》（1959 年 12 月 9 日发布的《关于海港引航工作的规定》同时废止），更深一步地规范了海港领航问题。

（3）成立海洋科研和管理机构。随着新中国海洋经济的发展，新中国第一批海洋科研和管理机构应运而生，为新中国海洋事业的发展提供了人才支撑。首先，快速成立了一批海洋科研院所。截至 1952 年，国家先后在上海、山东、河北分别成立了上海水产学院、山东大学水产系以及河北水专三所高等水产专业的教育院校，并建成了大连、集美、烟台、汕尾和广东等中等水产院校以及中国科学院水生生物研究所青岛海洋生物研究室；其次，加强了国家层面海洋事业管理组织机构和制度建设。政务院于 1949 年设立了水产组，归属于食品工业部，负担起全国水产行业的恢复和建设工作，并于 1950 年 12 月将水产部划归到农业部进行统一管理。1964 年 7 月 22 日，第二届全国人大第 124 次常委会议审议批准成立了国家海洋局，全面承担起国家海洋工作的综合协调管理工作，同时负责统一管理全国海洋资源的开发、勘探、利用以及海洋环境调查资料的收集整编工作和提供海洋公益服务等。这些科研院所和组织机构建设为新中国海洋事业的发展提供了初步的人才支撑和组织机构保障。

2）1979—2003 年的中国海洋事业

改革开放后，中国经济快速增长，各项事业迅猛发展。随着 21 世纪——海洋世纪的到来及海洋在国家发展战略地位的提高，国家加大了对海洋事业的关注力度，加强了对海洋的开发力度。中国海洋事业在此期间获得了长足发展，为中国海洋文化产业的发展奠定了基础。

（1）海洋科技有了进一步发展。在 1978 年至 1984 年期间，国家曾将“科学1”号海洋地球物理专业船和4艘“向阳红”号远洋综合调查船投入到国家海洋远洋调查队伍中；在1985年和1989年分别建立了一所永久科学考察站——中国南极长城站和中山站；2002年5月，中国在太原基地成功发射了第一颗海洋卫星——“海洋一号A”，为新中国海洋资源的勘测开发、海洋经济的发展创新提供了技术支撑。

（2）海洋经济持续发展。海洋第一产业、第二产业均获得进一步发展，海洋第三产业开始显现。据统计，1979年我国海洋产业的直接产值仅有64亿元（没有增加值统计），而在1999年竟达到3651亿元，比1979年增长了56.3倍，保持了年均22%的增长速度，海洋产业对我国国民经济的贡献也由1979年的0.5%上升到1999年的2.46%（如果沿海国内旅游收入3199.84亿元计入，估计在4%以上），2003年中国海洋产业总产值第一次突破1万亿元大关。与此同时，部分海洋娱乐和旅游业、海洋交通运输业和滨海砂矿开采业等迅速发展，一些临海省份和地区抓住发展海洋旅游、海洋经济的契机，纷纷高举“海洋”牌，并且提出建设海上辽宁、海上山东、海上广东、海上浙江等口号，至此依靠海洋发展的理念初步形成。

3）2003年至今的中国海洋事业

2001年，联合国文件中首次提出“21世纪是海洋世纪”，这引发了世界各国对海洋问题的再次深入关注。2003年5月，国务院批准实施了新中国第一个涉及海洋区域经济发展的宏观指导性文件——《全国海洋经济发展规划纲要》。该纲要不但指明了新时期中国发展海洋经济的指导原则和发展目标、主要海洋产业发展方向和布局以及加强海洋资源与环境的保护等问题，还提出要逐步理顺海洋管理体制，在保障海洋经济可持续发展、扶持完善海岛建设、合理利用海洋资源、拓宽投融资渠道等方面采取积极有效措施，推动海洋经济加快发展。

（1）宣传和谐海洋意识。在邓小平提出“搁置争议，共同开发”政策基础上，十六大以来，中国共产党在2009年4月23日庆祝中国海军建军60周年多国海军阅兵庆典、在2011年4月15日举行的博鳌亚洲论坛年会开幕式等多个国际场合阐述“和谐海洋”理念并得到普遍认同。2010年9月4日召开了第33届世界海洋和平大会，大会通过并发表的《北京宣言》中明确提出“呼吁社会通过各种机会提高海洋意识，建设和谐海洋”的观点，进一步促进了中国海洋意识的觉醒，阐明了中国海洋事业发展理念。

（2）海洋经济全面协调发展。2003年5月9日，国务院发布了《全国海洋经济发展规划纲要》。该《纲要》提出，要加快发展海洋渔业、海洋油气业、海洋交通运输业、滨海旅游业、海盐及海水化工业、海水利用业、海洋船舶工业、海洋生物制药八大支柱产业，要带动其他海洋产业实现更好的发展，将全国的海洋经济区域分为海岸带及邻近海域、大陆架和专属经济区、海岛和其邻近海域以及国际海底区域等四大区十多个小区，同时还针对每个区域的海洋经济发展优势和方向提出了明确的要求，体现了海洋经济全面协调发展理念。

（3）加强对海洋事业的管理。在海洋经济蓬勃发展的同时，海洋事业管理工作也逐步推进，为中国海洋事业的规范发展提供了保障。在2009年正式启动了国家第一个“数字海洋”公众服务系统，提高了中国海洋事业管理的科学化水平；东亚海环境管理伙伴关系计划（PEMSEA）中国第四期项目启动暨中国—PEMSEA海岸带可持续管理合作中心（以下简称中国—PEMSEA合作中心）成立大会等会议陆续召开，为中国海洋事业的发展创造了思想舆论氛围；在2012年制定了《全国海洋环境监测与评价业务体系“十二五”发展规划纲要》，对我国2011年至2015年海洋环境监测与评价工作做了总体规划。

继在党的十八大上明确提出“建设海洋强国”目标之后，以习近平总书记为核心的党中央继承和发展了海洋强国思想，主张从维护国家的主权安全和发展利益、全面建成小康社会、早日实现中华民族伟大复兴的高度出发，进一步“关心海洋、认识海洋、经略海洋”，“坚持走依海富国、以海强国、人海和谐、合作共赢的发展道路”，初步完成把建设海洋强国与中国经济崛起、产业调整、生态文明建设以及国家安全建设有机融合的战略性构想。

3.3.2 我国海洋事业发展现状

在建设海洋强国战略的大背景下，中国海洋经济得以迅速发展。海洋生态环境基本维持稳定，海洋抗灾减灾的能力也在不断提升，海域海岛的综合管理水平不断得到提高，科技兴海力度也在不断加大，海洋执法成效日益显著，呈现良好发展势头。

1）我国海洋事业体系趋于完善

经过1949年以来60多年尤其是改革开放40多年的发展，中国海洋意识逐步发展，海洋战略逐步完善，中国海洋事业也从以海洋军事安全为中心迈向海洋经济、海洋政治、海洋文化、海洋科技教育等综合协调发展，海洋第一、第二、第三产业齐头并进的新阶段，海洋事业发展体系也日趋完善。

2）我国海洋事业发展势头良好

一方面，海洋科技发展迅速，不但带动了海洋高新技术产业的发展，而且为海洋资源的开发勘探和海洋权益的维护提供了技术保障；另一方面，海洋经济呈现高速发展态势。到2014年，中国海洋经济生产总值达59936亿元，比上年增长7.7%。与此同时，海域管理更加规范化。2014年总计颁发海域使用权证书达8669本，新增确权海域面积达374148.37公顷，并在全国范围内开展海域使用管理工作大检查，对区域用海进行严格的控制，力求实现海洋资源的合理利用；海洋产业也得到了长足的发展，海洋渔业、海洋矿业、海洋电力业、海洋油气业、海洋化工业等海洋产业平稳发展，呈现良好发展势头。此外，我国海洋经济运行监测能力进一步提升、海上丝绸之路建设全面推进、“智慧海洋”工程与海洋信息化业务整合得以顺利推进。①

3）科技创新能力有待提高

我国海洋事业发展虽然取得了一定成绩，但也面临一些问题。一是海洋经济发展不协调、不可持续问题仍较为严重，粗放式增长依然突出，海洋产业的同构化现象、低质化等问题严重。二是海洋科技成果转化率较低，影响了我国海洋产业的科技创新水平。国家发改委副主任杜鹰在2011年表示，我国的海洋经济科技进步贡献率仅为30%，相较于发达国家和地区的80%仍有很大差距。三是高新科技产业比重较小、企业作为技术创新的主体地位尚未形成。此外，海洋高新技术产业人才短缺，关键领域、前沿领域高端人才严重不足也是制约海洋产业发展的重要因素。发达海洋国家对海洋文化事业相对重视，发展力度较大，兴起较早，收获较丰。多年来，发达海洋国家不断探索海洋文化事业发展路径，形成了各自的发展轨迹和模式，博物馆大众化、节假日法定化、教育社会化等经验值得我国学习借鉴。②

3.3.3 我国海洋事业对海洋文化产业的支持作用

海洋文化产业是海洋事业的组成部分，也是海洋事业发展到一定阶段的必然要求和重要体现，二者互为条件，互相促进。新中国成立以来，中国海洋事业发展总体成效显著，客观上为中国海洋文化产业发展奠定了思想舆论氛围，提供了组织机构和制度保障、市场资源条件和人才技术支撑。

1）为我国海洋文化产业的发展奠定思想舆论氛围

海洋文化是指人类在开发利用海洋的社会实践过程中形成的物质成果和

① 占海．战略规划引领推动海洋事业和海洋经济发展再上新台阶［J］．海洋开发与管理，2017，34（1）：11–15.

② 于凤，王颖．我国海洋文化事业发展现状和建设研究［J］．海洋开发与管理，2017，34（8）：116–119.

精神成果的总和，具体表现为人类对海洋的认识、观念、思想、意识、心态以及由此所形成的生活方式，它包括社会结构、生活方式、衣食住行和语言文学艺术等形态。因此，从生成机制上来说，海洋文化是海洋实践和海洋事业发展到一定阶段的产物，海洋事业是海洋文化和海洋意识的形成基础，对促进海洋文化产业发展具有舆论先导作用。近代以来，中国海洋事业日渐衰退，国人海洋意识逐渐弱化，海洋文化产业发展更是无从谈起。新中国成立以来，中国海洋事业经历了从以海洋军事安全为中心向海洋经济、海洋政治、海洋文化、海洋生态文明综合发展的转变，人们的海洋意识逐渐增强，海洋文化建设日益完善，为中国海洋文化产业的发展奠定了思想舆论氛围。

2）为我国海洋文化产业的发展提供组织机构和制度保障

世界各国海洋文化产业发展的经验表明，发展海洋文化产业是一个复杂的问题，既要树立科学发展理念兼顾其经济属性、政治属性和文化属性，也要科学统筹海洋文化资源开发、利用和保护，没有完善的组织机构和制度体系是不可能做好的。新中国成立以来，中国在发展海洋事业的过程中成立了国家海洋局和地方海洋管理机构，制定了多个海洋事业发展规划和制度，为中国海洋文化产业的发展提供了组织机构和制度支撑。

3）为我国海洋文化产业的发展创造资源和市场条件

作为海洋事业的一部分，海洋文化产业的发展与海洋资源密不可分、息息相关。脱离海洋资源的支撑，海洋文化就变为无源之水、无本之木。随着新中国海洋事业的发展，海洋资源开发勘探不断加强，海洋物质文化和海洋精神文化不断丰富，为海洋文化产业的发展创造了文化资源条件。与此同时，海洋资源的有限性使海洋经济竞争日益激烈，倒逼海洋行业统筹规划日益规范，行业信息发布和市场准入机会日益公平。相对成熟的海洋产业市场体系为海洋文化产业市场的培育和发展创造了条件。资源安全始终是人类社会进化发展中面临的最大的安全问题，是习近平总书记总体国家安全观思想的重要组成部分。今天的文化资源安全问题，直接影响和决定了从现在起到2050年中华民族伟大复兴的实现。以人民的安全为宗旨建立国家文化资源安全保障，应该成为我国国家安全战略与政策的重要选择。①

4）为我国海洋文化产业的发展提供产业人才与技术支撑

任何事业的发展都离不开人才，人才为发展之根本。培养专业的海洋人才不仅是推动海洋事业发展的重要前提，也是实现海洋文化产业发展的关键。新中国成立之初，中国就高度关注海洋人才培养，成立了多所海洋科研院所，并设了多门海洋专业。改革开放后，国家对海洋科学教育事业的投入不断增加，海洋科技人才辈出，海洋科技发展迅速，多项重大科技项目相继开展，为中国海洋事业的发展提供了人才和技术保障，也为中国海洋文化产业进入以科技和创意为核心竞争力的发展阶段提供了强大的人才和技术支撑。

3.4 我国海洋第三产业发展概况

根据中国国家海洋局在每年发布的《中国海洋经济统计公报》中的界定以及《国民经济行业分类》（GB/T4754-2002）中的三次产业划分原则，海洋第三产业被认为是为海洋开发的生产、流通以及生活提供社会化服务的部门，可将其细分为滨海旅游业、交通运输业、海洋科研教育管理服务业。这些行业的发展涉及诸多文化元素，尤其是海洋第三产业中的滨海旅游业和海洋科研教育管理服务业，与海洋文化产业的发展关系密切，对海洋文化产业

① 胡惠林．新时代应尤其注重维护国家文化资源安全——学习习近平总书记总体国家安全观关于文化资源安全的重要思想［J］．人民论坛·学术前沿，2018（22）：68-79＋107.

的发展具有重要支撑作用。

3.4.1 我国海洋第三产业发展历程

新中国成立之前，海洋交通运输业还没有形成真正的海洋产业规模，海洋交通运输业主要是个体经营为主，其具有工具简陋、技术水平低、利润微薄、专门性从业人员少等特点。新中国成立后，中国海洋第三产业逐步发展起来。

1）改革开放前的海洋第三产业

新中国成立后，中国社会经济各个领域百废待兴。海洋第三产业经过新中国成立前很长一段时期的萌芽，迎来了国家独立和社会稳定的良好发展环境，其中，海洋交通运输业发展尤为快速。但受国民经济发展规划侧重点和西方资本主义国家经济封锁等因素的影响，海洋交通运输业总体上处于低水平发展阶段，滨海旅游业和海洋科研教育管理服务业发展也十分缓慢。

2）改革开放后的海洋第三产业

20 世纪 80 年代到 90 年代末是中国海洋第三产业快速发展阶段。首先，传统海洋产业得到了进一步的发展，滨海旅游业、海上油气的勘探与开采、海水淡化与综合利用等海洋产业迅速崛起。数据显示，1979 年中国海洋经济的总产值达 64 亿元，1989 年迅速上升到 245 亿元，10 年的时间上升了近 4 倍；自 20 世纪 80 年代到 90 年代末，中国主要海洋产业总产值翻了 5 番。其次，海洋第一产业和第三产业交替演进，滨海旅游业和海洋交通运输业同样发展迅速，产值逐渐超过海洋渔业，海洋科研教育管理服务业也得到了前所未有的重视和发展。最后，海洋经济由资源型逐渐转向服务型，海洋产业结构发展比重由“一、二、三”型转变为“一、三、二”型转变为“三、一、二”

型再转变为“三、二、一”型，初步呈现出科学化发展趋势。[①]

进入21世纪以来，中国海洋经济总量持续增长，海洋经济规模不断扩大，海洋产业结构不断优化调整，形成了以海洋交通运输业、海洋渔业和滨海旅游业为支柱的海洋经济结构格局，海洋第三产业实现了质变发展。一是海洋交通运输业发展迅速。《2018年中国海洋经济统计公报》显示，2018年我国海洋交通运输业实现增加值6522亿元，比上年增长5.5%。沿海港口生产势态良好，沿海规模以上港口完成货物吞吐量比上年增长4.2%，吞吐量连年创新高，港口货物的吞吐量、集装箱的吞吐量连续5年保持世界第一，2018年末全国港口拥有万吨级及以上泊位数量为2444个，形成了布局合理、层次分明、功能齐全、内外开放的港口体系。二是滨海旅游业发展成效显著。21世纪以来，我国滨海旅游业产业规模逐渐扩大，成为沿海区域发展外向型经济的先导和完善投资环境的重要组成部分，有力地推动了海洋第三产业总体上质的飞跃发展。2018年，滨海旅游业继续保持较快发展，全年实现增加值16078亿元，比上年增长8.3%。三是海洋科研教育管理服务业发展迅猛。随着科技的突飞猛进、教育得到广泛的重视和普及、先进的管理理念和服务形式得到传播和实践，极大地推动了海洋科研教育管理服务业的发展。

3.4.2 我国海洋第三产业总体情况

根据2019年10月15日在广东深圳发布的《2019中国海洋经济发展指数》，2011—2018年，中国海洋经济发展指数年均增长3.5%，增长速度缓中趋稳，2018年这一指数达到131.3，比上年增长3.2%，发展质量进一步提高。我国

① 李福柱，肖云霞．沿海地区陆域与海洋产业结构的协同演进趋势及空间差异研究［J］．中国海洋大学学报（社会科学版），2012（1）：38-42.

海洋第三产业比重达到58.6%，占据海洋经济的“半壁江山”，“稳定器”作用更为显著，成为推动海洋产业结构调整和产业转型升级的重要引擎。但是受主客观多种因素的影响，我国海洋第三产业发展面临着诸多挑战。随着我国经济逐步进入“新常态”，转方式、调结构成为海洋经济快速发展的主旋律。在推进海洋产业快速健康可持续发展的进程中，首先要把握好海洋产业发展的态势，特别是海洋第三产业的总体情况。在此基础上，大力推进海洋产业的结构调整，优化海洋产业布局，转型升级海洋传统产业，加强海洋综合管理，积极发展海洋服务业，培育壮大海洋战略性新兴产业，充分发挥海洋第三产业对海洋文化产业的支撑作用，努力提升海洋经济发展的品质和效益，推动海洋经济在新常态下保持平稳较快可持续发展。

1）中国海洋经济总体情况

为了贯彻落实《全国海洋经济发展规划纲要》，国家海洋局每年都会发布年度《中国海洋经济统计公报》，对海洋经济总体运行情况、主要海洋产业发展情况、区域海洋经济发展情况进行核算公布。根据2005年至2018年《中国海洋经济统计公报》显示，我国海洋经济发展情况良好。一是海洋经济总体运行情况、主要海洋产业发展情况、区域海洋经济发展情况三大板块中的各项指标均呈现出增长态势，特别是主要海洋产业保持稳健增长态势。全国海洋产业生产总值由2005年的16987亿元增长到2018年的83415亿元，此外，海洋生产总值占国内生产总值的比重也由2005年的4%增长到了2018年的9.3%。二是海洋经济结构不断优化。主要海洋产业呈现出持续较快增长态势，2018年中国海洋生产总值同比增长6.7%，其中，主要海洋产业增加值达到了33609亿元；海洋第一产业增加值达3640亿元，海洋第二产业增加值达30858亿元，海洋第三产业增加值达48916亿元，海洋经济三次产业结构的比例约为4.4 ∶ 37 ∶ 58.6；2018年全国涉海就业人员达到了3684万人。

2）中国海洋第三产业总体情况

总体来看，我国海洋第三产业总体不断发展，但效率有待提高。近年来，我国海洋第三产业发展也较为迅速，产值逐年提高，其作为海洋支柱产业的作用和地位越来越凸显。一是主要海洋第三产业（滨海旅游业、海洋交通运输业、海洋科研教育管理服务业）的生产总值呈现出逐年稳步增长的良好趋势。从 2005 年到 2018 年这 13 年间主要海洋第三产业总值增长了 4 倍。二是海洋第三产业增加值在这 13 年间取得了显著的增长。2018 年海洋第三产业增加值比 2005 年增长将近 13 倍。三是海洋第二产业总值在海洋三次产业中的结构比例始终维持在合理区间且始终稳居首位。受 2008 年金融危机影响，2010 年、2011 年的比例下降明显，2012 年开始回升，但增幅较小。四是海洋第三产业增加值占全国海洋生产总值的比重在 13 年来总体保持小幅度提升，保持在 47%~58.6% 的稳定区间范围内。

虽然我国海洋第三产业总体上不断发展，但发展程度仍不够充分和稳定，产出效率及其对国民经济贡献率有待进一步提高，可供挖掘的潜力和空间仍然较大。虽然产值有所增长，但增长数量和速度有待提高。

首先，海洋交通运输业的发展缓慢。相比于滨海旅游业和海洋科研教育管理服务业，海洋交通运输业的发展相对较缓慢，其增加值总量较少，年增长率较低，尤其是受 2008 年国际金融危机影响，2009 年的产业增加值较同比出现了负增长。2010—2012 年，随着国际贸易形势渐好和航运价格恢复性增长，我国海洋交通运输业迅速回暖，呈现出较快发展的态势。2012 年之后，受国际需求的放缓、航运价格的下跌以及国内的宏观经济环境等多因素影响，海洋交通运输业运行稳中偏缓。

其次，滨海旅游业发展较快。除了 2008 年受南方雨雪冰冻灾害及国际金融危机等影响发展水平与上年基本持平之外，滨海旅游业自始至终保持着较快的发展态势，这受益于沿海地区大力开发国内海洋休闲旅游度假市场，积极开发多样化的海洋文化旅游产品，并着力提升滨海旅游业的整体服务水平，促使滨海旅游市场持续扩大，滨海旅游消费不断增长。尤其是2009年之后，在国家拉动内需、加大投入的政策驱动以及邮轮游艇等新型业态快速涌现的影响下，国内滨海旅游增长较快，国际滨海旅游逐步恢复，滨海旅游规模持续增大，有力地推动了滨海旅游总体的较快发展。

最后，海洋科研教育管理服务业发展形势良好。自从2010年以来，国家对海洋开发利用力度和深度持续加大，对海洋科研教育管理服务越发重视，从事海洋科研教育管理服务业的人员迅速增加，海洋科研教育管理服务业始终保持较快的发展态势，其年增加值始终高于海洋交通运输业和滨海旅游业。但是在2012年之后，海洋科研教育管理服务业增加值的年增长率较之前有所下降。可见，海洋科研教育管理服务业的发展水平尚需提高，其发展潜力和发展空间较大。

3）中国海洋第三产业面临的困境

随着经济全球化进程的不断加快，中国经济布局进一步向滨海地区聚集，同世界经济的联系也日益密切。伴随国家利益的不断扩张、海洋强国战略和21世纪“一带一路”倡议的相继提出与实施，海洋战略地位和重要作用也更加突显。中国海洋经济在“十二五”期间得到快速发展，中国海洋产业初具规模，尤其是中国海洋第三产业发展势头迅猛，长期占据着海洋产业的支柱和主导地位。① 尽管近几年来中国海洋第三产业保持着较快发展态势，但是相比于发达国家，无论是产值总量还是产业结构抑或是产业发展形态等都存在差距。

（1）内部结构性矛盾。海洋第三产业的内部结构性矛盾主要存在于海洋交通运输业、滨海旅游业和海洋科研教育管理服务业这三大主要产业中。首

① 程炜杰．海洋第三产业发展若干思考［J］．开放导报，2016，（2）：23-27.

先，海洋交通运输业的产值和年增加值远少于其他两大主要产业，而其发展模式仍较为传统，政策依赖性较强、受国际因素影响较大、稳定性不足、自主性和高科技含量有待提高。其次，滨海旅游业发展程度较低。国内市场尚未成熟，国际市场占有率较低；重复性开发程度高，创新性不足；产品缺乏多样化，新兴产品数量和质量都尚处于较低层次。最后，对海洋科研教育管理服务业重视和投入不足，相关专业人员和专业机构仍较为缺乏，相关政策扶持力度仍然不够。

（2）管理协调冲突。在我国，海洋产业分属于不同管理主体，缺乏能真正统筹全局的管理机构，产业和产业内部分工的交流与沟通严重不足，无法有效按照各地区的实际资源优势和市场需求合理布局，无法保证从中央到地方各级相关部门积极配合和分工协调，不利于整个海洋经济和海洋产业的良性运行和优化布局。

（3）双重抵御性困境。一方面，我国海洋第三产业发展受自然灾害的制约较大，尤其是对于海洋交通运输业和滨海旅游业的制约性更为明显。另一方面，在国内市场发展尚未完全、内需消费不足、相关的自主技术水平不高、受制于传统国际秩序和国际规则的背景下，我国海洋第三产业发展还深受国际环境的制约，如国际或发达国家的金融稳定、经济发展状况、进出口政策、国际贸易规则、国际海洋科技和学术交流情况等因素都会对我国海洋第三产业发展产生较大的影响。

3.4.3 我国海洋第三产业对海洋文化产业的支持作用

海洋文化产业的繁荣与发展离不开海洋第三产业的健康发展。随着我国海洋强国战略的实施、21 世纪“一带一路”倡议的深入开展，海洋第三产业在整个海洋文化产业的比重无疑将会更加凸显。

1）思想观念的革新

思想观念是实践行动的先导，任何产业要取得大发展都必须先在人们的思想观念中得到普遍认可。长期以来，受各种历史和现实因素的影响，我国政府和民众的海洋意识比较薄弱，制约了海洋文化产业的发展。近年来，随着我国海洋第三产业快速发展，政府和民众的海洋观念和海洋意识得以增强，蓝色经济和蓝色文化越来越得到各级政府和广大人民群众的普遍认可，随之带来的思想观念革新定能大大扫除我国海洋文化产业发展的思想障碍，推动我国海洋文化产业大发展。①

2）资源的整合利用

目前，我国与海洋文化产业发展相关的资源尚未得到有效的整合利用，而随着海洋第三产业的发展，这一现状将会得到改观。一是海洋第三产业的发展能够整合海洋文化产业市场，为海洋文化产业的发展提供市场引领；二是海洋第三产业的发展能够整合海洋文化产业投资，为海洋文化产业的发展给予资本支持；三是海洋交通运输业的发展能为海洋文化产业提供便捷而必要的交通运输服务；四是滨海旅游业的发展能为海洋文化产业发展提供模式借鉴和资金支持；五是海洋科研教育管理服务业的发展能为海洋文化产业发展提供理念创新、科技引领、智库指导和后勤保障。

3）体制的深化改革

首先，体制和机制改革创新是发展海洋文化产业、提高海洋文化产业竞争力的重要前提。海洋第三产业已经建立健全的体制和机制能够为海洋文化产业体制机制建设提供有益借鉴。其次，海洋第三产业的发展有助于推进海洋文化产业体制的改革、完善海洋文化产业政策法规，形成有利于海洋文化

① 李佳薪，谭春兰，朱清澄．基于结构偏离度的我国海洋产业分析［J］．海洋开发与管理，2018，35（8）：12-16.

产业发展的体制框架和政策体系，也为非海洋文化企业、非国有企业、社会资本、个人资本等投资进入海洋文化产业，平等参与海洋文化产业竞争提供经验借鉴。最后，海洋第三产业发展能够促使政府的海洋文化产业管理职能的改革创新，进一步理顺海洋文化产业管理和服务权限、机构、内容、方式等，建立精简、高效、廉洁、权威的大文化政府管理体制，更好地为海洋文化产业的发展提供科学管理和服务。

4）法律制度的健全

改革开放以来，虽然我国已经制定了大量有关文化的法律法规和规章制度，使文化事业基本实现了“有法可依”“有章可循”。但在海洋文化领域仍然存在法规制度不健全的地方，海洋文化产业的发展仍受到制约。海洋第三产业的发展不仅能够弥补这一缺陷，化解这一制约因素，而且促进了海洋文化产业的立法，建立健全了海洋文化产业的法规体系，规范了海洋文化产业市场运行。

5）市场体系的培育

海洋文化产业和海洋第三产业密切相连，海洋第三产业市场体系的培育与完善对海洋文化产业市场体系的培育与完善具有重要的支持性意义。首先，海洋第三产业的发展有益于培育海洋文化产业新型市场竞争主体，牢固树立海洋文化产业化、市场化的观念。其次，海洋第三产业的发展有助于创新体制，转化机制，面向市场，增强活力，抓好经营性海洋文化产业的改革与发展，推动国内海洋文化事业与海洋文化产业整体走上良性循环、健康发展的轨道。再次，海洋第三产业的发展有助于合理调整和优化海洋产业结构，加快海洋文化产业整合步伐，推动海洋文化产业产业化、市场化、规模化改革，推动建立“产权清晰、权责分明、政企分开、管理科学”的现代企业制度，建立符合海洋文化产业运作规律的宏观管理市场体制，培育一批有社会影响力和经济竞争力的大型海洋文化企业集团，打造一批国内外知名的海洋文化品牌，以增强我国海洋文化产业的竞争力。

6）现代科技的支持

海洋文化产业是知识密集、信息密集、技术密集的领域，具有科技含量高、耗能少、生产工艺先进、产品附加值高等特征。用先进科技传播先进海洋文化，实现海洋文化与高科技相结合是中国海洋文化建设的必然选择。在海洋第三产业深入开发过程中运用的高新技术，海洋第三产业发展中进行的产品多层次开发和网络化服务，都能够为海洋文化产业提供支持，为提高海洋文化产品在制作能力、开发能力、表现能力、创新能力上提供支持，推动海洋文化生产、流通与高新技术创新结合，改造传统的海洋文化产业，开发新兴的海洋文化事业，丰富海洋文化产业的形式，增强海洋文化产业的核心竞争力。

4 国内外海洋文化产业发展模式梳理与启示

4.1 国外海洋文化产业发展模式概况及启示

4.1.1 国外海洋文化产业发展模式概况

在自然资源开发利用形势日益严峻、综合国力竞争日益激烈的今天，海洋文化在一个民族和国家发展中的功能，早已超越了基本层面的精神引领和文明传承，在“文化搭台、经济唱戏”的思路下，海洋文化产业的经济效应、社会效应和生态文明效应正吸引着全世界的目光。中国是一个海洋大国，但还不是一个海洋强国。在海洋文化产业发展上，近代以来的中国更是落后了。在全面深化改革、适应经济发展新常态、全面建成小康社会、建设海洋强国的今天，中国海洋文化产业能否抓住机遇成长为一个产业？怎样快速优化发展？20世纪以来国外海洋文化产业的发展可以给我们一些借鉴和启示。相比而言，西方海洋国家比较注重研究海洋文化遗产保护、海洋文化公园与保护区建设，如美国的海洋文化公园与保护区建设①、英国的海洋文化产业立法工作②、欧盟各沿海国家的海洋文化遗产保护经验③。另外日本④、韩国⑤在以旅游为支柱的海岛文化产业的开发上有着成熟的经验。

纵观世界海洋文化产业的发展模式，由于地理资源以及海洋文化产业的发展时间、海洋职业发展规划、消费市场、发展焦点群体的差异，世界各地各国表现及结果各不相同。

1）国外海洋文化产业发展历程

大海是人类文明的发源地。自古以来，人们就喜欢与海为伴，在海边垂钓、漫步、欣赏海洋风光。到20世纪初，美国等经济发展比较快的国家已经出现一些由当地的垂钓爱好者或垂钓俱乐部组织的垂钓活动。但真正意义的海洋文化产业是在20世纪50年代才出现的。美国是最早发展海洋文化产业的国家。第二次世界大战后，当其他国家或忙于收拾战后的“烂摊子”，或因战争导致国力虚弱急于恢复和发展经济时，美国本土经济因远离战争和抛售战争物资发“战争财”，实力进一步膨胀。良好的经济发展形势刺激了民众的文化娱乐需求，以垂钓等传统海洋休闲活动为基础的休闲渔业应运而生。

到20世纪80年代，海洋休闲渔业已成为美国渔业的重要支柱产业。同时，“冷战”格局催生的文化和意识形态输出也在一定程度上为美国海洋文化产业的发展创造了条件。1951年，海明威凭借代表作品《老人与海》获得

---

① 李海峰．借鉴美国经验发展中国海洋文化创意产业的思考［J］．中国海洋经济，2017（2）：231-243.

② 崔倩茹．英国海洋文化与立法研究［D］．济南：山东大学，2018.

③ 李伟，高艳波．欧盟保护海洋文化遗产的实践与探索［J］．海洋开发与管理，2016，33（7）：78-83.

④ 修斌，黄炎．日本新潟县的海洋文化产业开发及其启示——以日本最早的鲑鱼博物馆为例［J］．中国海洋经济，2019（1）：177-189.

⑤ 韩雄伟．国外海岛旅游开发的经验启示［N］．中国海洋报，2019-06-18（2）.

了诺贝尔文学奖。著名的自然作家雷切尔也在这一年出版了《海洋的传记》，这本书是《纽约时报》排行榜上的畅销书。1962 年，美国科普作家蕾切尔·卡逊创作销量达到数百万的《寂静的春天》，在一定程度上推动了环保事业的快速发展。一头是经济效益显著、顺应民众娱乐需要的休闲渔业，一头是社会反响强烈，顺应国家文化输出战略的海洋创意文化产业，在名利兼收的良好开端下，美国的海洋文化产业就此起航。到 20 世纪 60 年代，一些资源禀赋优良、工业化进程较早、人们生活水平较高、社会福利条件较好的地中海沿岸国家的滨海旅游业也发展起来。除了经典的 3S（Sea，Sand，Sky）卖点外，丰富多彩的涉海节庆活动与运动项目也为这些地区的海洋休闲文化旅游增色不少。例如，冲浪运动在 1956 年被好莱坞剧作家 Peter Viertel 带到法国后，法国的冲浪运动在欧洲闻名，并与尼斯狂欢节、西班牙的航海节、维京海盗节和滨海奔牛节以及后来的戛纳电影节等一起为当地的海洋旅游形成了重要的提振作用。

20 世纪七八十年代以后，海洋资源丰富的亚太地区国家迫于产业转型压力和经济发展需要，也加入海洋文化产业发展大军。首先，迫于近海渔业资源衰退的压力，日本等国家和地区自 70 年代以来纷纷转向休闲渔业开发且成效显著。与此同时，澳大利亚、泰国、印度尼西亚、马来西亚、新加坡、马尔代夫等国家还成功尝试了利用其特有的城市魅力、文化魅力和旖旎的海洋风光发展海洋休闲文化旅游的路子。到世纪之交，世界海洋文化产业初步呈现行业门类齐全、注重内涵发展、强调创新发展的阶段。如世界上最负盛名的海岛旅游胜地夏威夷一年四季都有各种各样的海洋节庆活动，这对当地的旅游业和经济发展起到了重要的作用。澳大利亚的游艇和海洋公园赋予了海洋休闲文化旅游、海洋休闲渔业以新的内容。自 1996 年起，日本将 7 月 20 日定为“海洋日”，意思是“感谢大海的慷慨，期待日本在海上的繁荣日子”。2002 年日本政府决定每年 7 月第三个星期一休假，民众可以拥有一个跟周末合在一块的三天小长假。

2）国外海洋文化产业发展成效

总体来看，国外海洋文化产业发展已初具规模，行业门类齐全且前景看好。几个大的区域性海洋文化产业群已经形成，一些国家和地区海洋文化产业经济效益和社会效益颇丰，甚至成为当地的支柱性产业。

第一，行业门类相对齐全。经过几十年的积累，国外海洋文化产业已步入全面繁荣兴盛时期。海洋休闲文化产业、海洋节日会展产业等行业门类均获得一定发展。但各个国家的重点发展门类因各自的自然资源禀赋、市场兴趣偏好等差异而不同。

总体而言，从经济效益上看，海洋休闲文化产业、海洋节庆会展产业因投资周期短、收效快而发展迅速，海洋文化旅游产业和海洋文化创业设计产业等需要经过海洋文化资源的发掘、设计，多部门协同合作等多个环节，具有周期长、收益相对缓慢的特点，一般被作为各地海洋文化产业的长期投资和辅助发展项目。但不可否认的是，一旦海洋文化旅游产业和海洋文化创意设计产业发展起来，其外部正效应是十分巨大的。从区域分布上看，在经济发展好、人们喜好户外运动的美国、澳大利亚等国家，海洋休闲文化产业（海洋休闲渔业、潜水、帆船、水下观光、海洋公园、邮轮游艇等）发展较快，海洋节庆会展产业发展迅速。在社会福利条件好、人们注重生活品质的欧洲地中海沿岸国家，海洋休闲旅游业发展较好。在自然风光秀丽、历史悠久、文化形态多样、经济发展速度相对较低的亚太地区国家，海洋文化旅游业发展较好。

第二，形成了以美国、欧洲地中海沿岸国家、亚太地区和加勒比海地区为代表的四大海洋文化产业区。其中，美国是世界上海洋文化产业发展最早、经济效益也最好的国家之一。尤其是美国的海洋休闲体育业、节庆会展业已遥遥领先其他国家。与此同时，美国的海洋创意文化产业也可圈可点，如《泰坦尼克号》《海上钢琴师》《加勒比海盗》等一系列涉海题材文化作品世界著名。欧洲的西班牙、法国、希腊、意大利、英国、比利时等国家海洋文明源远流长，也是世界上著名的海洋文化旅游地。此外，欧盟各国十分重视对海洋文化遗产的保护，在海岸带综合管理（ICZM）和海洋空间规划（MSP）框架内对海洋文化遗产进行保护和可持续利用，同时从完善海洋文化遗产评估机制和合理划定文化保护区两个方面，进一步促进海洋文化遗产保护更好地融入海岸带综合管理体系。① 亚太地区的澳大利亚、新加坡、泰国、马来西亚、马尔代夫等国家海洋文化产业虽然起步比欧美地区稍晚，但得益于优越的地理位置和便利的海路交通，且旅游配套设施较为完备，发展潜力不容小觑，甚至有分析认为，东南亚地区将成为世界滨海旅游业重要的新兴热点地区。加勒比海地区气候温暖，海水清澈，又临近美国，市场潜力大，海洋文化产业发展也卓有成效。

第三，出现了规范化、科学化和配套化发展趋势。主要体现在以下方面：一是很多国家和地区都成立了相关机构，制定了相关法律条例对海洋文化产业的发展进行规范管理，避免行业垄断或杂乱无章。如美国夏威夷 1997 年就成立了夏威夷原住民接待业协会（The Native Hawaiian Hospitality Association，NaHHA），以便在当地社区和旅游业之间建立起更好的联系。美国还有专门法律规定所有海滩都必须让公众方便进入，避免海滩被私人资本独占。二是可持续发展理念已深入人心。尤其是美国、日本等国家在海洋休闲渔业发展中都秉承可持续发展理念。如通过制定一系列法律规定，成立一定的专门机构，定期对海洋渔业资源和海洋生态环境进行保护等做法，保证涉海休闲渔业的可持续发展。三是为了满足人们的休闲娱乐需求，各国海洋文化旅游产

① 李伟，高艳波．欧盟保护海洋文化遗产的实践与探索［J］．海洋开发与管理，2016，33（7）：78-83.

业、海洋休闲文化产业在主打蓝天、沙滩等海洋自然资源的同时，在城市风格设计、基础设施建设中都注重体现海洋特色。如韩国的海洋列车、新加坡的城市风光、澳大利亚的海洋公园等，使游人时时处处都能感受到浓厚的海洋风情。至于吃、住、玩、游、庆、行一条龙服务，更是样样都有。

第四，经济效益和社会效益显著。发达的海洋文化产业不但给各国带来显著的经济效益，也形成了新的就业增长点，维护了社会稳定。以美国为例，据统计，美国沿海地区每年汇集了全国 85% 和旅游业相关的收入，其中海洋休闲渔业等海洋休闲文化产业的经济贡献显著。另据美国国家海洋局统计，在美国经济中占据重要地位的美国休闲渔业的年总消费额约为 450 亿美元，产值约为常规渔业的 3 倍以上。休闲渔业的发展还带动了渔具、车船、修理、交通、食宿等相关产业的发展。而在佛罗里达州，灿烂明媚的阳光、无与伦比的海滩和首屈一指的购物体验以及举世闻名的风光，每年为佛罗里达州吸引 4000 多万名游客，滨海休闲文化旅游已成为佛罗里达州最大的产业。在提高经济效益之外，发达的海洋文化产业也在一定程度上缓解了产业转型的压力，创造了更多就业机会。20 世纪七八十年代起，日本、澳大利亚等国家和地区迫于沿海渔业资源的衰退和海洋生态环境恶化的压力，转型发展休闲渔业和海洋公园保护性开发。事实证明，这是正确的选择。根据官方对澳大利亚著名的大堡礁海洋公园的统计数字，在 1996 年至 2003 年间，澳大利亚海洋产业就业总数比同期全国产业平均年增长率高 1.4%，其中海洋旅游是所有海洋产业中最大的就业部门，仅在 2003 年，就雇用了大约 190620 人，占海洋产业总就业人数的 75.3%，而大堡礁海洋公园及公园所在地区 GDP 的增长和就业的贡献远远大于诸如商业捕鱼和休闲产业等其他产业（旅游业除外）。同期，美国的休闲渔业也为社会提供了 120 万个就业机会。2007 年至今，西班牙滨海地区人口中有高达 70% 从事着与海洋旅游相关的工作。

4.1.2 国外发展海洋文化产业的典型做法

1）美国、日本的海洋休闲渔业

海洋休闲渔业是海洋休闲文化产业的重要组成部分。具有投资周期短、收益快、市场前景广阔的特点。当前美国、日本是海洋休闲渔业发展较好的国家。其成功的原因和做法主要有以下几点：

（1）具备基础优势。美国地理位置东临大西洋，西濒太平洋，海岸线总长达到22680千米，其中，内陆水系密布，水域资源方面具有得天独厚的优势条件。作为岛国的日本，地理位置处于太平洋之内，四面被海域环绕，海岸线蜿蜒曲折，其长度超过3万千米，其中主张管辖的海域面积约等于日本国土面积的12倍，此外，日本渔业资源十分丰富，是闻名世界的最主要的渔业大国之一。以上这些自然条件均是美国、日本发展休闲渔业的基础。

同时，美国和日本民众对海钓的兴趣也是其海洋休闲渔业得以快速发展的原因之一。美国人喜欢户外、休闲、亲近大自然。根据美国最大的户外零售商REI最近的一项调查显示：73%的美国人爱户外更甚爱事业。随着时代发展，人们在经济收入及休闲时间方面均较之前更加宽裕，利用闲暇时间外出旅游度假已经渐渐成为一种被大众所追逐的时尚，随之而来的供大众休闲娱乐专用的私家船艇开始大量出现在人们的视线当中，而这也极大地推动了休闲渔业的发展。日本国民对海洋休闲活动的兴趣也非常浓厚，并在一定程度上促进了日本的渔具生产、钓鱼视频教程等产品的传播和休闲渔业的快速成长。

（2）管理体制科学。美国、日本海洋休闲渔业发展中另一个值得我们借鉴的地方是建立了科学的管理体制，确保规划科学、管理高效，避免盲目混乱开发。以美国为例，在渔业资源的管理上，实行行政管理和行业管理并存体制。在联邦制国家结构下，行政管理包括联邦管理和各州的管理两个层级，而且明确分工。其中，联邦行政管理机构中负责海洋渔业资源管理的是国家海洋渔业局，其主要职责包括全国范围内休闲渔业的管理和规划等相关工作；而具体到各州的休闲渔业管理机构，其主要职责是本州所负责管辖水域内的休闲渔业资源管理相关工作。行业管理是指，在美国，所有行业协会（例如美国钓鱼协会）均可以通过自发的形式积极踊跃地参与休闲渔业管理，其承担的主要工作包括为科研机构组织相关的专业调查、制定切实可行的鱼类资源保护计划并促进其有效实施、推动各类游钓活动的快速发展、为游钓爱好者提供一系列相关服务等。

（3）完备的法律体系。为了保护自然环境，切实保证渔业发展与当地生态系统等相协调一致，确保休闲渔业能够实现可持续发展，美国等国家制定了很多法律规范海洋休闲渔业的发展。例如渔具总可捕量限制（TAC）、特殊鱼类配额和渔获物等一系列规定。与此同时，美国联邦政府渔业局联合其他相关部门构成了比较完整、严格的执法体系，希望借此以确保相关法律法规的有效贯彻实施。

与此同时，美国、日本在发展海洋休闲渔业时，不但强调经济效益，还注重生态文明效应，强调可持续发展理念，注重行业人才培养和渔场环境保护。这些做法一方面保证了海洋休闲渔业的可持续发展，另一方面也赋予了海洋休闲渔业相比于其他海洋休闲娱乐产品更大的比较优势。

2）澳大利亚海洋公园

澳大利亚拥有长达37000千米的海岸线，主要地区内气候温和怡人，城市风光秀美，渔业资源丰富。但是，近些年来，海洋环境的持续恶化现象给相关海洋渔业资源带来了日益枯竭的困境，大部分近海海域已经出现基本无鱼可捕的现象，通过产业转型提升渔民收入是一个迫在眉睫的问题。面对这种状况，澳大利亚转变思路，通过建设海洋公园推动澳大利亚海洋休闲文化旅游发展，增加渔民收入，并取得了成效。这种类似于我国自然保护区制度与某些地区的海滨旅游相结合的模式，主要做法如下。

（1）划分海洋公园功能区。澳大利亚政府表示，海洋公园在功用方面是一个具备多种用途的园区，其宗旨是保护海洋生物的多样性，同时兼顾多种娱乐及相关的商业活动，相对应的，相关部门在海洋公园内部具体划分出了庇护区、环境保护区、一般用途区以及特殊用途区四个相关区域。

（2）设立特定功能区的功能目标。首先，对于庇护区而言，其功能方面的目标主要是对海洋公园内栖息的所有动物以及其栖息地、所有植物、所有承载着重大意义的文化场所提供所能达到的最高水平的保护服务，相对应的，海洋公园内禁止所有形式的捕鱼、打捞活动，严厉打击任何有害于区内动植物及其栖息地的一切行为。其次，对于栖息地保护区而言，其功能方面的主要目标表现为：通过保护该区内的动植物栖息地、减少及避免冲击性行为以切实有效地保护区内的生物多样性，而休闲渔业以及其他形式的部分商业捕鱼属于被允许的范围之内的活动。特殊用途区方面，该区域允许水产养殖、科研等一系列特殊活动。一般用途区方面，大多数的休闲渔业以及商业捕鱼行为属于被允许的活动，而不利于生态可持续发展的其他任何形式的捕鱼活动都将被严厉禁止。

（3）制订具体管理计划。一是栖息地方面的保护管理方案，其中包含了防止对栖息地造成危害的一系列方案，目的是通过方案的制定实施，切实有效地保护先前划定好的禁猎区以及栖息地内有代表性意义的所有物种。二是针对捕鱼以及水产养殖区域、潜水区域海洋哺乳动物制定相对应的保护规划，为了该区域内的生态能够实现可持续发展，该规划严禁船只通行以及任何形式的岸边野营活动。三是加强海洋公园内传统区域的规划，避免其在开发过程中受到破坏。四是制定对海洋公园内的海底的沉船、旧的码头等文化遗产的保护规划，既能美化海岸景观，也提高了海洋公园使用者的享受程度。五是制定其他必要的规划，其中最具代表性的规划方案包括海洋公园当局的停泊和标示物管理方案等。自海洋公园建成以来，当地渔民的捕鱼区、养殖区以及与之相关的捕鱼收入较之前有所减小，但海洋公园的建立大大促进了海洋旅游和服务业的发展，从这个角度而言，渔民收入较之前相比实际上是增加了。据统计，澳大利亚海洋产业在就业方面的总数额实现年均增长 2%。这与同期内全国产业的平均年增长率相比较而言，高出 1.4%。纵观所有海洋产业，可称海洋旅游为其中最大的就业部门，其中，在雇佣工人方面，大约每 100 个访客就能直接生成或提供 1 个就业岗位。

3）夏威夷的涉海节庆会展

夏威夷是美国乃至全球公认的威名赫赫的海洋旅游目的地之一，海洋旅游业对夏威夷经济发展的贡献十分巨大。根据资料显示，夏威夷当地的常住人口只有 120 余万人，然而，每年到该地游玩的客人却高达 800 万人次左右，与之相关的旅游收入占当地 GDP 总额的 17%。在世界尤其是地中海国家海洋旅游的强势竞争下，夏威夷的海洋旅游之所以享誉全球，与夏威夷全年各种各样涉海节庆会展活动的提振作用密不可分。

夏威夷的涉海节庆活动非常多，以至于游人无论哪个月来到夏威夷，都能感受到热烈的节庆氛围。1 月活动主要有檀香山市唐人街水仙花节；2 月活动主要有冒纳凯阿滑雪大会、樱花节；3 月活动主要有库希奥王子杯铁人三项赛；4 月活动主要有释迦牟尼纪念日；5 月活动主要有霍诺卡牧人竞技比赛；6 月活动主要有夏威夷冲浪锦标赛；7 月活动主要有希洛果园花展；8 月活动主要有女王杯凯基草裙舞节；9 月活动主要有希洛夏威夷郡博览会；10 月活动主要有毛伊郡博览会；11 月活动主要有科纳咖啡节；12 月活动主要有世界杯桥牌预选赛、檀香山马拉松赛。种类多样、数目繁多的涉海节庆活动不但给夏威夷引来了源源不断的休闲旅游客人、商务旅游客人、赛事观光者，增加了夏威夷海洋旅游市场需求，也增加了这座城市的活力和特色，增强了夏威夷海洋文化产业的竞争力。

4）马尔代夫的海岛旅游开发

马尔代夫是印度洋上的群岛国家，自1972年开始发展海洋旅游。据统计，近年来海洋旅游也已成为马尔代夫第一大经济支柱。马尔代夫的海岛风光旖旎，有“99%晶莹剔透的海水＋1%纯净洁白的沙滩=100%的马尔代夫”之称，有世界上第一家海底餐厅“伊特哈”和幻妙的水上屋，曾获得“印度洋最佳旅游胜地”“全球浪漫的游览地”等称号。

其海岛旅游开发坚持以下两个原则。

一方面，注重规划编制。马尔代夫对海岛开发的规划主要有三方面：①关于海岛开发的宏观规划和要求。每5年制定一次，任何海岛开发者都必须遵守国家发展规划。②实施国家环境行动计划。自1998年起马尔代夫开始制定实施国家环境行动计划，提出了规划期限内实现的目标（包括基础设施、人居环境、珊瑚礁的保护、降低气候对旅游业的影响、预防和减少自然灾害等多个目标体系）。③制定海岛旅游十年开发规划。每个海岛在进行开发前，都必须以国家发展规划、环境行动计划及海岛旅游开发规划为指导，编制具体开发规划。

另一方面，坚持整岛开发思路。一是因为马尔代夫的海岛面积一般比较小，二是因为通过整岛开发模式，有利于对海岛实行统一管理、保持开发风格的统一。马尔代夫海岛的整岛开发做法如下：①每年对拟开发的海岛统一向世界推介，实行国际招标，通过竞标吸引有实力的国际大公司和大财团投资开发海岛。招标后，马尔代夫政府将海岛及其周边海域租赁给一个经济开发主体开发。②在开发模式方面，马尔代夫政府坚持“四个一”的模式。即针对具体的每一座海岛，仅准许一家开发公司租赁使用，仅建设一家酒店，仅强调一种建筑风格及文化内涵，仅配有一套功能完备的休闲设施及后勤服务。这样，马尔代夫每个海岛都由一个独立的酒店经营商开发，整个马尔代夫的旅游景观都浓缩在一个度假岛屿与一个饭店所经营的休闲气氛里，一岛一饭店成了马尔代夫特有的旅游文化。③ 重视环境保护。马尔代夫政府很重视环境保护。首先，在海岛开发建设时坚持低层建筑、低密度开发、低容量利用以及高绿化率的“三低一高”的环保模式。马尔代夫政府规定，在岛屿开发的建筑面积不超过 2% 的情况下，政府予以批建；此外，所有建筑均必须离开海滩一定距离并建在植物带之内。其次，坚持对游客进行环境保护教育，要求游客必须参加酒店的“环境保护说明会”，遵守有关环境保护规定，保护生态环境，只允许游客在特别开辟的专门区域下海，不能踩、采珊瑚，不允许在近岸钓鱼等。第三，建立独立的自循环系统，禁止废弃物排入大海，坚持废水废物循环利用。如所有酒店都采用海水淡化设备取得淡水，使用后的废水必须集中处理；废水利用方面，从中提取的固体物质用做岛上植物的有机肥料，而处理后的清水循环用于灌溉及冲洗卫生间。④ 制定法律法规，对海岛环境资源保护、交通运输、旅游质量安全等做出明确规定。

5）威尼斯的诗情画意

意大利东北部的威尼斯“因水而生，因水而美”。但是，水城威尼斯的迷人之处，不仅仅在于水，更在于古城独特的城市风光中散发出来的迷人风情。威尼斯大约建于 452 年，全城有 118 个岛屿、117 条运河以及 404 座大小不一的桥梁，所以，威尼斯又被冠有“百岛城”“水上都市”以及“桥城”等诸多美称。尤其是威尼斯的桥，造型千姿百态、风格迥异，有的如游龙，有的似飞虹，有的庄重，有的小巧。其中最著名的是“叹息桥”，传说被总督府判处死刑的犯人，在走向刑场时都必须经过这座密不透风的石桥。当罪犯从桥的这一端走向另一端时，想到前面就是生命的尽头，内心痛苦万分，便会不由自主发出沉重的叹息声，于是，便有了“叹息桥”的名字。坐在威尼斯具有一千多年历史的月牙形“贡多拉”（一种水上交通工具）上，穿行在迷宫般纵横交错的水巷间，欣赏着两旁的水上建筑，感受着桥与水的交相辉映，让人几乎分不清是建筑在水上，还是水围绕建筑而流。除了城市风光之外，迷人风情也是威尼斯区别于其他滨海城市海洋文化的一大特点。首先是文学，从国外学者莎士比亚的《威尼斯商人》以及歌德的《意大利之旅》到我国学者朱自清的《威尼斯》，诸多文学著作都曾以大量的笔墨描写威尼斯的迷人风情。同时，威尼斯的穆拉诺岛是意大利最负盛名的玻璃制造地。来到穆拉诺岛，不但可以欣赏美丽的玻璃制品，还可以到穆拉诺玻璃博物馆逛逛。博物馆内收藏了从古至今不同年代的玻璃工艺品，各式吊灯、花瓶以及项链、耳环等装饰品，讲述了穆拉诺岛辉煌的玻璃制造历史。

6）英国海洋音乐节

格拉斯顿伯里音乐节是世界上规模最大的音乐节之一，也是世界上规模最大的露天音乐节，举办于英国阿瓦隆岛，由农场主迈克尔·艾维斯与吉恩·艾维斯于1970年创办。在海岛上看音乐节别有一番风情，沙滩、热浪、比基尼加上音乐，能带给乐迷以更美好的体验。首届格拉斯顿伯里音乐节为期两天，仅有1500名到场歌迷，第二年急剧扩张到12000人，主办者开始销售少量门票，并以脚手架搭建起标志性的金字塔形舞台。20世纪70年代，格拉斯顿伯里音乐节的主题以嬉皮文化为主，进入80年代后，它涵盖了更广泛的文化内涵，规模也积聚膨胀起来。格拉斯顿伯里音乐节在90年代初期经历过短暂的混乱和暴力，但是50年的历史中，它始终呈现出一种积极、热情的状态，其独特的音乐氛围深得摇滚乐迷的喜爱。格拉斯顿伯里音乐节被称为“一生必去的音乐节”，号称比春运火车票还难抢。据统计，2009年有14万乐迷在宿营地搭建起密密麻麻的帐篷。在2017年6月22—25日的格拉斯顿伯里音乐节中，活动的官方技术通讯合作伙伴英国电信公司EE专门为这次音乐节投放了全球首批4G智能帐篷，旨在为假日粉丝们提供一个更舒适的露营体验。每年一到夏天，一场又一场的户外音乐节都会在大不列颠岛举办，与格拉斯顿伯里音乐节情况相似的海岛或者临海的音乐节还有怀特岛音乐节、利物浦音乐节、布里斯托音乐节等等。

4.1.3 国外海洋文化产业发展的启示

中国是一个海洋资源大国，也是海洋文化积累深厚的海洋文明古国，具有发展海洋文化产业的基础和条件。但在究竟能否把海洋文化产业化和怎样把海洋文化产业化这两个问题上，近代以来的中国落后了。直到改革开放后，海洋文化产业发展才逐步开始。而对大多数中国人来说，关注和熟知海洋文化产业还是近十几年的事情。通过分析国外海洋文化产业发展历程和现状，我们可以得到以下启示。

1）发展海洋文化产业大有前景

自20世纪初霍克海默和阿多诺在合著的《启蒙辩证法》中首次提出“文化产业”（英文为Culture Industry，可以译为文化工业，也可以译为文化产业）这一术语以来，文化产业对经济社会发展的促进作用越来越重要。日本著名的经济学家日下公人曾经预言道：“21世纪的经济学将势必由文化及产业两部分组成。”近年来美国、澳大利亚、日本、东南亚等国家和地区海洋文化产业发展产生的经济效应、社会效应和生态文明效应明确告诉人们：海洋文化产业确是一个大有可为、必有作为的产业。在当前中国全面深化改革、适应经济发展新常态，全面建设小康社会、建设海洋强国的阶段，各级政府和企业应该抓住机遇、用好政策、发现市场、看到前景，充分发挥好海洋文化产业对地方旅游业的提振作用、对传统产业转型的促进作用、对就业压力的缓解作用和对中国传统文化的宣传作用。

2）发展海洋文化产业要多方努力

作为文化产业在海洋资源开发利用方面的一种呈现，海洋文化产业是一个以海洋资源禀赋为基础和前提，以海洋文化为内核，以产业化运作思路为载体，覆盖面十分广泛，包含海洋文化旅游产业及海洋文化创意设计产业等，并涉及海洋文化资源发现、复制、传播、交流等多个链条的产业集群，其中哪一个环节中断都将影响全局。中国的海洋文化产业要想在短时间内取得大的成效，必须明确中央和地方各级领导机构职责，将全盘引领和明确分工相结合，将统筹规划和明确责任相结合，综合发挥行政的、市场的、社会的三重积极性，动员经济、文化、传媒等多个行业和部门综合发力，团结协作。例如，郝鹭捷等[①]通过统计和研究福建海洋文化产业的集聚水平，进一步指出，当前我国海洋文化产业的集群发展是海洋文化创意群体与政府、金融、高校三大机构及其中介组织综合作用的结果。

3）发展海洋文化产业要开阔思路

从国外的海洋文化产业发展来看，在强调内涵发展、注重生态保护的今天，海洋文化产业发展早已超出了基本的精神引领和文化传播层面，进入规范化、科学化的阶段。后发的中国海洋文化产业要想快速发展，迎头赶上，就必须开阔思路，锐意创新。[②]

第一，发展理念要新。注重生态保护、强调人海和谐、注重精神感受，这是现阶段人类文明发展的共同价值情怀，也应是中国海洋文化产业发展的理念。第二，发展思路要新。要深刻理解海洋文化产业内涵，除了妈祖等传统海洋文化元素外，滨海居住人们的生活习惯、风俗，现代海洋产业成就，滨海城市风光，各种涉海节庆会展、美食、文化作品、影视作品、艺术作品中体现的海洋诗情画意等也是海洋文化的重要组成部分，而这些均可充分利用以发展海洋文化产业。第三，发展方式要新。要把海洋文化产业与传统产业转型相结合、与滨海地区特色文化历史相结合、与人们的兴趣爱好、旅游期望相接轨。第四，发展手段要新。在现有开发、维护手段的基础上，电子化、

① 郝鹭捷，吕庆华．基于产业集群视角的福建海洋文化产业发展研究［J］．广东海洋大学学报，2015，35（5）：1-6.

② 戴桂林，郭越，王畅，等．新时代开放型海洋渔业体系构建与创新路径探讨［J］．中国国土资源经济，2019，32（8）：15-22.

信息化、法制化的方法都可以尝试使用。第五，看待发展海洋文化产业的发展前景要有新思路。不但要看到它产生的直接经济效应，更要看到它对解决就业问题、促进社会就业和提高国家文化软实力的积极促进作用。

4）发展海洋文化产业要凝练特色

在世界海洋文化产业发展谱系中，特色是一个国家和地区海洋文化产业的最显著标识，也是一个国家和地区海洋文化产业脱颖而出的决定要素。如美国的休闲渔业、夏威夷的节庆会展、欧洲地中海国家的休闲文化旅游、澳大利亚的海洋公园、东南亚国家的旖旎风光等，每一个国家和地区的海洋旅游产业都有其不替代的特色。在万千的海洋文化产业国家和地区中，中国海洋文化产业的特色是什么？是瑰丽多姿的海洋民俗文化？是独具特色的海洋工艺设计？是丰富多样的海洋节庆会展？还是在传统海洋产业转型中的创新？同样，各个地区的海洋文化产业也需要根据先天海洋文化资源禀赋、现阶段海洋文化产业发展空间、潜在海洋文化产业市场前景等明确定位。只有提炼特色，才能形成优势谈发展。

5）发展海洋文化产业要提高资源利用率

中国是一个海洋资源大国，也是一个历史悠久的文明古国。中国的海洋文化产业发展不仅要在悠久的海洋历史文化和丰富的海洋文化资源上做文章，更要注重资源的利用率，最大限度发挥中国海洋文化产业对国家文化软实力和经济发展的促进作用。在空间上延展海洋休闲文化旅游的范围，在近岸水域和沙滩的利用以及传统滨海旅游项目的开发问题、尚未完全开发旅游资源的利用问题上均要给予重视，以海钓、海滩、海岛等新项目的开发为重点，力争变资源优势为产业优势。另一方面，在注重发挥中国传统海洋文化资源的展示、观赏价值的同时，更要尝试运用文学的、影视的技术对中国传统海洋文化进行传播，既能满足民众日益增长的休闲需求，也能进一步提升中国文化软实力，带动中国海洋经济发展。

4.2 我国海洋文化产业发展模式分析

通过对我国海洋文化产业发展现状的梳理分析和国外海洋文化产业发展模式带来的一系列启示，我们不难得出一个非常重要的结论，即我国海洋文化产业发展过程中，其海洋文化属性作用较其产业属性相比是更为重要的因素。鉴于此，经过对学界的研究梳理和研究现状的综合论证，本书提出一个全新的发展模式概念，即以海洋文化为先导的“海洋文化＋”发展模式。这个模式的核心指导思想就是我国海洋文化产业的发展要坚持以海洋文化为先导，在这个核心思想指引下，不论任何地区、任何企业、任何时候在发展现有产业项目或者新上项目的规划论证，都应把海洋文化的先导性放在首位，把思想统一到如何更充分地发掘海洋文化的属性，以实现我国海洋文化产业的可持续发展上。因此，非常有必要在以海洋文化为先导的“海洋文化＋”发展模式的逻辑框架下，对我国海洋文化产业发展模式再进行一个全新维度的梳理论证。

对于文化产业，模式的真正意义是能够通过其构建，讨论总结得出一种科学的规律，并能最终获得良好的借鉴意义。文化产业的发展模式代表了某一特定地区在文化产业建设和发展方面的特定规律，这一特定地区文化产业发展模式能够为其他地区提供一定的有效参考和有益借鉴，这是我们探寻文化产业发展模式的重要意义之所在。在全球化大背景下，文化产业强国的打造在很大程度上取决于对文化产业发展模式特色以及共通性的实践探索和思辨认识。[①] 通过广泛查阅和参考文化产业发展模式方面的相关文献，根据我国沿海省区市的实际情况，可以大致总结归类出五种文化产业发展模式：需求导向模式、资源依托模式、相关产业带动型模式、政府政策导向模式、核心产业带动模式。以上五种模式皆是在全面分析部分地区之所以能够在文化产业发展方面获得成功的原因，以整理其主要依靠因素为依据而总结得出的。

4.2.1 “海洋文化＋”需求导向模式

该模式直接面向当地的市场需求，并将其作为文化产业发展方向起决定性作用的因素，并据此判断哪些应是当地重点发展的产业类型。该模式下，对本地文化资源的利用方式相对较为灵活，既可以直接从外地引进所需求的文化产品或服务，也可以充分挖掘、整合本地的优秀文化资源，大力发展本地特色文化产业，从而通过提供更好的文化产品与服务来满足市场需求。需要注意的是，该模式对本地文化需求方有严格的要求，即文化需求量务必要能满足该产业发展提出的相关需求。所以，一般情况下，规模较大的地区和城市比较适宜采用此种模式。

以我国福建省举例，作为沿海省份，地理位置方面，福建省连接了我国长江三角洲与珠江三角洲，拥有非常便捷的海陆空三大交通，既是我国大陆不可或缺的招商口岸，又以窗口与基地的角色助力实现我国与世界的良好交往。长江三角洲经济圈是迄今为止我国经济最为发达、率先跻身世界级城市群的地区，此处竞争区位优势极强，这极大地带动了福建省的经济发展；珠江三角洲被称为“全国侨乡”，此处自我国改革开放起就谱写了无数的美好

① 张立波．文化产业发展模式的特色与共通性辨正［J］．北京联合大学学报（人文社会科学版），2018，16（2）：68-73.

篇章。地理位置方面，闽台间只有一水之隔，二者之间的关系十分密切，所以，闽台两地在生活习惯以及思维方式等方面有众多相同与相似之处。

福建省是我国民间宗教信仰资源最为发达的地区之一，改革开放后，随着国家政策环境的宽松，宗教信仰自由政策的落实和东南沿海经济的快速发展，福建的民间宗教信仰迅速复兴，蛰伏多年的民间信仰如雨后春笋纷纷破土而出。[①] 相关研究指出，目前，福建省存在270个各级爱国宗教团体、3所宗教院校以及超过2万座的民间信仰活动场所。数据统计结果显示，该省有6072座经依法登记的宗教场所，其中，有14座宗教场所被列入首批全国重点寺院（汉族地区）。目前为止，与其他汉族地区相比，福建省不仅在佛教寺庙数量方面居多，而且在僧尼人数方面更是居于首位。素食行业是福建宗教文化极为推崇的一个行业，也是本地宗教文化产业的分支之一。此外，福建省还拥有本省独具特色的文物精品，如闽侯雪峰寺枯木庵树腹题刻、泉州开元寺内的“飞升乐伎”人身鸟脚。由于受到本地宗教文化的影响，福建省的戏曲、舞蹈等具有浓郁的闽文化特色。

地理位置方面，福建省与我国台湾隔海相望，独具地理优势，拥有得天独厚的海洋旅游文化资源。目前，福建有13个列属于国家级别的风景名胜旅游区，2个列属于国家级别的旅游度假区，4座列属于国家级别的历史文化名城，2个具有国家级别的历史文化名镇，3个具有国家级别的历史文化名村；此外，荣获5A级别与4A级别的旅游区共有31个，10个旅游区达到3A级别；有12处自然保护区和21个森林公园达到国家级别；有24个旅游景点被评为全国性的工农业旅游示范点；同时，福建三明的泰宁和泉州的崇武2个古镇均被誉为魅力名镇，永安（三明市的县级市）和历史古城泉州荣获中国魅力

① 俞黎媛．加强民间宗教信仰管理促进宗教文化生态平衡——以福建为考察中心［J］．世界宗教研究，2012，（2）：80-89.

城市；此外有全国重点文物保护单位 85 个，国家地质公园 8 家，世界自然和文化遗产 1 处，世界文化遗产 1 处，世界自然遗产 1 处，世界地质公园 2 家，以上数据均显示福建省具有丰富的文化资源。

福建省一直致力于完善武夷山“双世遗”，通过各种途径提升福建土楼、福州昙石山遗址湄州妈祖、泉州“海上丝绸之路”等旅游景点的文化魅力，突出它们的特色文化旅游产品，众多中外游者慕名而来。除此之外，福建省因地制宜建设独具当地特色的旅游区以吸引国内外旅客，通过推出一系列旅游线方案，满足旅客游览需求，极大地推动了当地文化旅游业的发展。目前，福建已经形成了鼓浪琴岛、昙石山文化、妈祖朝觐、古田会址、客家土楼等独具特色的十大旅游品牌，相关统计表明，其品牌影响力已远远超过先前的预估水平。

现代文化资源发展迅速。近几年，福建省的新闻出版、影视、广播、文娱演艺事业发展得很快，现代文化产业日益显露出生机和光芒。福建省 2018 年统计公告显示，至 2017 年末，全省共有国有艺术表演团体 70 个，公共图书馆 90 个，文化馆 97 个，博物馆 98 个，非国有博物馆 23 个。全省共有影院 278 个，银幕 1504 块，年度电影票房 18.75 亿元。共有广播电台 4 座，电视台 4 座，广播电视台 67 座，教育电视台 1 座；有线电视用户 726.74 万户，均为有线数字电视用户。全年出版图书 4376 种，总印数 1.07 亿册；报纸 45 种（不含校报、副版），总印数 9.06 亿份；期刊 176 种，总印数 0.30 亿册；音像电子出版物 4.9 万盒（张）。全省共有各级各类档案馆 114 个。以丰富的现代文化资源为基础，福建省大力建设独具特色的十强文化企业。福建是很多影视作品的拍摄点，在福建南靖土楼拍摄制作的青春爱情电影《云水谣》，以电影为背景，向全国人民展示了南靖土楼的独特魅力。在福建省的莆田市湄州岛进行取景和拍摄的大型神话电视剧《妈祖》，讲述了福建省与台湾省的妈祖文化，向全国人民展示了福建文化。同时，要充分利用高校文化资源，积极发挥高校文化产生文化产业化辐射与示范的作用，以此来促进文化产业的发展。

4.2.2 “海洋文化+”资源依托模式

“海洋文化+”资源依托模式以本地丰富的文化资源为基础，充分发挥、挖掘和利用已有本地文化资源的优势，积极对文化资源进行产业化经营。这一模式是当前国内外文化产业发展的主要模式，其核心在于：以市场为导向，以文化资源为依托，以现代企业为主体，将市场营销、资本运营等工业产品的生产经营手段，引入文化产品和服务的生产经营中，全方位、最大化开发和实现文化资源价值。

以大连市为例，得天独厚的地理位置为大连发展海洋文化产业创造了明显的区位优势。大连东南方向朝向黄海，南向与山东半岛隔海相望，西北濒临渤海，与日本、韩国、朝鲜和俄罗斯等国家隔海为邻，被称为我国东北地区外进内出的海上门户。作为天然良港，大连港深水阔、物产丰富，同时，广阔腹地内存在大量成体系的产业集群，这些要素成为大连发展海洋文化产业的天然优势。

大连三面环海，其在黄海与渤海相加的海岸线长达 2211 千米，管辖范围内海域面积达到 2.9 万余平方千米。该处拥有富饶的海洋生物资源，其中，沿海藻类生物超过 150 种，鲍鱼、紫海胆等海珍品也非常丰富。种类丰富繁多的资源要素为大连海洋文化产业的发展创造了前提条件。

大连是国内高等院校聚集度较高的城市之一。据统计，2019 年，当地共有普通高等院校 30 所，硕士点 504 个，博士点 150 个，博士后流动站 129 个，各类科研开发机构超过 200 个，科研机构超过 80 个，科技人员高达 45 万人，其中两院院士有 21 人，博士生导师和长江学者奖励基金特聘教授 607 人，国家重点学科带头人 130 人。体量巨大的人才储备及人才培养体系为大连海洋文化产业的发展提供了智力保障。

长期以来大连市持续处于改革开放前沿队伍当中，近年来，其经济发展速度非常迅猛，2019 年，地区生产总值增长超过 6.5%。研究制定加强国家海洋中心城市建设指导意见，大力发展海洋渔业、海洋交通运输业、海洋旅游业、海洋船舶业、海洋工程装备制造业现代海洋经济五大主导产业。高质量建设现代海洋牧场，叫响“大连海鲜”品牌，打造“蓝色粮仓”，推动大连市由海洋资源大市向海洋经济强市转变。本地城市功能得到进一步完善，其中，“三个中心”建设已经获得了重大进展，产业集聚势头非常强劲，全域城市化格局已经初步形成，整个社会和谐发展，人民生活水平稳步提高。该地经济社会的全面发展为大连市海洋文化产业的发展提供了坚实的经济基础与良好的社会基础。

包括海洋旅游文化、海洋节庆文化、海岛渔家文化以及海洋盐业文化等在内的大连海洋文化源远流长；大连市内，拥有丰富多彩的涉及海洋元素的节庆活动，例如非常著名的长海钓鱼节、北海渔民节等；近些年来，大连市内持续涌现出与海有关的文艺作品，充分展现了人们对于大海的热爱之情；此外，大连还拥有魅力独特的海食文化，该地的海味名菜达 600 余种，吸引众多游客慕名前往。绚丽多姿的海洋文化为大连市海洋文化产业的发展提供了不竭源泉。

大连市当地第十一次、第十二次党代会以及 2012 年以来政府相关工作报告均明确提出，要大力发展文化产业，使其逐步成为大连市经济发展的支柱产业，要深化文化精品工程，努力创作一批群众喜闻乐见的优秀文化作品。近些年来，辽宁沿海开发建设、改革开放逐渐上升成为国家层面的经济发展战略，2017 年 3 月 31 日，国务院印发中国（辽宁）自由贸易试验区总体方案。确定实施范围 119.89 平方千米，涵盖三个片区，其中大连片区 59.96 平方千米（含大连保税区 1.25 平方千米、大连出口加工区 2.95 平方千米、大连大窑湾保税港区 6.88 平方千米），战略定位为加快市场取向体制机制改革、积极推动结构调整，努力将自贸试验区建设成为提升东北老工业基地发展整体竞争力和对外开放水平的新引擎。大连市也乘势大力发展海洋经济，适时提出建设海洋文化名城的口号，努力建成高端产业集聚、投资贸易便利、金融服务完善、监管高效便捷、法治环境规范的高水平高标准自由贸易园区，引领东北地区转变经济发展方式、提高经济发展质量和水平，这都为大连市未来发展海洋文化产业提供了有利的推进契机和巨大的发展潜力。

4.2.3 “海洋文化＋”相关产业带动型模式

该模式是指以产业联系为纽带，通过其他相关产业的发展来拓宽核心文化产业的发展空间，同时带动核心文化产业的发展。此模式对地区的经济发展水平要求较严格，即与文化产业相关行业的发展水平必须能够带动该文化产业的发展，或者该地区或产业的文化内涵具有较高的市场影响力和号召力，极具产业化的潜力。

以三亚市的海洋文化产业发展为例，三亚市作为“一带一路”推进的重要节点，已明确要在政策支持下，重点推动海洋文化以及生态保护建设，将三亚市建设成为具有本地特色的海洋强市。计划到 2020 年，全市实现建成“两区”“三地”“四中心”的发展目标。其中，“两区”是指海洋生态文明示范区以及海洋综合管理改革创新试验区；“三地”是指海洋旅游胜地、海洋新兴产业基地以及南海资源开发服务基地；“四中心”是指邮轮游艇发展中心、海洋科教中心、海洋文化中心以及现代渔业中心。在这种背景下，三亚市在海洋文化产业方面要实现又好又快发展，需要努力处理好以下五方面关系。

一是海洋文化产业发展与旅游业发展的关系。在建设国际性热带滨海旅游精品城市的过程中，三亚要大力挖掘海洋文化内涵，发展海洋旅游业。逐步形成以休闲度假旅游为主导，游览观光和海洋专项旅游并存的多元化产品结构，进而打造闻名中外的海洋旅游品牌。要积极策划和推出具有本地特色的海洋文化旅游、海洋体育竞技旅游等系列海洋旅游产品。此外，加快发展海洋文化艺术、海洋科普教育等项目，形成热带滨海休闲度假、水上娱乐运动等旅游产品体系。通过大力发展旅游业带动本地海洋文化产业的发展。

二是海洋文化产业发展与本土特色文化的关系。三亚海洋文化不仅是当地人物质精神生活以及三亚文化风貌的集中体现，也是三亚人价值取向以及审美情趣的集中体现。正如古语所言，一方水土养育一方人，一方风土人情也能够造就地方特色的文化产业。如果三亚海洋文化产业要实现又好又快发展，必须注重充分挖掘本地独特的文化资源，突出本地的区域特点以及民族特色。只有做到以上几点，三亚海洋文化产业才能以其强大的生命力不断提高经济效益，进一步做大做强。

三是海洋文化产业发展与服务群众的关系。众所周知，文化是对生命的关怀，作为文化大家庭中的一员，海洋文化也充溢着浓郁的人文情怀。正因于此，海洋文化产业的发展要注意从大众的文化消费需求出发，坚持为群众的文化消费服务。努力实现优秀的海洋文化与城市文化产业之间的良好融合，进而为广大消费者提供更多满足其精神生活追求的文化产品。以国内部分滨海旅游城市的发展经验为依据，三亚市要加快开展科技馆、图书馆等在内的海洋文化公共基础设施方面的建设工作，充分发挥三亚学院等高校在本地文化艺术研究与传播中的作用，积极开展相关海洋知识普及教育工作，通过创作以海洋为主题的音乐、电影等文化作品促进本地海洋文化产业实现有好有快发展。

四是海洋文化产业发展与海洋生态文明保护的关系。发展海洋文化产业是一个漫长的过程中，我们要以清醒的头脑看待当前脆弱的生活环境，不但要注重对沿海古建筑历史遗迹的保护，同时也要注意保护海洋自然生态环境，致力于海洋生态环境的持续改善，合理开发利用海洋资源，大力发展蓝色经济。根据国务院印发的《生态文明体制改革总体方案》，各类用海用岛行为将被严格引导、控制和规范；围填海面积要实行约束性指标管理；要建立起自然岸线保有率控制制度；不断完善海洋渔业资源总量管理制度；严格执行休渔禁渔制度。通过海洋生态文明保护，提升海洋环境风险防控能力、完善海洋生态环境立体监测网络。引导相关企业积极参与海洋生态的修复与环境治理工作，建立海洋生态文明示范区等。

五是海洋文化产业发展与海洋知识普及的关系。充分发挥海南省内各大高校的积极作用，全力支持各大高校积极开展海洋知识相关竞赛，开设海洋文化公开课，全面提高全民保护海洋环境的意识，进而积极参与到海洋文化传播与建设相关工作当中，共同促进海洋文化产业的良好发展。目前，海南省教育厅已做出决定，在当地中小学开设具有独立性质的海洋意识教育地方课程，通过加强对当地大中小学生的海洋意识教育，增强学生亲近海洋、认识海洋和热爱海洋的思想情感。这是海洋文化建设的良好开端，也是发展海洋文化产业的良好起点。

三亚不仅具有优美的热带海洋风光而且拥有深具特色的海洋文化，深入开发海洋文化资源、逐步培育海洋文化产业，将有效促进三亚成为一座具有独特魅力的滨海旅游城市，成为21世纪海上丝绸之路的重要中转站，成为南海海洋文化名城以及国际文化交流基地。海洋强国战略、“一带一路”倡议和海南国际旅游岛建设战略，正在为三亚海洋文化产业创造前所未有的历史机遇和发展契机。

4.2.4 “海洋文化＋”政府政策导向模式

“海洋文化＋”政府政策导向模式具体包括“竞争＋政府保护”模式和政府政策推动模式。其中，“竞争＋政府保护”模式是指一方面借助政府相关法律法规，鼓励区域内文化产业、相关企业的自由竞争，同时支持文化产业、相关企业在区域外大力开拓新市场，另一方面通过干预性政策限制来保护本区域文化产业、相关企业和文化市场。政府政策推动模式是指，政府通过调整经济发展战略，通过出台相关政策大力支持文化产业的发展，帮助其在较短的时间内获得较大的发展。该模式比较适合文化产业处于起步阶段的地区。例如，为充分发挥本地海洋渔业优势，加快现代渔业与旅游业融合发展，山东省荣成市人民政府依托当地丰富的海洋文化资源，科学谋划，主动作为，鼓励引导企业抓住机遇、开拓思路、错位发展，全力发展电子商务、做活休闲渔业，全市入驻中国水产商务网的电商渔企达到20多家，创立了山东省首家省级休闲海钓示范基地——西霞口基地，通过快速推进休闲渔业基地建设，助推休闲渔业旅游实现跨越，加快现代渔业发展步伐，引导社会力量参与发展休闲渔业旅游，不断增强荣成旅游的吸引力和竞争力，目前已经取得了良好的效果，三产收入达到渔业收入的四分之一，并成为渔业经济的生力军。2014年8月30日，荣成市政府出台了《关于鼓励发展休闲渔业旅游的若干意见》（荣政发〔2014〕23号），并于2015年1月1日起正式实施。通过重点发展休闲海钓、海鲜美食、海洋科普教育等项目，致力于建立一批足以满足各类消费层次的休闲渔业旅游项目，争取新建休闲渔业示范基地10处、海钓基地10处、海上观光采摘园区10处、新增渔家乐500家，尽快实现成为山东第一“海上休闲乐园”、全国知名的休闲渔业旅游目的地的发展目标。荣成市政府大力实施相关优惠政策，其中，凡被认定为国家级休闲渔业示范基地，经验收合格后给予一次性30万元的奖励；利用“个人荣誉贷”等系列信贷产品，对休闲渔业旅游经营主体予以资金支持。在引导性强、带动力大的休闲渔业示范点经营主体方面，政府可通过融资平台提供担保、经营主体提供反担保的形式对其给予资金支持，同时给予贷款利率优惠。此外，将休闲渔业纳入现有渔业产业政策体系，在水产健康养殖、渔船改造等方面给予大力支持，支持近海适航渔船通过更新改造转向休闲渔业。休闲渔业经营主体销售自产的初级农产品免征增值税；休闲渔业经营主体从事农产品初加工所得，按有关政策减征或免征企业所得税。对于管理规范、发展带动作用强的休闲渔业企业，市政府在争取上级政策和资金等方面给予优先支持。发现套取政策的，认定为失信行为，在社会征信管理系统中予以记录，追回套取资金，承担相应法律责任。如果是相关部门把关不严的问题，则必须对其严肃问责。

2016 年，农业部办公厅公布的第四批全国休闲渔业示范基地名单中，山东省荣成市的河口“胶东渔村”休闲渔业示范基地、东楮岛休闲渔业示范基地、长青休闲渔业示范基地以及靖海湾休闲渔业示范基地榜上有名。自 2012 年农业部开展全国休闲渔业示范基地评定活动以来，到目前为止，山东省荣成市获批总数达 9 处，占山东省总数的 22%，位居全国县级市首位。在“海洋文化+”政府政策导向模式的引导下，山东省荣成市在休闲渔业发展方面已经走在了全国前列。

4.2.5 “海洋文化＋”核心产业带动模式

该模式将相关文化产品以及所拥有资源的产业经营作为产业发展的主导，借助产业联系以及相关文化带来的外部效应，积极促进相关产业的良好发展，大力延伸与此相关的文化产业链条，最终形成以周边文化为基石的强大产业群，进而有效促进文化与经济一体化发展愿景的实现。该模式主要包括以下三种方式：首先，通过文化产品以及资源的产业化经营积极促进与此相关产业的良好发展，进而有力延伸相关产业链条。其次，文化产业的发展极大地改善了与此相关的地区、城市形象及投资环境，极大地促进了相关地区在经济方面的良好发展。最后，借助文化品牌的力量积极带动其他相关产业的良好发展。需要注意的是，该模式要求存在一个核心的文化产业，或者存在一个比较强势的文化品牌，此外，为了带动相关产业实现良好快速发展，二者在产业关联度以及成长潜力方面必须足够强大。

以浙江省为例。2017 年 10 月，浙江省委、省政府发布了《关于加快把文化产业打造成为万亿级产业的意见》（以下简称《意见》）。《意见》指出，浙江将实施影视演艺产业发展计划等八大重点产业计划，从深化文化体制改革等六个方面强化产业发展支撑，从加强组织领导、健全工作机制等五个方面加强政策制度保障。这是浙江深入贯彻《国家“十三五”时期文化改革发展规划纲要》，贯彻落实浙江省第十四次党代会精神和全省文化产业发展大会精神，努力建设文化浙江、大力培育万亿级文化产业做出的重要部署。该《意见》在发展目标中明确提到，文化产业市场主体进一步壮大，形成一批主业突出、实力雄厚的龙头骨干文化企业和特色鲜明、集聚度较高的文化产业园区和街区；优势行业进一步巩固，新闻出版、广播影视、动漫游戏、数字文化、文化演艺、文化制造等行业在全国的领先地位更加突出；产业结构进一步优化，文化加快融入国民经济各行业各领域，在全省建成一批综合实力和示范带动力强的文化产业重点县（市、区）；现代文化市场体系进一步构建，市场在文化资源配置中的积极作用得到更好发挥，文化消费日益拓展；对外文化贸易规模进一步扩大，国际竞争力显著提升。到 2020 年，力争全省文化及相关特色产业总产出达到 1.6 万亿元，增加值近 5000 亿元，占 GDP 比重达 8% 以上，基本建成全国文化内容生产先导区、文化产业融合发展示范区和文化产业新业态引领区。

4.3 海洋文化产业发展模式的进展趋势

类似于其他文化产业集群，在发展模式方面，我国海洋文化产业集群的发展形态仍处在动态演绎过程中。由于仍处于刚开始不久的起步阶段，在聚合度方面，部分园区与基地的层次有待提高，二者之间尚未形成比较完备的区域创新网络以及政府服务体系等，此外，不同区域之间存在着比较突出的恶性以及无序竞争问题。所以，目前的关键就是创新区域联动机制，通过区域之间平衡发展推动不同产业间的空间集聚，最终形成适应时代发展的竞合关系。与此同时，积极创建与此相适应的虚拟创意产业园模式。

4.3.1 联盟式区域联动模式

该模式以区域联动发生机制以及在其基础上发挥的作用为依据，有效结合海洋文化产业集群的良好特性。其中，“行政区经济”是该模式区域联合的基础，一般而言，主要依靠行政外力来促进其发展。区域联动模式的理论来源是区域分工与协作理论。纵观国际贸易相关理论变迁过程，大卫·李嘉图等主张强调古典贸易理论，相反的，克鲁格曼则主张强调新贸易理论。这些理论被区域经济学家研究整理后应用于区域分工与协作的相关工作当中。具体应用方面，首先，所有城市均要大力发展比较优势产业，而相对落后的区域则需要承接相对发达地区的经济辐射以及对应的产业转移；其次，不同区域之间要密切合作，促进不同产业区块在关键投入要素方面实现友好共通互享，从而最终形成不同产业门类在资源、优势以及产品三者的良性互补。文化产业集聚及其空间溢出效应对区域创新能力有重要影响。我国长三角、京津冀的一体化发展进程表明，邻近区域可以在资源配置、人文交流等方面建成功能互补、相互支撑的创新发展共同体，并通过空间溢出效应推动创新成果在区域间传播、共享、转化，提升区域经济发展质量。①

① 郭新茹，顾江，陈天宇. 文化产业集聚、空间溢出与区域创新能力［J］. 江海学刊，2019（6）：77–83.

该模式下的区域联动存在两种具体形态。其一为带状形态，主要分布于沿海地区。这些海洋文化产业集群在地理位置上一般处于沿海的毗邻区域，而且是经济实力较强以及发展环境优越的城市，这些地方在自然和人文环境方面往往存在一定的相关性，能够将双方的优质资源加以整合，从而实现跨区域联合，充分发挥海洋文化产业的整体区位优势。例如，对于长三角都市圈而言，在地域空间方面，这是一个城市聚集区；在精神层面，这又是一个文化聚集区。该地区的县域经济和产业集群水平都比较发达，这为海洋文化产业的特色联盟式区域互动创造出了十分有利的条件，该区具有十分发达的交通运输网络，以此为基础，灵活运行构筑文化产品的共同研发平台等在内的多种联动策略，逐步实现提高该地文化产业带上整体凝聚力以及本地对外竞争力。比如，沪杭、宁杭和沪宁高速成轴线，形成江浙沪整片区域呈带状分布的海洋文化产业带，杭州、宁波等沿海城市不仅具有雄厚的经济基础而且还具备海洋文化产业发展的良好环境，这有利于形成具有极化效应的延伸带，进而通过相关产业的关联以及扩散效应，大大带动与此相关的周边地区在文化产业方面的发展，最终促使海洋文化产业集群的带状分布格局得以在长三角地区形成。

其二为由沿海地区或者区域发展中心地区向内陆地区或者区域发展边缘地区辐射的联盟发展模式，一般而言，一个区域的空间结构由其核心及周边的边缘地区形成，从而有利于相关产业以“飞雁式”的方式从核心区逐渐实现向周边地区顺次转移。当沿海地区在资源供给或产品需求条件方面有所变动时，海洋文化产业便会由沿海地区向内陆转移，这就是所谓的海洋文化产业的梯式联动。在该模式中，内陆圈层具有非常重要的作用，该圈层一方面为核心层提供相关资源要素供给以及产业配套体系，另一方面，该圈层已然成为其所属海洋集聚中心的市场支撑腹地。综合考虑，在沿海地区海洋文化产业与内陆地区的其他文化产业之间发生联合或援助性行动时，该模式是比较合适的选择。例如，我国江苏省以连云港的“山海”文化旅游产业带为主，与沿湖的淮安文化休闲产业带、沿长江的南京数字文化产业带联合打造了全国闻名的四大文化产业带，有效地促进了江苏省文化产业整体的良性发展；此外，学者谢安等[①]和赵燕华等[②]分别针对广东省和天津市都提出要充分利用和发挥区域优势及特点，大力塑造独具特色的海洋文化品牌，倾力打造海洋文化产业核心竞争优势。

4.3.2 虚拟文化产业园模式

处于成熟阶段的海洋文化产业一般具有以下几个特点：① 为了能够真正地吸引海洋文化创意人才以及经营管理等专才，创造相关人才集聚的适宜环境，在具体的人才发展方面给予十分的重视。② 能够与传统产业较好地结合，进而不断加强海洋文化对以往传统产业在相关方面的渗透、转换以及提升能力，积极将创新思维应用于以往传统产品的设计上，提高其经济附加值，同时也要注意强调海洋有形产品的生产。③ 积极融合现代科学技术，促使海洋文化产品逐渐成为具有个性化、艺术化等特点的集成式创新产物。④ 在海洋文化产业组织方面呈现出集聚型集群化的形态，而海洋文化企业组织方面呈现出小型化、个体化以及灵活化的鲜明特点，且大多依托现代先进的大数据网络，企业的经营管理呈现出知识化、信息化、网络化的特点。

对于海洋文化产业园区而言，虚拟海洋文化创意园区是其未来发展的高级形态，是虚拟经济大背景下海洋文化产业园区的适应性产物。此创意园区以实体的海洋创意产业园区为依托，建造用于交换和文化传播的数字化网上

① 谢安，邹瑜静．广东海洋强省发展战略背景下发展海洋文化产业的思考与对策建议［J］．中国集体经济，2016（18）：109-111.

② 赵燕华，李文忠，申光龙．天津：海洋文化产业战略体系构建［J］．开放导报，2016（2）：33-37.

市场和网上交易平台，具有方便快捷的特点。构建的“虚拟海洋文化产业园区”或“海洋文化创意信息数字交易港”，具有无界域国际化的优点，破除了实体经济对时间和空间的限制，且因交易可瞬息完成，也提高了资源再配置的效率。在现实生活中，部分集群空间组织可能会陷入无序排列，但是，在虚拟海洋文化创意产业园区内，集群组织之间存在完整、明确且有序的产业链分工，他们之间的生产与协作关系科学合理、高效有序，这将是海洋文化产业园区未来发展的全新模式。

4.4 我国海洋文化产业发展模式存在的问题

4.4.1 海洋文化产业发展文化先导力薄弱

具有先导作用的文化及其内在蕴含的强大精神智慧造就了人类文明的不断发展和进步，然而随着新的知识经济的到来，社会经济活动日渐繁荣，给人类带来丰厚物质成果的同时，却慢慢造成了现代文明的失衡，产生了种种的时代病症，相当一部分人的头脑充斥着赤裸裸的金钱观，唯有充分发挥文化的先导作用，才能使我们的精神从物质的种种羁绊中得到解放，回归到本应该有的那份纯真和美好。文化在经济发展领域先导力偏弱的现状同样不可避免地出现在海洋文化产业发展当中，海洋文化不仅没有发挥出其应有的先导作用，而且还不时起到反作用，在一定程度上阻碍了海洋文化产业的发展。文化先导力的薄弱在一定程度上严重制约了海洋文化产业的发展，海洋文化产业的发展亟须强大的海洋文化作为先导。

4.4.2 海洋文化产业主体偏弱

海洋文化产业主体呈现弱态。目前我国在海洋文化产业方面经营的企业主要是以中小型企业为主，而专业从事海洋文化产业运营的大型企业少之又少。企业大多是以其他产业运营为主，海洋文化产业为辅，总体竞争力偏弱，经济效益与集约化程度并不高。由于受短期利益的驱动，企业缺少长期规划，欠缺对地域文化、海洋文化内涵等方面的综合性研究，导致当前海洋文化产品结构相对单一，集知识与娱乐一体、体验和参与共存的多元产业名优精品缺乏的状况。同时，海洋文化产业企业发展中创新能力缺失的问题广泛存在，科技含量低，有效的创新激励机制也尚不完善。很多优质的海洋文化资源得不到全面有效的开发利用，还处于浪费、闲置状态，这在一定程度上阻碍了海洋文化产业的更好发展。

4.4.3 海洋文化产业发展结构与布局不合理

区域经济呈现不均衡发展。以广东省为例，虽然广东省文化产业的发展势头迅猛，但是区域经济的发展较为不均衡，经济产业的结构布局不合理。从区域布局来看，广东省的文化产业布局以广州、深圳为核心，集中于珠江三角洲区域。而粤西、粤东和粤北区域的文化产业，因区域布局严重失衡，其产值相对较低，发展水平也较为落后。据统计，珠三角地区总面积仅占广东省土地面积的23%，但是与文化相关的企业数量却达到全省总数的73.2%，而粤西仅占6%，粤东也只占14.5%，粤北山区约6.3%。珠三角还是第一批国家级电子信息产业基地，全省大约94%的高新技术产品产值为其所出，因此很难形成功能互补、各具特色、协调发展的区域性产业发展格局。

4.4.4 海洋文化产业发展忽视民生民意

综合学术界的研究现状，研究主题大都是着眼于如何发展壮大、如何推动繁荣海洋文化产业，以如何开拓、创新、突破、提升等关键词作为出发点去思考研究，或在海洋文化产业发展遇到瓶颈时如何解决问题等方面下功夫，却极少关注到海洋文化产业发展过程中的民生民意问题。政府在对文化产业资金投入进行预算时，更多讲求产出和回报，更多关注 GDP 同比或环比增加了多少、拉动了多少相关产业发展等。对于沿海居民实际人均收入的增长、生活水平的提升、幸福感的提高，以及促进了多少沿海居民就业都关注甚少。更有甚者，有些地方政府不顾及沿海居民的民意，对海洋文化产业项目缺乏统筹规划和长远规划，存在一定程度的盲目冲动性，一味跟风，一哄而上，盲目发展，对海洋资源过度开发和利用，有的强征当地村民海产养殖场，有的为争夺名人故里大肆仿造重造，既违背了海洋文化产业发展规律，又脱离实际，没有做到充分尊重民意，造成了不良影响。所以，各沿海城市要依据自身特点，合理调整投入要素的比例关系，提升要素质量，实现城市效率的整体提升。[①]

4.4.5 海洋文化产业人才缺乏

文化产业既是资金密集型产业，也是知识密集型产业。文化产业的发展在一定程度上是建立在人们的创造力和创新意识上的，仅仅依靠经验积累已远不能适应产业发展的要求。就海洋文化产业而言，在其产品的策划、包装、营销等各个阶段都急需相关领域的专业人才，海洋文化产品的宣传、推广等也需要大量的专业管理人才。而当前我国海洋文化产业方面的经营管理人才

① 李福柱，付洪凯．中国沿海开放城市效率研究［J］．商业研究，2016（12）：80-87.

十分缺乏，从业人员的整体素质水平也不高，尤其缺少能融合文化资本运营、网络及多媒体文化服务、文化艺术商务代理等多个领域知识的优秀人才和文化与经营复合型人才，在相当程度上制约了海洋文化产业向新兴领域发展。①

海洋文化产业作为新兴的朝阳产业，对相关核心技术以及人才的需求非常大。海洋文化作为一门新兴的学科，在学科建设和人才培养方面仍处于起步阶段，广东海洋大学、中国海洋大学等海洋类相关院校中，对海洋文化系统了解和研究的专业人员较少，而且在这些专业人员之中同时又能胜任市场化、产业化经营的人更是少之又少。海洋文化产业中高科技、高层次的人才十分缺乏，这严重阻碍了海洋文化产业的健康快速发展。

4.4.6 海洋文化遗产保护尚不到位

当前，我国海洋物质文化遗产流失和破坏现象严重，海洋自然文化遗产受到环境污染的威胁，海洋非物质文化遗产存在被边缘化的趋势。在海洋经济发展中，严重依赖于大量消耗海洋资源的一次、二次产业已对海洋生态环境造成巨大压力，海洋资源和生态环境不堪重负已经日益凸显。为突破海洋经济发展的资源瓶颈，海洋文化产业将逐步成为重要的战略性支柱产业。健康、富有活力的海洋是海洋强国的标志之一，为了更好地建设海洋强国，我们需要以系统思维强抓海洋生态环境保护，进一步强化海洋生态红线管控，优化海洋空间开发与保护格局，坚持陆海统筹的空间规划方式，强化海洋污染联防联控，深入开展海洋生态整治修复。② 要充分利用好数字化技术为当代海洋文化遗产保护带来的变革，建立健全相关法律政策，做好海洋文化遗

① 朴京花. 基于文化资本理论的文化产业人才培养——对韩国经验的借鉴［J］. 山东大学学报（哲学社会科学版）2019，（6）：58-66.

② 丰爱平，刘建辉. 海洋生态保护修复的若干思考［J］. 中国土地，2019（2）：30-32.

产数据库的建构和管理工作，运用虚拟现实技术促进海洋文化资源产品化，切实将数字技术融入海洋文化遗产保护的实际行动之中，有效提升我国海洋文化遗产保护水平，延长海洋文化产品的生命周期。① 政府在制定环境规制政策提升海洋产业转型水平时，应充分考虑海洋技术创新水平对环境规制效果的影响。②

4.4.7 政府政策制约因素

1）体制障碍

产业化是文化产业发展的关键，是文化产业市场主体的增长活动，这需要建立与市场经济体制相适应的相关管理体制，而这与我国现行的管理体制之间存在一定的冲突。

一般而言，现行体制是根据计划体制演变而来的，文化资源是文化产业赖以发展的基础，当前条块分割的政府体制使得相关文化资源均处于部门化状况，如建设、园林、民政、接待办。近些年来，我国市场经济体系逐渐趋于完善，伴随着该体系的建立，相关政府部门的经济管理体制相应的发生变化，变化后的计划与市场双重经济管理体制不仅较好地保持了先前体制的绝大部分权力，而且获得了当前市场体制给予的相对充分的经济利益空间。所以，在文化产业的发展方面，部分行政管理部门在行使相关管理职能时依旧习惯采用直接的物权、财权、人事权形式，虽然部分文化管理部门早已建立了相关企业性或经营性事业组织，然而，实质上这些组织依旧是半政府、半事业性质的，这使得文化资源利益呈现单位化情况，具体表现为所有权、管

① 张胜冰，臧金英．基于数字化的海洋文化遗产保护体系的构建［J］．集美大学学报（哲社版），2017，20（1）：25-32.

② 孙康，付敏，刘峻峰．环境规制视角下中国海洋产业转型研究［J］．资源开发与市场，2018，34（9）：1290-1295.

理权和使用（经营）权的权限过于集中于部分部门，在这些文化资源方面，国家仅仅是抽象层次的业主，此外，大多数部门的权利是被相关法律认可与保护的。所以，在资源配置权方面，各级政府部门才是实际意义上的主宰者。

在我国，经过二十余年的体制改革后，大多数文化资源逐渐转化性质为经营性企事业单位。但是，文化产业的产业界定仍然处于尚不清晰的阶段，尚未形成健全的产业组织，大多数文化资源尚未实现产业化。大部分文化产业依旧是政府部门管辖范围内的国有性事业单位，海洋文化产业更是如此。尽管部分已经成立了公司，实际上其管理体制依旧是非市场化的事业性质，部分公司的主管人员并没有掌握文化市场运营在投资效益等方面的相关知识。所以，当前存在的现行体制在很多方面与海洋文化产业的创新改革发生冲突，对文化资源产业化和市场化提高造成障碍，最终在某种程度上阻碍了海洋文化产业的正常化发展。

2）制度障碍

近年来，政府购买服务成为政府普遍施行的一个工作做法，是指通过发挥市场机制作用，把政府直接提供的一部分公共服务事项以及政府履职所需服务事项，按照一定的方式和程序，交由具备条件的社会力量和事业单位承担，并由政府根据合同约定向其支付费用。其中存在明显的优点，但绝不能忽视其存在的缺点，这也是其中存在的制度障碍。

（1）政府购买公共服务的模式。

一是竞争性购买。该种形式的购买以可被完全界定的服务、可实施广泛的宣传和邀约、可做出客观的奖励决定以及客观的成本和绩效监控过程为前提。但是竞争式购买并不适用于人类服务、专业服务或研究与发展领域。

二是谈判模式。该模式适用于供应商较少的领域，能包容不确定性和复杂性。

三是合作模式。合作则是一种适用于资源缺乏、政府经验不足、高不确定性和复杂性条件下的政府购买模式。这种购买中往往只有一个供应商，合作基于相互信任，合同灵活可变，供应商与政府间关系平等。合作购买通常以前期通过竞争或谈判模式形成的购买关系为基础，它能够杜绝为获得合同而产生的机会主义，也能够发挥供应方的专业优势，能够实现政府与社会合作谋求长远利益的目的。比如政府购买居家养老服务。

（2）政府购买公共服务的优点。

第一，管理型政府向服务型政府转变。政府购买公共服务有利于政府转变职能，提高行政效率。计划经济时代倡导全能政府，政府对于社会事务事无巨细、大包大揽。但是在“小政府、大社会”的新公共管理思潮背景下，政府职能逐渐转变，在公共行政领域大胆放手，交由市场管理运营。政府购买服务，将政府从原来烦冗复杂的公共服务中解放出来，缓解了财政压力，便于政府腾出行政资源更好的实现其他行政职能，进而有利于提高政府的行政效率。

第二，专业的人做专业的事。由社会组织提供公共服务，也有利于提高公共服务质量。实践表明，政府和事业单位在提供公共服务的过程中，往往存在专业性不强、效率低下等问题。相比之下，社会组织特别是非营利组织“来自民间、扎根社区”，能够更敏感地回应来自民间和弱势群体的需求。非营利组织不仅具有民间性，而且具有专业性，能够保证其所提供服务的质量，从而更大限度地满足公众的需求。

（3）政府购买公共服务的缺点。

第一，供应商垄断与购买双方的投机行为。在政府购买公共服务中存在明显的供给方缺陷与需求方缺陷。其中，供给方缺陷包括政府购买的服务根本就没有预先存在的市场，政府的规定会在各种私人公司之间产生或增加服务需求；市场被一小股供应商把持并存在阻止新供应商进入的巨大障碍；市场会受到额外的成本和效益影响。需求方缺陷则包括政府无法独立明确定义其所购买服务的品质和数量，政府无法克服与供应商的信息不对称问题；政府内部的官僚政治转移了政府管理外包合同的精力。

第二，购买模式中存在风险。任何一种购买模式都内含着不同的风险。投机取巧与非法行为容易在竞争模式找到；政府主导谈判、内幕交易、购买程序不透明等问题则多发生在谈判模式中；而广受追捧的合作模式，尽管能够发挥供应方的优势，能够实现政府与社会组织的合作，但也隐含着由合同关系转化为依赖关系，甚至政府被供应商“俘获”的风险。

5 我国海洋文化产业发展模式选择的影响因素

沿海 11 省市海洋文化产业发展模式的形成和构建取决于影响产业发展的因素集，而作为复杂的动态系统，海洋文化产业的发展既受资源、资产、市场等有形因素影响，也被政策、环境、技术等无形因素牵制。为更全面、准确地分析我国沿海 11 省市海洋文化产业发展模式具体形成和构建情况，在此引入 Porter（1998）经典的“钻石模型”，对影响海洋文化产业发展模式的要素进行定性剖析与定量判断。在“钻石模型”中，直接决定产业发展模式选择的要素可分为资源要素、需求要素、企业要素、相关及支持产业要素（即产业链要素），同时辅以间接决定产业发展模式选择的政府要素和区域要素。其中，四种直接决定性要素是海洋文化产业竞争优势的关键来源，与非决定性要素交互影响着海洋文化产业发展模式的选择形成和构建升级，共同构成了海洋文化产业发展的竞争力体系，其相互作用关系如图 5-1 所示。由此，以该“钻石模型”为理论基础，对影响沿海 11 省市海洋文化产业发展模式选择的资源要素、需求要素、企业要素、产业链要素、政府要素、区域要素六个层面进行解析，全面探究当前沿海 11 省市海洋文化产业发展模式选择结果和构建水平，并助力其日后升级与重构。

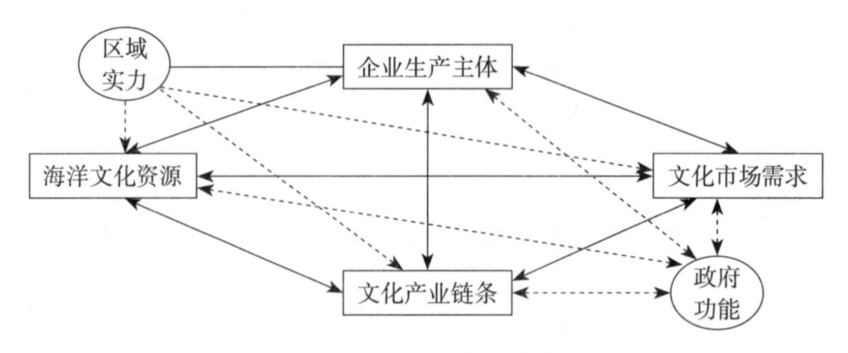

图 5-1 海洋文化产业发展模式影响因素的作用关系

5.1 海洋文化产业发展模式选择的影响因素初步构建

任何产业在发展模式确立过程中都受到内外部、多层次因素的影响，遵循“客观、科学、系统”的原则，在确定六个层面影响因素时，应尽可能满足以下要求：一是符合沿海 11 省市海洋文化产业发展的现实条件和当前特征；二是各影响因素之间既要具备一定逻辑关系，又需保持相对独立；三是多角度反映海洋文化产业发展模式选择的综合性和关联性。

5.1.1 海洋文化资源要素

海洋文化资源作为海洋文化产业发展的根基，对产业模式的选择起直接决定作用。我国作为海洋文化的发源地之一，拥有丰厚的海洋文化积淀，海洋文化资源无论在数量还是质量上都具较强影响力。沿海 11 省市海岸线长达 182340 千米，500 平方米以上的海岛多达 6536 个，管辖海洋国土面积 300 万平方千米，海岸地貌类型多样，沿岸自然和人文景观众多。拥有以琅琊台、古登州港、定海古城、湄洲妈祖祖庙、福州马尾船政文化遗址群等为代表的海洋历史文化资源；以毓璜顶庙会、海盐制作技艺、南海观音崇拜、湄洲妈祖信仰等为代表的海洋民俗文化资源；以刘公岛、厦门岛、胶州湾跨海大桥等为代表的海洋景观文化资源，以青岛蓝色硅谷、国家深海基地、舟山海洋科学城、珠海长隆海洋科学馆等为代表的海洋科技文化资源；以渔祖郎君爷传说、石岛渔家大鼓、日照满江红、舟山渔歌、舟山布袋木偶戏、渔民画海南黎族歌舞等为代表的海洋文艺资源，为海洋文化产业的强劲发展奠定了坚实的基础。依托于海洋人文遗产发展的海洋文化产业，其提供的海洋文化产品更多展现为有形的物质实体，而我国沿海地区特色的无形海洋文化则是当地居民们在长期生活实践中形成的渔业捕捞等海洋生产技艺、海神崇拜等海洋民俗资源、渔民画等海洋文艺资源。优质的海洋文化资源能够极大地提高沿海地区海洋文化产业的知名度和美誉度，而沿海地区海洋文化产业发展模式的恰当选择和构建又能够促进海洋文化资源的传承、交流与互动，扩大海洋文化本体的发展空间。随着人们对海洋文化认知的不断深化，需要继续深挖各类海洋文化资源，填充海洋文化产品种类与数量，提高海洋文化产品质量以满足日益升级的精神需求，通过对海洋文化资源进行精心策划和创新式开发利用，既能够使海洋文化产品体系得以丰富和完善，也能够为海洋文化产业发展模式的形成搭建起基本框架。

5.1.2 企业生产主体要素

企业是海洋文化产业发展的主体，其最终目的是为消费者创造价值，而价值创造的大小则取决于企业能否有效选择适宜的运营及管理模式，凸显其竞争优势。海洋文化产业整体发展模式的形成以企业拥有的资源、人才、资金、技术等特定要素为核心，依赖于企业紧紧围绕海洋文化资源进行相关产品或服务开发。海洋文化企业将依托于海洋文化资源的创意、构思附着于具体产品形态上，把精神创造转变为现实生产力，完成海洋文化产业经济与社会价值增值。具体来说，市场结构和市场绩效的改变是海洋文化企业基于特定发展模式而呈现的内在收获，海洋产业结构和增长方式的演进则是海洋文化企业基于特定发展模式而激发的外在表征。特定发展模式的选择来自于海洋文化企业直接追逐利益的行为，出于追求规模效应降低海洋文化产品生产成本的目的，或出于最大化利用海洋文化资源的目的，海洋文化企业会打破原有生产边界进行业务创新或重组，通过政府扶持、企业兼并、战略联盟、集团化、集群化、链条化等方式实现内部资源、人才、资金、技术等的快速重组和积累，来推动海洋文化产业的形成与发展。其中，企业所拥有的人才为产业发展模式的选择提供了关键支撑，尤其是市场主导模式、价值链延伸模式，对从业人员的产品创意能力、市场营销能力、服务能力、协调控制能力等提出了较高的要求；而资本作为海洋文化企业创业、产品研发、生产投入、规模扩大等重要环节的必备要素，亦是左右了发展模式的最终取向；企业所拥有的创新技术、生产技术、传播技术、网络技术等，也决定了其生产的海洋文化产品能否对消费者精神体验予以满足，继而决定其究竟选择以政府主导、资源依托为发展模式，还是以市场主导、价值链延伸为发展模式。

5.1.3 文化市场需求要素

海洋文化产业的发展空间是由消费者的内需潜力决定的，与发达国家相比，我国居民文化消费的巨大潜力尚未充分释放，海洋文化市场有着强大的后发优势。随着居民收入的持续提升、消费能力的显著增强，城乡居民的消费结构与层次不断升级，幸福生活的定义从舒适的物质品质开始转向愉悦的精神享受，于是时尚性、娱乐性与体验性成为海洋文化产品与服务设计的核心标准。展现为有形物质实体的海洋自然景观与体验感丰富的无形海洋文化通过提供可被游客亲身感知的海洋文化产品与服务，如海洋休闲渔业服务、海洋影视娱乐作品和海洋文化旅游产品等，来满足消费者对精神享受的多元需求。经过市场运作、市场营销、品牌培育、资本运营，海洋文化产品与服务由传播网络、销售渠道提供至消费者手中，促使原有文化产品销售模式和消费方式产生演替和升级。在消费侧需求的引导、拉动和刺激下，海洋文化企业将文化产品与服务进行创新组合，催生新型服务业，不仅让高层次的市场需求得到满足，提升市场的整体消费能力，而且可使区域性海洋文化产品或服务提升市场竞争力，构筑出更为完整、健全的海洋文化产业体系。海洋文化产业这一新业态的出现和不断完善，将引发传统文化业态在产品类型、经营模式或组织形式中至少一方面的创新，使得产业整体发展模式得到持续的更新、拓展或延伸，反过来又为市场主体选择产业发展模式提供了更多可能。

5.1.4 文化产业链条要素

产业链是同一产业或不同产业的企业，以产品为对象，以投入产出为纽带，以满足用户需求为目标，以价值增值为导向，依据特定的逻辑联系和时空布局形成的上下关联的、动态的链式中间组织[①]。海洋文化产业的产业链包含了海洋文化产品生产与交易两大过程，现阶段我国沿海地区海洋文化产业链的发展正处于规划起步阶段，源于市场需求，而对海洋文化资源进行探索式开发利用。以海洋文化产品的生产为逻辑，以海洋文化娱乐项目制作、海洋民俗庆典服务、海洋文艺演出、海洋文创设计等海洋文化产品生产企业为载体，催生了海洋文化旅游业、海洋文化影视业、海洋文化文娱演出业、海洋文化节庆与会展业、海洋文创业等新兴产业。可见，作为综合性服务体系，

①栗悦，马艺芳．产业链视角下的文化产业与旅游产业融合模型研究［J］．旅游纵览（下半月），2013（10）：16-20.

海洋文化产业整合了区域中的文化、娱乐、交通、商贸等多种功能，而能否将原本较为分散的、单一的生产要素逐渐整合，形成完整、统一且具备多元性能的产业链条，也影响了海洋文化产业发展模式的形成与构建。海洋文化要素流动、重组的速度加快，形成互补优势，有利于围绕区域中心构建更为完善的海洋文化服务体系，推动区域海洋文化消费市场的形成和产业聚集。基于恰当的集群带动或价值链延伸发展模式，沿海主要城市可作为海洋文化交流、海洋文化市场和海洋文化创意发展中心，与周边海洋文化资源相呼应，聚合周边生产型的海洋手工艺村镇、体验性海洋文化村镇、旅游观光型海洋文化景区，形成有层次的海洋文化空间格局，使得区域的海洋文化产业发展模式更为成熟、稳固。

5.1.5 地方政府功能要素

鉴于文化的意识形态属性，政府在海洋文化产业的形成发展过程中发挥着至关重要的作用。政府可通过制定政策、颁布法律、加大资金投入、推进基础设施建设、实施市场监管等手段对海洋文化产业进行引导、扶持和规范。政府主导打造的外部环境构成了海洋文化产业发展的支持力系统，首先，宏观政策与政府规制行为能够创设有利于海洋文化产业发展模式构筑的环境，通过降低准入门槛、打破行业壁垒、放松规制，使海洋文化与其他产业如渔业、建筑业、工艺美术业、旅游业等相互作用、彼此渗透、共同交融成为可能，为海洋文化产业发展模式的形成与拓展可提供外部支持；其次，财政金融政策、知识产权保护政策等的出台，以及文化配套基础设施的建设，为海洋文化产业发展模式的顺畅运行提供了制度保障和设施支撑；最后，政府通过对海洋文化市场主体的进入规制和对海洋文化产品与服务的价格规制，纠正市场失灵产生的失控与无序，关注于海洋文化产业发展带来的经济效益与社会影响，对其发展模式的演进可起到宏观调控作用。总之，基于政府为海洋文化产业发展搭建的良好平台，加速了产业模式的形成与演进。

5.1.6 所在区域实力要素

海洋文化产业的实质就是海洋文化的产业化，将有形与无形的海洋文化存在转化为具有市场价值和竞争力的海洋文化产品与服务。我国沿海地区对产业结构调整及传统产业现代化、创意化改造力度的加大，为海洋文化产业发展创造了契机。统计数据显示，文化产业体系的形成与区域经济实力呈正相关关系①，区域发展水平高，不仅可为海洋文化产业提供强劲的资金注入，而且其居民较强的文化消费能力也能助推海洋文化产业崛起乃至升级。而沿海 11 省市在 2018 年的 GDP 总和已增长至 521933 亿元，占全国半壁江山，加之沿海区域居于对外开放的前沿，目前已成为全国经济最发达、贸易最活跃、消费最超前的地区。同时，沿海区域一体化的“产学研”合作体系，也不断为海洋文化产业提供着技术研发、创意元素等支持，一方面降低了海洋文化企业研发、创新成本，另一方面形成了要素集成力量，共同影响着海洋文化产业发展模式的构建和运行。沿海各区域具有坚实的文化产业与海洋产业基础，有着极强的要素吸聚作用，通过共享实时信息资源、人才资源、技术资源、资金资源，把单独的海洋文化产业各生产环节的企业聚集在一起，提升产业规模和整体层次，可创造出更多的经济利润和社会价值，增强海洋文化产业发展模式的运作空间及运行实力，成为产业模式形成与发展的又一外部支持力。从具体人才数量、技术专利数量、资金数量等来看，沿海 11 省市已吸引了全国 60%~70% 的上述要素，均为海洋文化产业发展模式的成熟奠定了坚实的基础。

①魏和清，李燕辉，肖惠妩．我国文化产业综合发展实力的空间统计分析［J］．统计与决策，2017（15）：85-89.

5.2 海洋文化产业发展模式选择的影响因素因子检验

基于 5.1 对影响海洋文化产业发展模式选择的诸因素进行定性论断，按照各因素可量化水平及其数据可获得性，构建反映海洋文化产业发展模式影响因子的指标体系，并运用因子分析模型在信度、效度检验的基础上，重新对各影响因子进行排序、重组。

5.2.1 指标选择及数据来源

在借鉴相关学者产业发展影响因子指标选取和实证模型构建的基础上，基于 5.1 中对海洋文化资源要素、企业生产主体要素、文化市场需求要素、文化产业链条要素、地方政府功能要素、所在区域实力要素的分析，筛选出海洋文化产业发展模式的影响因子指标 22 项，为确保原始数据的连续性，各指标原始数据时间跨度为 2013~2018 年，主要来自于《中国文化及相关产业统计年鉴》《中国统计年鉴》《中国文化文物统计年鉴》《中国海洋统计年鉴》和各省市相关政府部门官网，部分定性指标采取了专家打分、群众调查的方式获得。各影响因子指标选取的原因说明如下。

1）海洋文化资源影响因子指标选取

海洋文化资源是海洋文化产业形成与发展的基本物质条件，对海洋文化产业模式的选择也起到基础性作用，参考多位学者对文化资源、旅游资源的测评依据，选择海洋文化资源数量、质量、知名度与濒危度作为海洋文化资源影响因子的衡量指标。其中，海洋文化资源数量主要以单位土地面积上所拥有的海洋类 A 级以上景区、文物保护单位和省级以上非物质文化遗产数量来指代；海洋文化资源质量则是以学者们通常较为关注的审美价值、艺术价值、文化价值[①]、历史价值、科学价值等[②]对沿海11省市所拥有的海洋文化资源的整体品相进行判断，以10位专家综合打分取平均值的方式获取；海洋文化资源的知名度则是针对沿海11省市居民开展“关于海洋文化资源”的问卷调查得知，以被调查受众中知晓本省典型海洋文化资源的人数比重作为表征；海洋文化资源的濒危度是请专家根据各沿海省市海洋文化资源整体的可持续存在及其发展能力进行打分得知，有濒临消失危险的得分高，故此指标为反向指标。

2）企业生产主体影响因子指标选取

企业生产主体是海洋文化产业经营的载体，其自身属性决定了海洋文化产业发展模式的选择，并可以通过完善产业链系统，实现各类生产要素组合及与其他企业的战略性有机协同，这里用生产主体数量、生产主体规模、从业人员数量、劳动生产效率、创意研发水平共同作为企业生产主体影响因子的测评指标。由于沿海11省市从事海洋文化产品开发或销售的文化企业尚不可统计，加之普通文化企业规模基本能够代表广大海洋文化产业经营者的实际情况，故以文化企业生产主体的指标指代海洋文化企业生产主体情况，且大部分指标为经过单位面积或单位企业处理后的相对指标，能够反映出海洋文化企业生产主体的相对密度、规模、生产效率、创意研发投入的一般水平。

3）文化市场需求影响因子指标选取

文化市场消费需求主要指城乡居民对海洋文化产品与服务的消费意愿与实际支出。通常而言，城镇居民对文化产品的消费水平更高，因此，首先需

①张金磊．文化资源价值评估体系构建探讨［J］．长江大学学报（社会科学版），2013，36（11）：195-196.

②郑乐丹．非物质文化遗产资源价值评价指标体系构建研究［J］．文化遗产，2010，（1）：6-10.

评判沿海 11 省市的城市化水平；其次用城乡居民人均可支配收入衡量其对海洋文化产品与服务的消费潜能；最后用城乡居民人均文化娱乐消费支出占消费总支出之比来判断当前各省市海洋文化市场需求的整体规模。

4）文化产业链条影响因子指标选取

在大量相关产业集聚下所形成的产业链系统是海洋文化产业发展的重要条件，也是其产业实力和发展模式的关键表征，这里选择文化产业实力、文化产业区位熵、产业链条关联度等相对指标，来反映文化产业链条影响因子的整体情况。其中，文化产业实力采用沿海 11 省市文化产业营业收入占 GDP 比重表征；文化产业区位熵通常被视为经济区位条件的关键指标，某区域具备经济区位优势，则较易形成海洋文化产业与相关产业及其生产要素的集聚，海洋文化产业链条发展也较完善[①]，具体计算如公式 5–1 所示；产业链条关联度主要指海洋文化产业发展对其他相关产业的推拉力作用，关联度越高，形成更广范围的海洋文化产业链条网络也更容易，这里基于文化产业与金融保险业、建筑业、信息产业、工业、教育业 5 类日常经营十分相关的产业营业收入灰色关联度来测评，具体计算如公式 5–2 所示。

$$LF=(Z_{ij}/Z_i)/(Z_j/Z) \tag{5-1}$$

式（5–1）中，j 表示文化产业，i 表示沿海第 i 个省市；Z_{ij} 表示沿海第 i 个省市文化产业的营业收入；Z_i 表示沿海第 i 个省市的 GDP 总值；Z_j 表示沿海 11 省市文化产业总营业收入；Z 表示沿海 11 省市 GDP 总值。

$$RI_{ki}=\frac{min_k min_i|Y_{ko}-Y_{ki}|+\rho max_k max_i|Y_{ko}-Y_{ki}|}{|Y_{ko}-Y_{ki}|+\rho max_k max_i|Y_{ko}-Y_{ki}|} \tag{5-2}$$

式（5–2）中，RI_{ki} 表示文化产业与 5 类产业的产业链条关联度，Y_{ki} 表示

①Collins Teye, Michael G.H. Bell, Michiel C.J. Bliemer, Entropy maximising facility location model for port city intermodal terminals［J］, Transportation Research Part E: Logistics and Transportation Review, Volume 100, 2017：1–16.

第 k 年沿海第 i 个省市文化产业的营业收入，而 Y_{ko} 表示第 k 年沿海第 i 个省市金融保险业、建筑业、信息产业、工业、教育业 5 类产业的总营业收入；ρ 为分辨系数，取值 $\rho=0.5$。

5）地方政府功能影响因子指标选取

地方政府对海洋文化产业发展模式选择的作用，一是提供包括文化政策在内的扶持措施，促进海洋文化产业的快速成长，甚至形成政府主导型海洋文化产业发展模式，可以沿海 11 省市人均公共文化预算支出为指标进行政策支持力度的衡量；二是投入直接的财政经费支持，尤其以海洋文化事业为重点进行投资，通过重大项目引领，带动海洋文化事业和产业的连片发展，这里以文化事业费占公共财政支出的比重予以反映；三是建设文化基础设施，包括图书馆、展览馆、艺术馆、博物馆、文化站点等[①]，为海洋文化产业发展模式的选择奠定物质基础和文教空间，可采用单位土地面积文化事业实际完成基建投资额来衡量。

6）所在区域实力影响因子指标选取

所在区域实力是海洋文化产业形成与发展的基本环境条件，能做左右海洋文化产业发展的速度和可达到的水准，且在一定程度上反映海洋文化产业可持续运营的能力，具体体现为经济、科技、人力等各类要素对海洋文化产业的支持行为。这里选用区域经济基础、科学技术条件、创新创意能力、文化人才储备等指标来综合反映区域实力这一影响因子。其中，区域经济基础以沿海 11 省市人均国内生产总值为表征；采用单位面积内海洋科研机构数量反映所在区域的科学技术条件；基于文化及相关产业专利授权总数进行所在区域创新创意能力的考量；所在区域文化人才储备情况，则用每十万居民所拥有的在校生数来衡量。

① 王斌，程静薇．我国数字出版产业的发展潜力研究［J］．经济研究参考，2014（10）：89–97.

表 5–1　海洋文化产业发展模式选择的影响因子指标说明及其数据来源

影响层	影响因子	因子说明	单位	数据来源
海洋文化资源	海洋文化资源数量	单位面积上海洋类A级景区、文物保护单位和省级以上非物质文化遗产数量	个/万平方千米	各省市相关政府部门公布名录、《中国文化文物统计年鉴》
	海洋文化资源质量	海洋文化资源在审美、体验、教育等方面的综合价值	–	专家打分
	海洋文化资源知名度	被调查居民中，知晓居民占全部被调查居民的百分比	%	群众调查
	海洋文化资源濒危度	可持续存在及被传承发展的程度	–	专家打分
文化企业生产主体	生产主体数量	单位面积上文化企业数量	家/平方千米	《中国文化及相关产业统计年鉴》
	生产主体规模	文化企业平均资产占有量	万元/家	《中国文化及相关产业统计年鉴》
	从业人员数量	文化企业平均从业人数拥有量	人/家	《中国文化及相关产业统计年鉴》
	劳动生产效率	从业人员人均营业收入创造额	万元/人	《中国文化及相关产业统计年鉴》
	创意研发水平	规模以上文化企业平均R&D内部活动经费支出	万元/家	《中国文化及相关产业统计年鉴》
文化市场需求	文化市场规模	城镇人口占总人口比重	%	《中国统计年鉴》
	居民收入水平	城乡居民人均可支配收入	万元/人	《中国统计年鉴》
	居民文化消费支出比重	城乡居民文化娱乐消费人均支出占总消费人均支出之比	%	《中国文化及相关产业统计年鉴》《中国统计年鉴》

（续表）

影响层	影响因子	因子说明	单位	数据来源
文化产业链条	文化产业实力	区域文化产业收入占GDP比重	%	《中国文化及相关产业统计年鉴》《中国统计年鉴》
	文化产业区位熵	区域文化产业收入占比与GDP占比之比	–	《中国文化及相关产业统计年鉴》《中国统计年鉴》
	产业链条关联度	文化产业营业收入与工业、建筑业、金融保险业、信息产业以及教育业五类产业营业收入的灰色关联度	–	《中国文化及相关产业统计年鉴》《中国统计年鉴》
地方政府功能	政策支持力度	人均公共文化预算支出	万元/人	《中国文化及相关产业统计年鉴》《中国统计年鉴》
	财政投入水平	文化事业费占公共财政支出的比重	%	《中国文化文物统计年鉴》
	基础设施建设水平	单位面积文化事业实际完成基建投资额	万元/平方千米	《中国文化文物统计年鉴》
所在区域实力	区域经济基础	人均国内生产总值	万元/人	《中国统计年鉴》
	科学技术条件	单位面积内海洋科研机构数	个/万平方千米	《中国海洋统计年鉴》
	创新创意能力	文化及相关产业专利授权总数	件/年	《中国文化及相关产业统计年鉴》
	文化人才储备	每十万人在校生数	–	《中国统计年鉴》

5.2.2 样本数据的信度与效度检验

面板数据也被称为混合数据或时间序列界面数据，是基于截面空间、时间序列、分类指标所构成的三维数据[①]。由于海洋文化产业发展模式选择的影响因子原始数据存在不同单位，为消除量纲不同对测评结果产生的影响，依据公式 5–3 进行正向指标和反向指标的标准化处理。

$$X=\begin{cases}\dfrac{x_i}{x_{max}}, & x_i \text{ 为正向指标}\\[2ex] \dfrac{x_{min}}{x_i}, & x_i \text{ 为负向指标}\end{cases} \tag{5-3}$$

使用 SPSS24.0 对 2013 ~ 2018 年沿海 11 省市 22 项指标的原始数据进行标准化处理，并使用克隆巴赫 Alpha 值作为检验各影响因子数据信度的标准，以衡量其能否可靠地反映同一个问题，结果如表 5–2 所示，克隆巴赫 Alpha 为 0.945，十分理想，表明 22 项指标在沿海 11 省市历年的原始数据通过了信度检验。鉴于本章的影响因素分析和指标体系设计参考了大量学者的逻辑推理和数据验证，并与数位专家进行了沟通、修正，在一定程度上能够反映海洋文化产业发展模式选择的影响因素作用机理，故取得了较好的指标数据效度。

表 5–2　样本数据信度检验结果

可靠性统计	
克隆巴赫 Alpha	项数
.945	22

为验证所构建的影响因子各指标变量使用因子分析模型的有效性，采用常规 KMO 和巴特利特球形指数进行相关系数矩阵和效度检验，若巴特利特球形检验 P 值小于 0.05、KMO 值接近于 1，则表明各指标所构成的面板数据

① 刘耀彬．计量经济模型与统计软件应用［M］．北京：科学出版社，2014：49–50.

能够进行因子分析。根据表 5-3 所示，2013 ~ 2018 年沿海 11 省市海洋文化产业发展模式影响因子的 22 项指标巴特利特球形检验 P 值为 0，KMO 值为 0.71，大于 0.5，表明其通过了双重效度检验，适合采用因子分析模型对该指标体系进行进一步处理。

表 5-3 样本数据效度检验结果

KMO 和巴特利特检验		
KMO 取样适切性量数		.710
巴特利特球形度检验	近似卡方	2611.452
	自由度	231
	显著性	.000

5.2.3 因子分析过程与结果

因子分析源于医学领域，是探寻潜在支配因素的一种科学计算模型，能够用较少具有支配性质的公因子变量描述出较多变量之间的相互关系，从而划分出的同组变量即成分内部相关性较高，而不同组变量间即成分与成分之前相关性较低。使用因子分析，可以更为客观地揭示影响因子指标体系中，单独某个指标对海洋文化产业发展模式选择的影响力度，并使相关性较高的指标合并为公因子（成分），从而简化指标结构，更为凝练地概括出不同地区影响海洋文化产业发展模式选择因素的综合评价值。

将 2013 ~ 2018 年沿海 11 省市 22 项影响因子的评价指标原始值所构成的面板数据录入 SPSS 中得到相关矩阵的特征值及其方差贡献，详见表 5-4。可知，因子分析模型共提取出 4 项主成分，该 4 项主成分能够涵盖 83.78% 的原始数据信息，说明提取出的几项因子能够刻画出原指标体系的大多数指标变量。

表 5-4　2013 ~ 2018 年沿海 11 省市影响因子相关矩阵特征值及其方差贡献

成分	初始特征值			提取载荷平方和			旋转载荷平方和		
	总计	方差百分比	累积 %	总计	方差百分比	累积 %	总计	方差百分比	累积 %
1	10.897	49.530	49.530	10.897	49.530	49.530	10.364	47.108	47.108
2	4.013	18.240	67.770	4.013	18.240	67.770	3.521	16.005	63.113
3	2.119	9.632	77.402	2.119	9.632	77.402	2.671	12.141	75.254
4	1.402	6.373	83.775	1.402	6.373	83.775	1.874	8.520	83.775
5	.907	4.123	87.898						
6	.743	3.379	91.277						
7	.466	2.120	93.396						
8	.347	1.577	94.973						
9	.338	1.538	96.511						
10	.231	1.049	97.560						
11	.173	.787	98.347						
12	.107	.487	98.834						
13	.079	.361	99.195						
14	.053	.239	99.434						
15	.033	.152	99.586						
16	.032	.147	99.733						
17	.026	.117	99.850						
18	.013	.061	99.911						
19	.009	.039	99.950						
20	.005	.022	99.972						
21	.004	.019	99.991						
22	.002	.009	100.000						
提取方法：主成分分析法。									

海洋文化产业发展模式选择影响因子指标体系第 i 项指标与第 j 个公因子（成分）之间的相关关系由因子载荷矩阵予以反映，关系值越大，则表明公因子提取的指标信息越大，两者关系越密切。同时，可以通过指标与公因子相关关系的密切程度，将相应的指标重新进行组合，对其共性进行探讨，继而依据公因子的主要指标构成，重新对公因子进行命名与界定，使其具有现实解释意义。基于“最大方差正交旋转”的方式，使不同公因子中载荷矩阵的相关关系值拉开距离，以更加明晰各指标对不同公因子的贡献度。旋转后的公因子载荷矩阵如表 5–5 所示，空间组件如图 5–2 所示。

表 5–5　2013 ~ 2018 年沿海 11 省市影响因子旋转后公因子载荷矩阵

指标体系	成分			
	1	2	3	4
海洋文化资源数量	.941	−.188	.096	.061
海洋文化资源质量	.094	.825	.494	−.051
海洋文化资源知名度	−.088	.901	.144	.156
海洋文化资源濒危度	.466	.856	.030	−.099
生产主体数量	.948	−.053	.108	.019
生产主体规模	.633	.231	.189	.582
从业人员数量	.018	.025	.902	.191
劳动生产效率	.928	.051	.183	.022
创意研发水平	−.020	.109	.026	.714
文化市场规模	.898	.004	.093	−.117
居民收入水平	.922	.196	.003	−.244
居民文化消费支出比重	.734	−.261	.395	−.266
文化产业实力	.783	.238	.524	−.145
文化产业区位熵	.783	.242	.520	−.146

（续表）

指标体系	成分			
	1	2	3	4
产业链条关联度	-.348	-.264	-.699	.466
政策支持力度	.857	.211	-.130	.228
财政投入水平	.481	.719	-.142	-.181
基础设施建设水平	.733	-.052	.078	.147
区域经济基础	.846	.123	.099	-.236
科学技术条件	.842	-.182	.049	.161
创新创意能力	.023	.404	.496	-.596
文化人才储备	-.781	.350	.033	.026

提取方法：主成分分析法。
旋转方法：凯撒正态化最大方差法。

a. 旋转在7次迭代后已收敛。

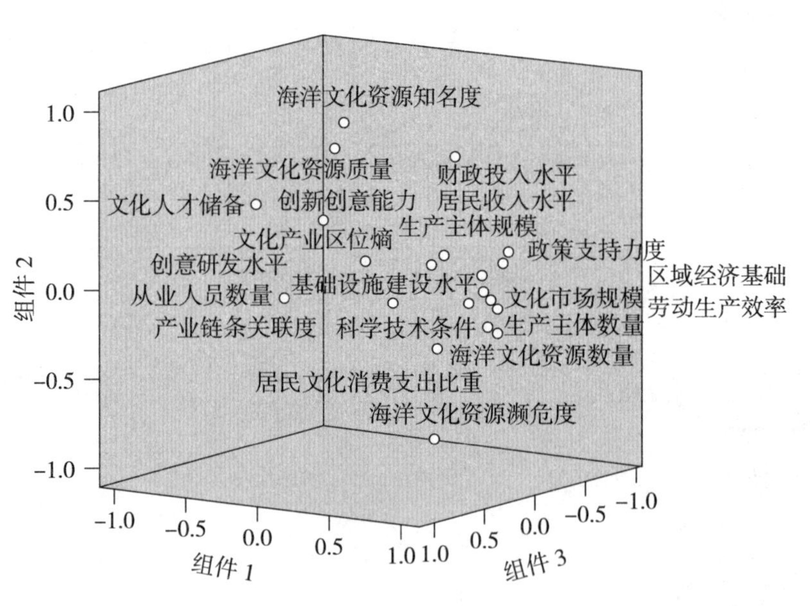

图 5-2 2013～2018 年沿海 11 省市影响因子旋转后公因子空间组件图

由表 5-5 可知，在初步构建的 22 项指标中提取出 4 项公因子，对新完成的 4 项公因子以其主要构成指标的贡献度重新进行命名，最终形成 4 项一级指标，22 项二级指标，如图 5-3 所示。最终 22 项影响因子指标分别被归为核心战略、战略资源、创意能力和价值网络 4 个层面，此种分类与 Hamel 在 2000 年提出的商业模式构成要素即核心战略、战略资源、创意界面、价值网络[①]相吻合，该 4 项公因子决定了海洋文化产业发展模式的方向，符合实践层面的基本认知。

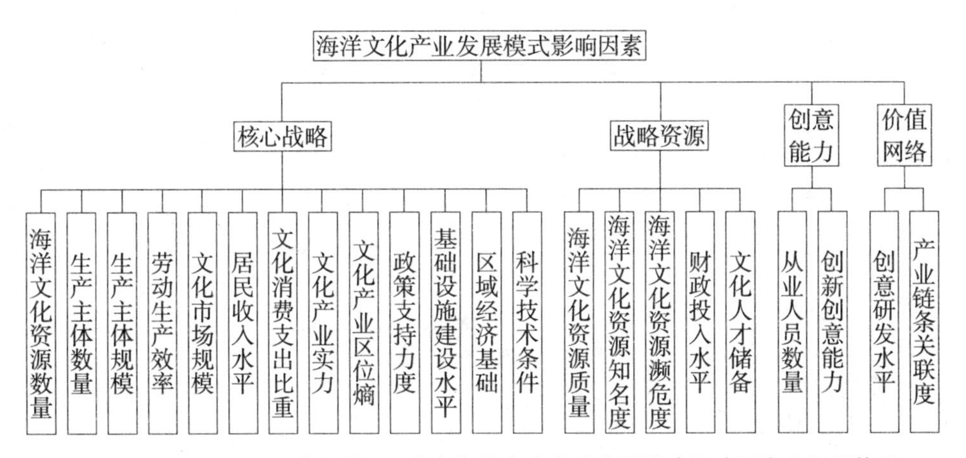

图 5-3 2013～2018 年沿海 11 省市海洋文化产业发展模式影响因素公因子体系

根据得分系数，提取的 4 项公因子分别用 22 项指标表示，表达式可记为：

$$A_{ik}=\sum_{j=1}^{n} W_j P_{ij} \tag{5-4}$$

$$S_i=\frac{\sum_{k=1}^{m} A_{ik} B_{ik}}{C_{ik}} \tag{5-5}$$

式 5-4 中，A_{ik} 表示沿海第 i 个省市海洋文化产业发展模式选择第 k 个公因子的影响评价值；W_j 为第 j 个指标的成分得分系数，具体如表 5-6 所示；P_{ij} 表示沿海第 i 个省市第 j 个影响因子指标标准化值。式 5-5 中，S_i 表示沿

①Hamel G. Leading the Revolution［M］. USA: Harvard Business School Press, 2000.

海第 i 个省市海洋文化产业发展模式选择所有影响因素综合评价值，B_{ik} 表示所提取公因子的权重，以方差贡献率所占比重为测算依据，C_{ik} 表示公因子总方差贡献率。

表 5-6　2013~2018 年沿海 11 省市影响因子旋转后各指标得分系数

指标体系	成分			
	1	2	3	4
海洋文化资源数量 C1	.094	−.056	−.003	.047
海洋文化资源质量 C2	−.019	.200	.131	.027
海洋文化资源知名度 C3	−.007	.265	−.017	.100
海洋文化资源濒危度 C4	.034	.268	.074	−.045
生产主体数量 C5	.097	−.014	−.021	.024
生产主体规模 C6	.058	.055	.087	.355
从业人员数量 C7	−.080	−.114	.489	.228
劳动生产效率 C8	.089	.009	.007	.034
创意研发水平 C9	−.004	.023	.095	.412
文化市场规模 C10	.094	.007	−.049	−.057
居民收入水平 C11	.108	.082	−.141	−.144
居民文化消费支出比重 C12	.043	−.120	.138	−.099
文化产业实力 C13	.046	.022	.150	−.018
文化产业区位熵 C14	.046	.024	.147	−.019
产业链条关联度 C15	.018	−.002	−.235	.178
政策支持力度 C16	.112	.099	−.144	.109
财政投入水平 C17	.081	.260	−.237	−.131
基础设施建设水平 C18	.075	−.015	.000	.093
区域经济基础 C19	.090	.044	−.073	−.125

（续表）

指标体系	成分			
	1	2	3	4
科学技术条件 C20	.087	−.050	−.006	.099
创新创意能力 C21	−.034	.069	.123	−.281
文化人才储备 C22	−.085	.093	.045	.018

提取方法：主成分分析法。
旋转方法：凯撒正态化最大方差法。
组件得分。

5.3 沿海 11 省市海洋文化产业发展模式选择的影响因素测度

沿海 11 省市地方政府均明确提出要挖掘特色海洋文化资源，发展海洋文化产业也已成为各省市产业结构升级的新战略动向与必然选择。根据当前海洋文化产业发展现状，沿海 11 省市基本完成了生产要素聚集，形成了初级水平的产业链条架设，但在产业发展模式选择的初期阶段会受到多重因素的影响，市场优胜劣汰的选拔机制也开始发挥作用。在相互作用、彼此渗透的各类市场、政府、技术、人才等因素的胶合作用下，沿海各省市海洋文化产业的发展模式逐步趋于明朗。这里将通过熵权 –TOPSIS 模型计算，更为清晰地揭示各影响要素的实际水平及其最终对各省市产业发展模式的导向，并进一步剖析当前沿海 11 省市海洋文化产业发展模式各影响要素的现实表现及其存在的问题。

5.3.1 熵权 -TOPSIS 综合计算结果分析

1）熵权权重计算

起源于热力学的“熵”的概念是一种无序分子运动紊乱程度的度量，而信息论中的“熵”进一步用来表达信息传输中“不确定性”的度量化。数据中所含信息量与熵呈反方向变化关系，熵越大，表明数据信息中的不确定性越大。熵权法作为一种基于指标变量的原始数据熵值计算指标权重的客观赋权法，能够对各项指标数据中所蕴含信息量的不确定性进行衡量，将其转化成标准数值，以赋予各项指标权重①。具体而言，不同年份不同省市之间指标数据存在显著差异，当某指标在各年各省市的原始数据相差较大时，表明该指标提供的有效信息量较大，熵值则较小，其对指标赋予的权重则越大；但当某指标在各年各省市的原始数据完全一致时，则该指标提供的信息量无效，权重为零，可以予以删除②。使用熵值法确定评价指标权重，有以下 4 个步骤。

首先，原始数据标准化处理。根据 2013~2018 年沿海 11 省市海洋文化产业发展模式选择影响因子指标的原始数据计算结果，设 22 项指标 6 年 11 省份的原始数据矩阵为 $X=(x_{ij})_{(22\times66)}$，对其进行无量纲化处理。设指标 I_i 的理想值为 x_i*，对于正向指标，x_i* 越大越好，记为 $x_{imax}*$；对于负向指标，x_i* 越小越好，记为 $x_{imin}*$，则 x_{ij}' 为 x_{ij} 对 x_i* 的接近度。

对正向指标，$x_{ij}'=x_{ij}/(x_{imax}*)$，$i=1, 2, \cdots, 22$；$j=1, 2, \cdots, 66$ （5–6）

对负向指标，$x_{ij}'=(x_{imin}*)/x_{ij}$，$i=1, 2, \cdots, 22$；$j=1, 2, \cdots, 66$ （5–7）

---

①陆添超，康凯．熵值法和层次分析法在权重确定中的应用［J］．电脑编程技巧与维护，2009，（22）：19–20.

②陆添超，康凯．熵值法和层次分析法在权重确定中的应用［J］．电脑编程技巧与维护，2009，（22）：19–20.

由此，原始数据的标准矩阵记为 $Y=\{y_{ij}\}_{(22\times 66)}$，则：

$$y_{ij}=(x_{ij}')/(\sum_{j=1}^{66}x_{ij}'),\ i=1,2,\cdots,22;j=1,2,\cdots,66,0\leqslant y_{ij}\leqslant 1 \quad (5-8)$$

其次，展开信息熵 e_i 测算。第 I_i 项指标的信息熵 e_i 计算公式为：

$$e_i=-K\sum_{j=1}^{66}y_{ij}ln(y_{ij}),\ i=1,2,\cdots,22;j=1,2,\cdots,66,0\leqslant e_i\leqslant 1 \quad (5-9)$$

$K=1/(ln66)$，（$K>0$，66 为样本数）

再次，进行信息效用值 d_i 计算。信息熵 e_i 可以用来度量第 I_i 项指标的信息效用值。信息非常不稳定时，$e_i=1$，则指标 I_i 的数据信息对整体测算的效用值为0。这里，取第 I_i 项指标的效用值 d_i 为该指标的信息熵 e_i 与1之间的差，有：

$$d_i=1-e_i,\ i=1,2,\cdots,22 \quad (5-10)$$

最后，赋予指标权重。采用熵值法对海洋文化产业发展模式选择影响因子的指标权重进行估算，其本质是通过该指标数据的信息量来计算，信息量越高，对发展模式选择结果的贡献也就越大，指标权重也就越大。第 I_i 项指标权重的熵值法计算为：

$$v_i=d_i/(\sum_{i=1}^{22}d_i),\ i=1,2,\cdots,22 \quad (5-11)$$

对 22 项影响因子指标权重 v_i（i=1，2，…，22），按所在层级加权，而后根据各指标权重所占比例重新分配，得到调整后的指标权重 w_i（i=1，2，…，22），并得到影响层各指标权重 β_m（m=1，2，…，4or6）。

基于上文构建的初始海洋文化产业发展模式影响因子指标体系和因子分析后的公因子指标体系，分别测算出两类指标体系中各指标权重，结果如表 5-7 和 5-8 所示。

表 5-7　海洋文化产业发展模式选择的影响因子指标权重

影响层	权重	影响因子	权重
海洋文化资源	0.05	海洋文化资源数量	0.59
		海洋文化资源质量	0.11

（续表）

影响层	权重	影响因子	权重
海洋文化资源	0.05	海洋文化资源知名度	0.11
		海洋文化资源濒危度	0.18
文化生产主体	0.28	生产主体数量	0.52
		生产主体规模	0.10
		从业人员数量	0.05
		劳动生产效率	0.06
		创意研发水平	0.27
文化市场需求	0.02	文化市场规模	0.15
		居民收入水平	0.58
		居民文化消费支出比重	0.26
文化产业链条	0.08	文化产业实力	0.45
		文化产业区位熵	0.45
		产业链条关联度	0.10
地方政府功能	0.24	政策支持力度	0.10
		财政投入水平	0.03
		基础设施建设水平	0.88
所在区域实力	0.33	区域经济基础	0.04
		科学技术条件	0.52
		创新创意能力	0.43
		文化人才储备	0.01

表 5–8 海洋文化产业发展模式选择的公因子指标权重

公因子	权重	影响因子	权重
核心战略	0.73	海洋文化资源数量	0.04
		生产主体数量	0.20
		生产主体规模	0.04
		劳动生产效率	0.02
		文化市场规模	0.00
		居民收入水平	0.02
		居民文化消费支出比重	0.01
		文化产业实力	0.05
		文化产业区位熵	0.05
		政策支持力度	0.03
		基础设施建设水平	0.29
		区域经济基础	0.02
		科学技术条件	0.23
战略资源	0.03	海洋文化资源质量	0.18
		海洋文化资源知名度	0.18
		海洋文化资源濒危度	0.30
		财政投入水平	0.21
		文化人才储备	0.13
创意能力	0.16	从业人员数量	0.09
		创新创意能力	0.91
价值网络	0.08	创意研发水平	0.90
		产业链条关联度	0.10

2）TOPSIS 综合计算结果及分析

作为求解多目标决策问题的模型，TOPSIS（Technique for Order Preference by Similarity to an Ideal Solution，优劣解距离法）计算思路简单易行，即首先确定最佳解与最差解，根据指标实际值（标准化处理后的原始值）与最佳、最差解的距离值，得到最接近最佳解和最远离最差解的最优选择①。具体计算步骤如下。

首先，确定标准化数据矩阵。确定待评价的 2013~2018 年沿海 11 省市 22 项指标的原始数据矩阵 $X=(x_{ij})_{m\times n}$，并进行规范化处理，处理方式同上，得到标准化数据矩阵 R：

$$R=(r_{ij})_{m\times n}$$

$$r_{ij}=\frac{x_{ij}}{\sqrt{\sum_{i=1}^{m}x_{ij}^{2}}} \tag{5-12}$$

其次，构造加权标准化数据矩阵 $V=(V_{ij})_{m\times n}$，计算公式如下，其中，W 为基于熵权法计算得知的各指标权重。

$$V=RW=\begin{bmatrix} w_1r_{11} & w_2r_{12} & \cdots & w_nr_{1n} \\ w_1r_{21} & w_2r_{22} & \cdots & w_nr_{2n} \\ \vdots & \vdots & \ddots & \vdots \\ w_1r_{m1} & w_2r_{m2} & \cdots & w_nr_{mn} \end{bmatrix} \tag{5-13}$$

进而，确定最佳理想值与最差理想值，要考虑到指标是正向效益型指标还是负向损失型指标，其详细表示为：

$$A^{*}=[(\max_{i}V_{ij}|j\in J),(\min_{i}V_{ij}|j\in J)]=[V_1^{*},V_2^{*},\cdots,V_n^{*}],\ i=1,2,\cdots,m \tag{5-14}$$

$$A^{-}=[(\min_{i}V_{ij}|j\in J'),(\max_{i}V_{ij}|j\in J')]=[V_1^{-},V_2^{-},\cdots,V_n^{-}],\ i=1,2,\cdots,m \tag{5-15}$$

其中：$J=(J=1,\cdots,n|j$ 为效益型的目标属性），$J'=(J'=1,\cdots,n|j'$ 为损失型的目标属性）

然后，测度实际值到最佳解和最差解的距离，包括跟最佳解的距离 S_i^{*} 和

①刘琳．四川省新能源汽车产业集群发展模式研究［D］．西南石油大学，2018.

跟最差解的距离 S_i^-，具体公式为：

$$S_i^*=\sqrt{\sum_{j=1}^{m}(V_{ij}-V_j^*)^2} \quad (5\text{–}16)$$

$$S_i^-=\sqrt{\sum_{j=1}^{m}(V_{ij}-V_j^-)^2} \quad (5\text{–}17)$$

最后，得出实际值与最佳、最差解的相对接近度 C_i^*:

$$C_i^*=\frac{S_i^-}{S_i^*+S_i^-} \quad (5\text{–}18)$$

2013～2018 年沿海 11 省市共 66 套待评价影响因子指标数据，通过每套数据 22 项指标的 TOPSIS 模型计算，得知了各实际值与优劣解的距离后，根据相对接近度 C_i^* 便能判断出哪个省份哪年的影响因子综合表现最优。判别标准 $0 \leqslant C_i^* \leqslant 1$，的值越接近于 1，则该省市影响因子综合评分越好。尤其当:

$$\begin{cases} S_i^*=0 \text{ 时，} C_i^*=1\text{，} A_i=A_i^* \\ S_i^-=0 \text{ 时，} C_i^*=0\text{，} A_i=A_i^- \end{cases}$$

由此，根据上述公式计算出 2013～2018 年沿海 11 省市海洋文化产业发展模式影响因子的各初始指标实际值到最优和最差解的距离，并求解出 66 个时空的影响层相对接近度，分别对历年各省的相对接近度大小进行排序，以判断各影响因素对海洋文化产业发展模式选择的作用大小和优劣表现，对最终所有影响因素的作用大小总评分也进行了排序，如表 5–9 所示。综合熵权计算结果可知，在当前海洋文化产业发展的初始阶段，所在区域实力对海洋文化产业发展模式的选择影响最大，表明海洋文化产品作为一种高级精神消费品，需要一定的经济基础、科学文化条件才能得以快速发展；其次为文化生产主体和地方政府功能，证实了在中国特色社会主义市场机制下，政府与市场经营主体的作用同等重要，共同决定着发展模式的演进方向；最后为文化产业链条、海洋文化资源和文化市场需求，这是由于海洋文化产业发展刚刚起步，沿海 11 省市相关产业链条网络尚不健全，公众对海洋文化资源的认知仍不全面，海洋文化市场需求还未大规模迸发，因此对海洋文化产业发展模式的影响作用还较小。

进一步结合 TOPSIS 的计算结果，在海洋文化资源层面，表现最好的是上海、天津和浙江，该三省市海洋文化资源数量、质量、知名度均较高，为海洋文化产业发展奠定了充分的竞争优势，而广西、海南、辽宁的海洋文化资源禀赋尚待挖掘；在文化生产主体层面，11 省市整体表现波动较大，平均各年来看，上海、天津、山东最优，在文化生产主体数量、规模、劳动效率、创意研发水平等方面相对较好，引领了市场主导型产业发展模式的形成与壮大，而河北、广西、福建的文化生产主体仍需加大培育力度；在文化市场需求层面，上海、浙江、天津、江苏凭借已有的文化市场规模、较高的居民收入水平和较大的文化消费潜力，成为目前我国海洋文化市场的消费主力军，而广西、河北、海南的文化市场消费有待引导和激发；在文化产业链条层面，上海、广东、江苏的文化产业实力更强，对上下游的产业链带动更密切，且基本形成了专业化的产业聚集形态，故为集群带动型、产业链延伸型海洋文化产业发展模式的成长提供了土壤，相对而言，辽宁、广西、河北的海洋文化产业化程度尚不高；在地方政府功能层面，基于良好的优惠政策、较多的财政投入和强劲的基础设施建设，上海、江苏、浙江等地方政府给予了海洋文化产业更多支持，也为政府主导力量的发挥打下样板，天津、广西、海南的地方政府发挥作用也较大，而辽宁、山东、福建等地方政府对海洋文化产业尚不够重视；在所在区域实力层面，由于地方经济实力、科学技术条件、创新创意能力和文化人才储备等均较优渥，上海、广东、天津海洋文化产业发展得到全方位的支撑，广西、海南、河北区域实力则相对较弱。整体来看，各影响因素对海洋文化产业发展模式选择的作用力排序为：上海＞天津＞广东＞江苏＞浙江＞山东＞福建＞海南＞辽宁＞河北＞广西，这与各省市实际的海洋文化产业发展水平相吻合，表明所选测评影响因素及其表征指标能够左右海洋文化产业发展模式的走向，有助于下文寻找不同发展模式之间的差距及其产生的原因，也为解答哪些因素能够影响海洋文化产业发展、在哪个阶段选择何种产业发展模式等问题提供了参考依据。

表 5-9 2013~2018 年沿海 11 省市影响因素的作用大小及其排序

年份	省市	海洋文化资源	排名	文化生产主体	排名	文化市场需求	排名	文化产业链条	排名	地方政府功能	排名	所在区域实力	排名	总评分	排名
2013 年	辽宁	0.16	9	0.10	5	0.16	6	0.07	11	0.01	10	0.03	8	0.06	9
	河北	0.23	6	0.03	10	0.04	10	0.07	9	0.01	11	0.01	11	0.03	10
	天津	0.59	2	0.17	3	0.26	4	0.35	5	0.01	8	0.33	2	0.22	2
	山东	0.23	5	0.23	2	0.11	8	0.32	6	0.06	5	0.06	6	0.14	6
	江苏	0.26	4	0.10	7	0.28	3	0.43	3	0.06	4	0.26	3	0.18	3
	上海	0.88	1	0.51	1	0.57	1	0.88	1	0.25	1	0.53	1	0.50	1
	浙江	0.29	3	0.08	8	0.31	2	0.40	4	0.06	3	0.22	5	0.16	5
	福建	0.19	7	0.06	9	0.16	7	0.30	7	0.02	7	0.05	7	0.07	8
	广东	0.17	8	0.10	6	0.22	5	0.58	2	0.01	9	0.26	4	0.18	4
	广西	0.05	11	0.02	11	0.04	11	0.07	10	0.03	6	0.01	10	0.03	11
	海南	0.14	10	0.13	4	0.04	9	0.11	8	0.06	2	0.02	9	0.08	7
2014 年	辽宁	0.16	9	0.11	5	0.21	6	0.07	11	0.01	9	0.04	8	0.06	9
	河北	0.23	6	0.04	10	0.07	9	0.09	9	0.00	11	0.01	10	0.04	10
	天津	0.61	2	0.20	3	0.31	4	0.41	5	0.02	5	0.33	2	0.24	2
	山东	0.23	5	0.21	2	0.15	8	0.35	6	0.02	7	0.05	7	0.12	6
	江苏	0.26	4	0.10	6	0.31	3	0.45	3	0.11	2	0.15	5	0.16	4
	上海	0.87	1	0.55	1	0.65	1	0.89	1	0.31	1	0.55	1	0.54	1

（续表）

年份	省市	海洋文化资源	排名	文化生产主体	排名	文化市场需求	排名	文化产业链条	排名	地方政府功能	排名	所在区域实力	排名	总评分	排名
2014 年	浙江	0.29	3	0.09	8	0.36	2	0.42	4	0.06	3	0.17	4	0.15	5
	福建	0.19	7	0.06	9	0.19	7	0.31	7	0.01	10	0.05	6	0.07	7
	广东	0.17	8	0.10	7	0.26	5	0.58	2	0.02	6	0.24	3	0.17	3
	广西	0.05	11	0.02	11	0.06	11	0.07	10	0.02	8	0.01	11	0.02	11
	海南	0.14	10	0.14	4	0.07	10	0.11	8	0.03	4	0.02	9	0.07	8
2015 年	辽宁	0.16	9	0.15	4	0.24	6	0.05	11	0.01	9	0.04	8	0.07	8
	河北	0.23	6	0.04	10	0.11	9	0.09	9	0.02	8	0.02	9	0.04	10
	天津	0.51	2	0.20	2	0.35	3	0.38	5	0.03	6	0.30	2	0.22	2
	山东	0.23	5	0.17	3	0.19	8	0.37	6	0.01	10	0.06	7	0.12	6
	江苏	0.26	4	0.12	6	0.35	4	0.55	2	0.13	2	0.19	4	0.19	3
	上海	0.87	1	0.54	1	0.72	1	0.95	1	0.34	1	0.43	1	0.51	1
	浙江	0.29	3	0.11	7	0.42	2	0.48	4	0.05	3	0.18	5	0.16	5
	福建	0.19	7	0.06	9	0.23	7	0.34	7	0.01	11	0.07	6	0.08	7
	广东	0.17	8	0.09	8	0.30	5	0.51	3	0.02	7	0.29	3	0.18	4
	广西	0.05	11	0.01	11	0.08	11	0.07	10	0.04	4	0.01	11	0.03	11
	海南	0.14	10	0.14	5	0.10	10	0.10	8	0.03	5	0.01	10	0.07	9

（续表）

年份	省市	海洋文化资源	排名	文化生产主体	排名	文化市场需求	排名	文化产业链条	排名	地方政府功能	排名	所在区域实力	排名	总评分	排名
2016年	辽宁	0.16	9	0.11	6	0.26	7	0.06	11	0.01	10	0.03	8	0.06	8
	河北	0.23	5	0.03	10	0.12	10	0.10	8	0.02	8	0.02	9	0.04	10
	天津	0.49	2	0.22	2	0.40	3	0.34	6	0.09	2	0.21	3	0.21	2
	山东	0.23	6	0.14	3	0.22	8	0.37	5	0.01	11	0.06	7	0.11	6
	江苏	0.26	4	0.13	4	0.38	4	0.55	2	0.05	4	0.17	5	0.17	5
	上海	0.87	1	0.54	1	0.81	1	0.87	1	0.09	1	0.34	1	0.41	1
	浙江	0.30	3	0.12	5	0.48	2	0.47	4	0.08	3	0.18	4	0.17	4
	福建	0.19	7	0.06	8	0.27	6	0.30	7	0.01	9	0.06	6	0.08	7
	广东	0.17	8	0.09	7	0.34	5	0.51	3	0.03	6	0.32	2	0.20	3
	广西	0.05	11	0.03	11	0.09	11	0.06	10	0.02	7	0.01	11	0.03	11
	海南	0.15	10	0.05	9	0.13	9	0.09	9	0.04	5	0.01	10	0.05	9
2017年	辽宁	0.16	9	0.04	9	0.29	7	0.07	11	0.01	10	0.03	8	0.04	8
	河北	0.23	5	0.03	11	0.16	10	0.09	9	0.01	7	0.02	9	0.04	10
	天津	0.50	2	0.22	2	0.46	3	0.31	7	0.03	5	0.21	3	0.20	3
	山东	0.23	6	0.14	4	0.25	8	0.37	5	0.00	11	0.07	6	0.11	6
	江苏	0.26	4	0.17	3	0.44	4	0.48	3	0.03	3	0.19	4	0.18	4
	上海	0.87	1	0.54	1	0.90	1	0.90	1	1.00	1	0.34	2	0.64	1

（续表）

年份	省市	海洋文化资源	排名	文化生产主体	排名	文化市场需求	排名	文化产业链条	排名	地方政府功能	排名	所在区域实力	排名	总评分	排名
2017年	浙江	0.30	3	0.14	5	0.54	2	0.47	4	0.03	4	0.19	5	0.17	5
	福建	0.19	7	0.07	7	0.31	6	0.33	6	0.01	9	0.07	7	0.09	7
	广东	0.17	8	0.13	6	0.38	5	0.54	2	0.01	8	0.39	1	0.22	2
	广西	0.05	11	0.05	8	0.12	11	0.08	10	0.06	2	0.01	11	0.04	9
	海南	0.15	10	0.04	10	0.16	9	0.11	8	0.02	6	0.01	10	0.04	11
2018年	辽宁	0.16	9	0.07	9	0.33	7	0.07	9	0.01	10	0.03	8	0.05	9
	河北	0.23	5	0.05	10	0.19	10	0.07	10	0.02	8	0.03	9	0.05	10
	天津	0.51	2	0.21	4	0.51	3	0.24	6	0.06	2	0.21	3	0.20	3
	山东	0.23	6	0.16	6	0.30	8	0.24	7	0.01	11	0.09	6	0.11	7
	江苏	0.26	4	0.21	3	0.47	4	0.39	4	0.04	4	0.20	5	0.19	5
	上海	0.88	1	0.55	1	0.94	1	0.85	1	0.54	1	0.34	2	0.53	1
	浙江	0.30	3	0.16	7	0.61	2	0.52	3	0.06	3	0.20	4	0.19	4
	福建	0.19	7	0.07	8	0.36	6	0.37	5	0.01	9	0.08	7	0.10	8
	广东	0.17	8	0.17	5	0.43	5	0.55	2	0.02	7	0.48	1	0.27	2
	广西	0.05	11	0.05	11	0.15	11	0.06	11	0.04	5	0.01	10	0.04	11
	海南	0.15	10	0.48	2	0.20	9	0.18	8	0.04	6	0.01	11	0.17	6

同时，根据上述公式计算出2013~2018年沿海11省市海洋文化产业发展模式影响的公因子指标实际值到最优和最差解的距离，并求解出66个时空的公因子相对接近度，分别对历年各省公因子相对接近度大小进行排序，以判断各公因子对海洋文化产业发展模式选择的作用大小和优劣表现，对最终所有公因子作用大小的总评分也进行了排序，如表5-10所示。综合熵权计算结果可知，在当前海洋文化产业发展阶段，核心战略要素对海洋文化产业发展模式的选择影响最大，核心战略要素作为海洋文化产业发展的必备要素，确是海洋文化产业的关键起步支撑；其次为创意能力，反映出海洋文化产品附加值较高，需要劳动力投入更多智力创造，在从业人员具备较好创新创意能力的条件下才能得以发展；最后为价值网络和战略资源，由于沿海11省市海洋文化产业价值网络尚未全面建立，海洋文化资源质量、知名度等高级战略资源尚未成型，因此对刚刚起步的海洋文化产业发展模式影响作用还较小，但可以预见在海洋文化产业品牌化建设、网络化建设等阶段，其将会发挥更为重要的影响力。

进一步结合TOPSIS的计算结果，在核心战略层面，上海、天津、江苏、浙江表现最优，其海洋文化资源数量、生产主体数量与效率、市场规模和潜力、文化产业实力与区位优势、政策与基础建设、经济基础和科技条件都为海洋文化产业发展模式的迅速形成提供了必备的支撑，而河北、辽宁、广西的战略基础相对较弱；在战略资源层面，浙江、海南、福建凭借优质的海洋文化资源和文化人才储备、较高的资源知名度和财政投入水平，以及较低的资源濒危度，为海洋文化产业发展模式的后续延展集聚了更好的资源优势，而辽宁、天津、河北等北方地区的资源储备相对不足；在创意能力层面，由于文化从业人员数量较多且创新创意能力较强，广东、江苏、浙江为海洋文化产业的发展提供了强力的智力支持，相对而言，海南、广西、辽宁文化从业人员的数量和素质还需提高；在价值网络层面，基于企业更高的创意研发投入和产业链条关联度，山东、辽宁、天津、海南、上海目前基本形成了稳固的价值创造体系，而浙江、河北、广西价值创造点仍需继续发掘。综合而言，公因子测评结果与初始影响因子测评结果表现出较大不同，从另一侧面反映出海洋文化产业发展模式所受的影响及其未来走向，有助于进一步从各省市不同生命周期阶段揭示海洋文化产业发展模式的区别与演进规律。

表 5-10　2013～2018 年沿海 11 省市公因子的作用大小及其排序

年份	省市	核心战略	排名	战略资源	排名	创意能力	排名	价值网络	排名	总评分	排名
2013 年	辽宁	0.02	10	0.13	11	0.02	8	0.16	3	0.03	10
	河北	0.01	11	0.21	10	0.02	10	0.05	9	0.02	11
	天津	0.20	2	0.24	9	0.03	7	0.08	7	0.16	2
	山东	0.06	6	0.40	6	0.08	4	0.37	1	0.10	6
	江苏	0.07	4	0.44	5	0.44	1	0.05	8	0.14	3
	上海	0.45	1	0.38	7	0.06	6	0.13	4	0.36	1
	浙江	0.07	3	0.81	2	0.34	3	0.03	10	0.13	4
	福建	0.03	8	0.66	3	0.07	5	0.09	6	0.06	8
	广东	0.05	7	0.60	4	0.43	2	0.12	5	0.13	5
	广西	0.03	9	0.35	8	0.02	9	0.02	11	0.04	9
	海南	0.06	5	0.81	1	0.01	11	0.19	2	0.09	7
2014 年	辽宁	0.03	9	0.14	11	0.02	11	0.17	3	0.04	9
	河北	0.01	11	0.21	10	0.02	8	0.06	8	0.02	11
	天津	0.20	2	0.27	9	0.03	7	0.12	5	0.17	2
	山东	0.04	6	0.39	7	0.06	5	0.32	1	0.08	6
	江苏	0.11	3	0.41	5	0.23	3	0.05	9	0.13	3
	上海	0.49	1	0.40	6	0.06	6	0.13	4	0.39	1
	浙江	0.07	4	0.80	1	0.25	2	0.03	10	0.12	5

（续表）

年份	省市	核心战略	排名	战略资源	排名	创意能力	排名	价值网络	排名	总评分	排名
2014年	福建	0.03	8	0.65	3	0.07	4	0.08	7	0.06	8
	广东	0.05	5	0.59	4	0.40	1	0.11	6	0.13	4
	广西	0.01	10	0.35	8	0.02	10	0.02	11	0.03	10
	海南	0.04	7	0.76	2	0.02	9	0.20	2	0.07	7
2015年	辽宁	0.03	10	0.17	11	0.01	9	0.24	2	0.05	9
	河北	0.02	11	0.23	10	0.03	8	0.04	9	0.03	11
	天津	0.18	2	0.30	9	0.04	7	0.12	5	0.16	2
	山东	0.04	6	0.40	6	0.09	5	0.25	1	0.08	6
	江苏	0.12	3	0.41	5	0.31	2	0.05	8	0.16	3
	上海	0.46	1	0.35	8	0.06	6	0.12	4	0.36	1
	浙江	0.07	4	0.80	1	0.27	3	0.03	10	0.12	5
	福建	0.03	9	0.66	3	0.09	4	0.07	7	0.06	7
	广东	0.05	5	0.55	4	0.49	1	0.09	6	0.14	4
	广西	0.04	7	0.36	7	0.01	10	0.02	11	0.04	10
	海南	0.03	8	0.69	2	0.01	11	0.21	3	0.06	8
2016年	辽宁	0.02	10	0.20	11	0.02	9	0.18	2	0.04	9
	河北	0.02	9	0.22	10	0.03	8	0.03	10	0.03	11
	天津	0.16	2	0.27	9	0.04	7	0.13	3	0.14	3
	山东	0.04	7	0.40	6	0.09	5	0.20	1	0.07	6
	江苏	0.08	4	0.44	5	0.27	2	0.05	8	0.12	5
	上海	0.31	1	0.36	8	0.07	6	0.12	4	0.26	1
	浙江	0.09	3	0.81	1	0.27	3	0.03	11	0.14	4
	福建	0.03	8	0.68	3	0.09	4	0.07	5	0.06	7
	广东	0.05	5	0.59	4	0.57	1	0.06	6	0.15	2

（续表）

年份	省市	核心战略	排名	战略资源	排名	创意能力	排名	价值网络	排名	总评分	排名
2016 年	广西	0.02	11	0.37	7	0.02	10	0.05	7	0.03	10
	海南	0.04	6	0.73	2	0.01	11	0.05	9	0.06	8
2017 年	辽宁	0.02	10	0.22	11	0.02	9	0.06	6	0.03	10
	河北	0.02	11	0.26	10	0.04	8	0.02	10	0.03	11
	天津	0.15	2	0.36	7	0.04	7	0.10	2	0.13	3
	山东	0.04	7	0.42	6	0.10	4	0.17	1	0.07	6
	江苏	0.08	3	0.48	5	0.31	2	0.06	5	0.13	4
	上海	0.81	1	0.34	9	0.08	6	0.07	4	0.62	1
	浙江	0.07	4	0.81	2	0.29	3	0.03	9	0.13	5
	福建	0.03	8	0.70	3	0.10	5	0.06	7	0.07	7
	广东	0.06	5	0.63	4	0.71	1	0.05	8	0.18	2
	广西	0.05	6	0.35	8	0.02	10	0.07	3	0.06	8
	海南	0.02	9	0.82	1	0.00	11	0.02	11	0.04	9
2018 年	辽宁	0.02	11	0.21	11	0.03	9	0.09	3	0.03	11
	河北	0.02	10	0.25	10	0.04	7	0.04	10	0.04	10
	天津	0.15	2	0.32	9	0.04	8	0.07	5	0.13	6
	山东	0.05	6	0.41	6	0.13	4	0.19	2	0.08	7
	江苏	0.10	3	0.47	5	0.32	2	0.06	6	0.14	4
	上海	0.57	1	0.35	8	0.10	6	0.05	9	0.45	1
	浙江	0.09	4	0.81	1	0.31	3	0.03	11	0.14	3
	福建	0.04	8	0.69	3	0.11	5	0.06	7	0.07	8
	广东	0.08	5	0.61	4	0.97	1	0.05	8	0.24	2
	广西	0.04	9	0.37	7	0.02	10	0.08	4	0.05	9
	海南	0.05	7	0.78	2	0.00	11	1.00	1	0.14	5

5.3.2 沿海11省市海洋文化产业发展模式各影响要素现实表现

1）海洋文化资源要素表现及存在问题

文化价值引导使海洋文化资源开发主体（主要为地方政府和文化企业）在开发鳞次栉比的海洋文化资源过程中，创造出富含海洋文化精神的产品及服务，使消费者在欣赏和消费海洋文化产品及服务过程中得到人生观、价值观和世界观的提升。海洋文化产业兼具经济功能和社会功能，但我国沿海地区当前在发展海洋文化产业时，仅把重心放在了对当地经济的带动作用上，丢失了海洋文化对社会大众的教化美育作用，不仅导致海洋文化资源遭到破坏性开发，而且短视的开发行为也让海洋文化产品的品质禁不住市场考验。政府和文化企业在开发海洋文化产品或提供相应服务时，通常缺少科学合理的前期规划，导致产品或服务中缺少当地特色的海洋文化元素，再加上沿海海洋文艺、海洋民俗等珍贵遗产大多面临失传或丧失本真的困境，一些口口相传的海洋民间故事、生产生活风俗也面临消失的危险，造成许多海洋文化项目对消费者的吸引力不强，消费者对海洋文化的感受度也不高。如青岛奥帆中心对其内部建筑进行了多次扩建，帆船、游艇、帆板等海上运动活动日益丰富，但奥帆中心提供的海洋文化展示、讲解以及文化纪念品种类始终没有太大变化。

海洋文化产业发展的关键是对海洋文化资源的完整保护，但由于海洋意识淡薄、对海洋文化认识不足等问题仍然普遍存在，在海洋文化资源开发中，政府和文化企业缺乏对原汁原味海洋文化资源的认知和保护意识，往往对海洋文化资源进行过度开发、篡改开发，使得海洋文化庸俗化、商业化发展趋势愈加严重，正常的海洋文化意境、功能和价值被损害。尤其是休闲娱乐、时尚流行甚至庸俗的海洋文化资源被过度重视，而一些高雅的、精英的、严谨的、朴素的海洋文化资源备受冷遇。依存于海洋文化的企业，在不良价值观的引导下，开发利用海洋文化资源没有成为一个文化本身提升和“蝶变”的过程，却出现了“解构却随意重构、破坏而不创新重建”的恶性循环，从长远来看，这种竭泽而渔式的开发方式将导致海洋文化产业缺乏发展后劲，且会面临重新投入巨资保护海洋文化遗产及其生境的尴尬境地。

2）企业生产主体要素表现及存在问题

从规模、从业人员、生产效率来看，我国沿海地区文化产业领域内小型企业居多，具有带动效应的大型文化集团成长滞后，还没有一个“文化航母”引领整个海洋文化产业的发展。企业的小型化，造成了海洋文化资源开发分散、人才缺乏、资金不足等问题，导致企业难以适应文化市场自由竞争的残酷。文化企业缺乏竞争力的另一个突出表现是没有活跃的民营经济成分。目前沿海地位尚未形成规范的文化投融资机制，由于产业意识形态属性的缘故，许多文化企事业单位仍属于国有性质，集体或民营文化企业数量少、规模小，严重影响了海洋文化产业的健康发展。目前，文化企业市场影响力不强集中体现为海洋文化产品质量和品牌得不到广泛的市场认同，宣传和销售渠道过于传统、狭窄，未能充分结合当下互联网平台和移动终端的优势，产品促销方案也相对匮乏或缺乏特色，未能与海洋文化产品自身优势相结合，导致客户流失和一次性消费现象越来越严重。与多数文化企业类似，海洋文化相关企业延续了计划经济时期事业单位、集体经济的经营管理模式，在政府支持和财政拨款下生存，养成了较为严重的依赖惯性，市场经济竞争意识较为薄弱，如胜利油田科技展览中心只是等着团体预约，日照海战馆只顾收取高门票而不改善展馆，赤山景区的客源主要依靠赤山明神信众，致使其生产规模扩张缓慢，品牌知名度和美誉度皆受到较大限制。

海洋文化企业能力不足的另外一个表现是专营性和专业性差。由于海洋文化产业尚处于起步阶段，产品和消费市场仍需要积极探索，因此除了少数企业专门从事海洋文化产品的经营，大部分的企业都是专营其他产品，兼营海洋文化产品。如威海的好当家海参集团，其博物馆中展出的海参传统加工技艺属于山东省非物质文化遗产，但好当家集团却是一家从事食品加工、医疗、化工、运输、餐饮、住宿、旅游等的综合性公司。青岛田横岛度假村，是由主营商贸、房地产、传媒产业的三联集团投资兴建的。这些企业集团对海洋文化产业的投资，增强了海洋文化产业的实力，但从长远来看，这些企业涉及的经营范围广泛，极易出现对海洋文化产品资金投入短缺、对海洋文化产业运作认识不足等问题，再加上专业性不强，创作和营销人才较为缺乏，又会造成海洋文化产品单一和档次不高的缺陷，这都会滞缓海洋文化产业发展的进程。

3）文化市场需求要素表现及存在问题

文化产业的发展空间是由居民消费的内需潜力确定的。海洋文化产业正是在这一背景下，由各类海洋文化资源开发融合发展而成。与发达国家相比，我国居民巨大的文化消费潜力还远未释放，如能激活人们的海洋文化消费需求，很快形成一个庞大的新兴消费市场，将为海洋文化产业快速发展提供绝佳机遇。我国海洋文化资源丰富，但在开发海洋文化市场、刺激居民消费方面显得力度不够，导致市场需求跟不上产品供给的速度。目前，一些沿海省份的海洋文化产业仍未走出政府推动和高度监管的阶段，政企不分、管办不分、大包大揽的弊端依然存在。政府过多的干预行为，不利于海洋文化市场的良性发展。尤其是一些由事业单位转制的文化企业，还停留在依赖政府资金的状态下，在运行机制上不能适应市场经济和产业发展的要求，缺乏独立开拓市场的能力，市场经济效益也相对低下。另外，沿海各地区缺乏有效的组织联合，未能在市场中形成海洋文化协会组织，导致各地、各企业的优势生产和销售力量无法形成系统合力。

市场营销注重的是产品的营销渠道，其更偏向于产品走向市场、被大众所熟知的环节，但当前沿海各地区海洋文化产业仍多停留在基础设施建设状态，市场开拓的力度较小。基础设施建设相当于海洋文化产品与服务的一部分，属于产品供给，但产业发展仅仅重视供给不够，没有需求侧顾客消费的拉动，整个海洋文化产业很容易陷入发展的死胡同。沿海 11 省市重点建设的还是滨海豪华酒店、码头港口、海上文体项目等设施，消费者在沿海地区的海洋文化体验更多的仍是依托海洋景观资源进行初级消费，对海洋文化丰富的内涵既缺乏认知渠道，也没有体验途径，导致留下的海洋文化记忆较浅①，严重制约了海洋文化市场的进一步开拓和销售渠道的持续延展。在教育和生活水平提高的情况下，消费者将更加注重海洋文化产品的品位，会更追求其教育性、休闲性和体验性，促使文化企业必须通过宣传销售渠道的多样化、整合化进行产品信息的传达，以接洽市场需求，并不断扩大市场空间。

4）文化产业链条要素表现及存在问题

产业链是同一产业或不同产业的企业，以产品为核心，以投入产出为纽带，以价值增值为导向，以满足消费者需求为目标，依据特定的逻辑联系和时空布局形成的上下关联、动态的链式中间组织②。海洋文化产业链包含了海洋文化产品与服务生产、交易两大过程，现阶段我国沿海地区海洋文化产业链正处于规划开发阶段，源于市场需求，而对海洋文化资源进行探索式的开发利用。海洋文化产业的发展离不开雄厚的资金支持，且其发展依赖于既有的一二三产业的技术支承，因而，沿海 11 省市海洋文化产品的生产和交易目前仍然依附于原先的文化产业、旅游产业、金融产业、信息产业、教育事业等，尚未形成自身相对完善的海洋文化产业链条。如青岛围绕帆船运动的培育和发展，逐渐对海洋娱教资源中的涉海体育活动进行整合开发，形成了

---

①王颖，阳立军．舟山群岛海洋文化产业集群形成机理与发展模式研究［J］．人文地理，2012（6）：67–70.

②栗悦，马艺芳．产业链视角下的文化产业与旅游产业融合模型研究［J］．旅游纵览（下半月），2013（10）：16–20.

帆船设计、帆船制造、帆船竞技、帆船旅游等生产交易环节，逐步将奥帆中心及周边地区打造成海上运动和休闲中心，然而其地域型海洋文化元素体现并不明显，围绕帆船这一 IP 衍生品的开发也远未形成多个价值增长点和产业链条，亟须进一步拓展。鉴于沿海 11 省市文化企事业单位间具有相似的地理环境和海洋文化背景，或出于资源共享目的而进行合作，可起到优势互补、协同发展的目的，但当前各地区海洋文化产业链网络均不完善，导致整体产业实力和市场竞争力较弱，单个省市经营主体没有足够的实力实现知识溢出效应和规模经济效应，因此，需要通过产业链的不断延伸、恰接、合作来推动，也可促进海洋文化产业及其发展模式的进一步成熟。

5）地方政府功能要素表现及存在问题

海洋文化产业发展初期，政府扶持能够起到良好的推动作用，但在中后期，市场开拓、产品优化升级需要更多的依赖制度规范来维持交易公平，确保市场机制的发挥。由于海洋文化产业涉及面广，涵盖的市场层次、牵扯的管理部门较多，政府职能交叉重合现象普遍，所以需要政府相关管理部门协调沟通，整合行政力量，共促发展，但纵观我国沿海各地区，政府出台了许多海洋文化产业扶持性政策，而对企业运营管理、市场营销拓展等缺少具体的制度性规范政策，造成了一定的市场乱象。忙于进行海洋文化项目开发的企业，也往往将重点放在资金筹集方面，对产品品质和有序竞争的维护并不十分在意。同时，有些地方由于不当经营致使海洋生态环境雪上加霜，已严重影响海洋文化产业的可持续发展。海洋环境保护问题虽然已成为公众关注的焦点，但由于环保政策制定落实不到位，在渔家乐、景区点、餐饮店、宾馆等经营过程中，居民生活污水、企业生产废水、消费污水等大量污染物通过各种途径流入海洋，致使沿海漂浮垃圾、海水富营养化等问题日趋恶化。

此外，部分政府部门对当地海洋文化产品的品牌形象，存在宣传手段滞后、宣传力度不够、缺乏宣传整体性规划等问题，也导致公众至今缺乏认知。

如威海荣成海参传统加工技艺，作为山东省非物质文化遗产，于明代中期就已形成完善的工艺，包括刨参、煮参、拌盐、拌灰、晾晒5道工序，这一纯物理方法所加工的海参涨发率高、口感极佳、营养保留完全，可长期储存。但当地仅有一家小型博物馆进行介绍，且博物馆中关于海参传统加工技艺的介绍只有一幅图片，连讲解员都知之甚少。日照地区的大型民歌套曲满江红，是鲁南五大调之一，曲调细腻、优雅，有“细曲”“雅曲”之称，于长期生产过程中发展而成，具有重要的历史、文化和艺术价值，但当地政府在推进满江红保护及传承工作时，宣传力度低，且仅限于特定地区，致使当地居民都不甚了解，甚至没有听说过它。

6）所在区域实力要素表现及存在问题

基于对海洋文化产业作用的深刻认识和厚望，我国沿海各省市都在通过不同的方式积极培育和发展各自的海洋文化产业，如浙江舟山市以建设现代化海洋文化名城为目标，先后出台了《舟山市建设海洋文化名城纲要》《关于加快建设海洋文化名城的决定》等，通过深入挖掘海洋文化资源、突出海岛文化特色，来提升海洋文化产业的发展水平，举办了国际沙雕节、海鲜美食节、贻贝文化节、渔民画艺术节等一批海洋文化节庆活动，在全国打响了海洋文化节庆品牌，并把舟山锣鼓、舟山渔歌、舟山布袋木偶戏、渔民画等极具海岛特色的海洋文艺资源打造成富有海洋文化内涵和市场竞争优势的新型文化产品。福建则不仅有厦门城、鼓浪屿、泥洲湾、三都澳、三沙湾、罗源湾等秀丽的城市滨海风光，更有船政、妈祖、海上丝绸之路等独具特色的海洋文化资源，正在打造颇具竞争力的海洋文化产品。海南是久负盛名的海洋文化旅游胜地。以“碧海、沙滩、椰树”为特色的海口、三亚、琼海等城市都在大力发展海洋文化旅游产业，倾力打造的《印象·海南岛》已成为海南标志性演艺项目。总的来说，各省市海洋文化产业既拥有良好的发展机遇，又面临着彼此强大的竞争威胁。

在纷繁多样的项目冲击下，沿海地区一些优秀的海洋民俗资源、海洋文艺资源正面临市场丢失、后继无人的窘态。历史遗留的海洋文化资源需要杰出的传承人进行继承、传播和创新，然而，由于经济效益低、社会认同度不高且技艺烦琐，诸多海洋民俗和文艺遗产如日照踩高跷推虾皮技艺、荣成海草房民居建筑技艺、寿光卤水制盐技艺、沾化渤海大鼓、舟山渔民画、福建造船技艺等，正面临着人才断档、后继乏人的局面。此外，工业化、城镇化、现代化进程的快速推进，许多海洋文化物质和非物质遗产，尤其是生产生活技艺、风俗、故事等已没有了原初生存发展的土壤，失去当地独特经济社会环境孕育条件和文化源泉滋养的海洋文化产品必然成为“无根之木”。

海洋文化产业的发展不仅需要经济基础，而且需要技术支持和创新创意，而技术支持和创新创意的关键在于人才，如今人力资本已经成为海洋文化产业形成与发展的核心要素。海洋文化领域是以海洋文化为主要内容和消费对象的产业，海洋文化是其文化价值内核，这需要从业者必须具备综合的文化素养、广泛的知识面，对海洋文化的底蕴以及涉及的自然景观、历史、艺术、民俗事项都有较好的领悟力，并具有一定的数字信息技术和创新整合能力，无论是产品的创作开发还是生产和销售，都需要既懂文化又熟悉企业管理，既了解市场实际又具备创新意识的复合型高素质人才。然而，海洋文化作为一门新兴的学科，在学科建设和人才培养方面仍处于初级阶段，真正对海洋文化有系统了解和研究的人员数量较少，而在这些人员中能胜任市场化、产业化经营的人更是少之又少。同时，相关产业如旅游、金融、信息产业中的经营管理人员又存在着不理解海洋文化的缺陷，以至于不少经营者不能充分地挖掘和利用丰富的海洋文化资源，更谈不上向消费者和公众传播丰富的海洋文化信息。可见，人才资源的严重不足、缺门和断层，已经成了制约沿海各省市海洋文化产业发展的重要因素。

5.4 沿海11省市海洋文化产业发展模式的选择结果

根据对2013~2018年沿海11省市海洋文化产业发展模式选择影响因子的计算及其现实表现的分析，能够得知各省市海洋文化产业发展模式的形成与演进绝非偶然，是有其内在逻辑和外在表征的，通过进一步整理计算结果，并将其与沿海11省市海洋文化产业当前发展状态相结合，能够发现各省市海洋文化产业发展模式选择的一般性规律，现总结如下。

5.4.1 不同省市海洋文化产业的宏观发展模式选择

将海洋文化产业发展模式影响因素进行各自省市内的横向对比，发现地方政府功能较之文化生产主体、文化市场需求和文化产业链条表现更好的，较易发展出政府引导下的外推式发展模式；相反，文化市场生产主体、文化市场需求、文化产业链条占优势，会催生市场培育下的内生性发展模式。市场要素和政府要素表现相当，则呈现出政府与市场共同作用的海洋文化产业发展模式。

1）政府引导下的外推式发展模式

如图5-4所示，根据影响因子测算和实地调研，江苏、广西、海南地方政府功能排名在沿海11省市中较靠前，其海洋文化产业发展目前较接近于政府引导下的外推式发展模式。该3个省市主要通过政府政策的倾斜与扶持，使海洋文化产业优先获取生产要素和市场份额，进而发展形成政府主导的运营模式，该模式与市场主导模式相反，是政府基于区域经济社会发展目标，制定海洋文化产业整体发展规划，由政府以行政命令的方式加以推进并辅以基础设施建设等投资，通过明确的政策导向、产业化项目引领和财政支持，使得海洋文化产业在人为市场环境下与其他产业竞争并获得相对优势地位。该种模式主要是后进区域为赶超先进区域实现后发优势并克服产业发展初始阶段的障碍而采取[①]。根据江苏、广西、海南政府培育下的海洋文化产业外推式发展特征，能够看出该模式的一般运营规律主要有：一是依赖性，该种产业发展模式下，海洋文化产业所需的生产要素、市场份额、销售渠道等经济资源大多依赖政府的支持与保障；二是外生性，该种产业发展模式下海洋文化产业主要是基于政府干预产业系统的外部力量而成，具有政府人为塑造的性质，而非市场自由选择的结果；三是主观性，该种产业发展模式下，政府结合对区域经济社会发展格局和产业结构升级需要的判断，选择出重点扶持的海洋文化新产品、新项目、新企业，而这些产品、项目、企业能否被市场接纳并持续发展下去还有待验证。

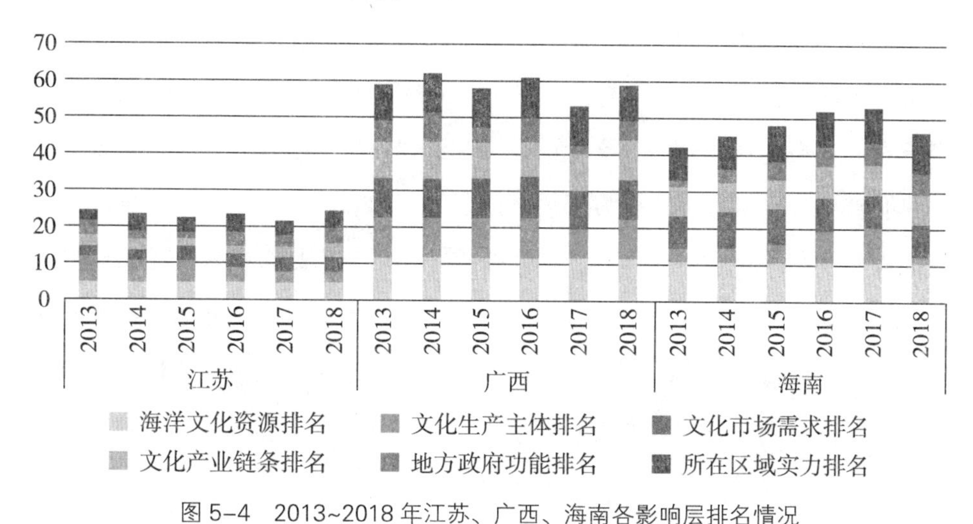

图 5-4　2013~2018 年江苏、广西、海南各影响层排名情况

①Tassey, G. Underinvestment in Public Good Technologies［J］. The Journal of Technology Transfer, 2005（30）：29-32.

2）市场培育下的内生性发展模式

如图 5-5 所示，根据影响因子测算和实地调研，辽宁、天津、山东、广东 4 个省市文化生产主体和文化市场需求排名在沿海 11 省市中较靠前，其海洋文化产业发展目前较接近于市场培育下的内生性发展模式。在该模式下，海洋文化产业与其他产业处于同样的市场优胜劣汰机制中，主要凭借自身海洋文化资源特色、新兴数字技术及创新创意能力，在经济体系中获取生产要素、市场份额和销售渠道，最终基于比较优势实现产业发展壮大，成为经济体系中有影响力的新兴产业。文化企业作为独立的生产决策者，在风起云涌的市场需求中自主选择具有潜力的海洋文化领域，经过技术引进或自行创新，开发出迎合市场需求的海洋文化产品，甚至引领文化市场需求新动向，最终成长为对区域经济全局有重要带动作用的新产业[①]。经过实地调研能够看出，辽宁、天津、山东、广东的文化企业是当地海洋文化产品的生产主体，无论企业数量、规模、劳动效率、创意研发都相对较强，加之具有独立决策的发展环境，能够通过产品供给与销售不断引导海洋文化市场需求的改变和增长，甚至刷新了一些居民对海洋文化的认知和消费习惯。结合实际表现来看，海洋文化产业市场培育下内生发展模式的运营规律和特征为：一是自主性，文化企业基于内外环境、自身优势和生产水平自行决定是否进入海洋文化生产领域，其作为独立个体凭借比较优势在市场优胜劣汰机制中存活并获取所需要素，并不会过多依赖于外界支持，其经营也较少受到干扰；二是内生性，海洋文化产业与其他产业开展自由竞争，争夺有限的生产要素、市场份额和销售渠道，海洋文化产业能否形成、发展和壮大均为市场竞争的结果，是经

①Van de Ven A, Garud R A. Framework for Understanding the Emergence of New Industries［J］. Research on Technological Innovation Management and Policy, 1989（4）：195–225.

济体系的内生选择[①]；三是客观性，海洋文化产业的产品设计、市场开拓以及规模化生产都是消费者需求的客观作用结果，经受了市场有效性检验，可以被视为研发成果的成功转化，对其可持续发展具有莫大的支持力。

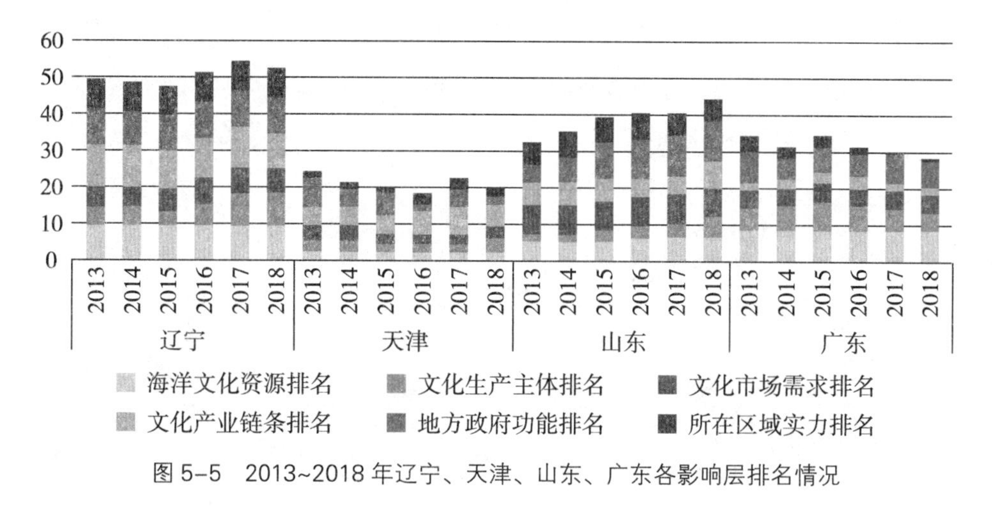

图 5-5 2013~2018 年辽宁、天津、山东、广东各影响层排名情况

3）政府与市场共同作用的发展模式

如图 5-6 所示，根据影响因子测算和实地调研，上海、浙江、福建、河北 4 个省市文化生产主体、文化市场需求排名与地方政府功能排名位置相当，其海洋文化产业发展目前较接近于政府与市场共同作用的模式，而在现实生产经营中，采用最广泛的便是这种模式。在政府扶持与市场机制共同构筑的环境中，海洋文化产业的形成与发展便是两者交互作用的结果。该 4 省市一方面采取市场驱动的方式，对海洋文化产业进行开放式管理，由市场优胜劣汰检验企业自主选择的海洋文化产品和项目，同时政府出台法规政策营造良好的创新、创业环境，并为其提供优质市政服务；另一方面对于意识形态较为敏感或公共外部性较为突出的海洋文化事业领域，如海洋文化遗产保护、

①Low M, Abrahamson E. Movement, Bandwagon and Clones: Industry Evolution and the Entrepreneurial Process［J］. Journal of Business Venturing, 1997（12）: 2435-2457.

海洋传统技艺传承、海洋高雅文艺创作等仍是以政府意志为主导，以政府财政投入为力量集结，由政府直接参与民间创造成果的转化。政府与市场共同作用的发展模式既尊重了市场的自主选择，又实现了政府的指导原则，既成全了市场机制的客观性，又发挥了政府主导的主观能动性，政府与企业各司其职、彼此协助，综合了前面两种发展模式的特征与优势，从而使海洋文化产业获得了更好的发展空间。但值得注意的是，河北等被列入其中，也可能是因为市场与政府的作用都较弱且相当，两者均需要增强影响力的发挥。

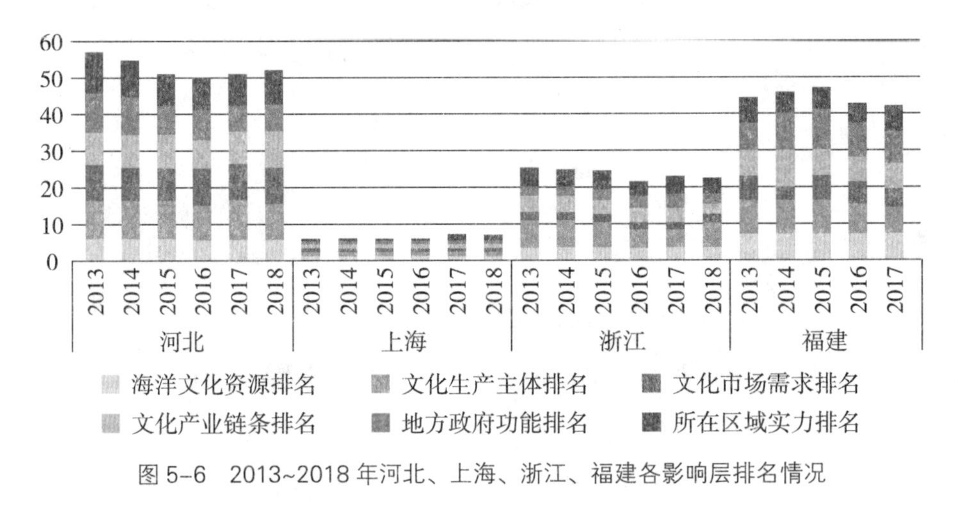

图 5-6　2013~2018 年河北、上海、浙江、福建各影响层排名情况

以上三种模式是基于宏观层面政府行政机制和市场淘汰机制的考量，在实际经营环境中，政府与市场只是作用力有强有弱，两者实质上密不可分，彼此交融，但为了对海洋文化产业发展模式选择结果进行更为细致的划分，需要与产业生产经营实践相结合，针对各省市不同发展状态和阶段的特征进行针对性分析[①]，才能更好地将发展模式与各省市相匹配，并为后进地区提供可资借鉴的经验总结。

①齐炳和．企业技术创新理论分析与实证研究［D］．山东大学硕士学位论文，2006.

5.4.2 不同生命周期阶段的海洋文化产业具体模式选择

海洋文化特色资源的开发和利用以及新海洋文化IP的创意和授权是推动海洋文化产业发展的核心，因此，与沿海各省市海洋文化产业发展状态、所处生命周期相结合，其发展模式可大致分为萌芽期以特色资源为依托的小微企业联盟发展模式、成长期以创意授权为核心的产业集群发展模式、成熟期以自主创新为导向的大企业价值链延伸发展模式，不同模式所呈现出的运营规律与特征同样存在显著差异。

1）萌芽期以特色资源为依托的中小企业联盟发展模式

如图5-7所示，根据公因子测算和实地调研，浙江、海南、福建3个省市凭借较高的海洋文化资源质量和知名度、较低的资源濒危度，为海洋文化产业以特色资源为依托的小微企业联盟发展模式奠定了基础，该3省市战略资源排名在11个省市中最为靠前，广西则是与自身其他因素相比，战略资源排名相对靠前。处于萌芽期的海洋文化产业因其产品与市场都有较大不确定性，创新、创业失败的风险较高，大型文化企业出于对原有生产技术的依赖和沉没成本的考量很难舍身投入到海洋文化产品的研发领域，作为新兴产业的生产主体，中小型文化企业往往是海洋文化创新、创业体系的重要支柱。但为了规避风险，中小型文化企业更愿意以较具知名度的海洋文化资源为依托，进行低度改造或模仿创新，甚至直接依赖于原始资源进行市场开拓，如依存于知名海洋文化旅游景区周边的渔家宴、小商品零售商等，尤其是直接依赖资源、模仿创新等做法对人才、资金的要求较低，比较适合海洋文化产业萌芽期中小型企业在各类要素都有限的情况下快速起步[①]。中小型文化企业通过不断的海洋文化资源转化，在市场竞争中逐渐淘汰不受欢迎的海洋文

①王振家．国外小微企业生存状态概览［J］．光彩，2011（03）：33.

化产品，而将得到市场认可的产品保留，以实现产业变革，在新兴产业中占据一席之地。但受自身实力等因素限制，许多中小型企业也会因为难以承担开拓、试错过程中的成本而无法进入海洋文化产业，因此，为了能在市场中抢占先机并存活下来，中小型文化企业近年来往往选择集聚或联盟的方式“抱团发展”，比较典型的如浙江舟山水产城、浙江岱山东沙古镇、福建厦门曾厝安、广西北海老街等，优势互补的联盟合作模式不仅有利于资源、信息、知识的共享，而且通过大量聚集产业生产销售要素，能够有效降低经营成本，降低市场开拓的风险。

总之，在萌芽期以特色资源为依托的中小企业联盟发展模式既能够解决海洋文化产业初期中小企业想进入但不敢进入的困境，又能够保障社会多元投资共同推动海洋文化产业的崛起。当然，该种模式虽有利于快速集聚产业资源、分散市场风险，但如果联盟依托的海洋文化资源及相关产品不被市场接受或被市场淘汰，整个联盟都将受到打击，加之联盟内各企业产品的差异较小，很难拥有自身特色，也会造成联盟整体竞争力和抗打击能力不足。

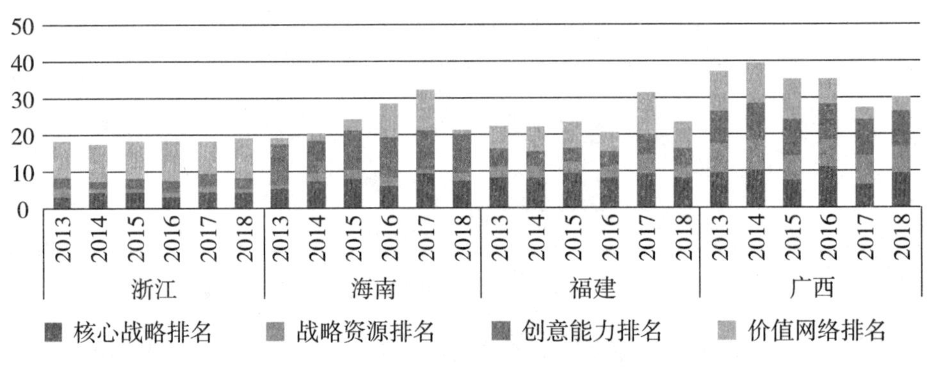

图 5-7　2013~2018 年浙江、海南、福建、广西各公因子排名情况

2）成长期以创意授权为核心的产业集群发展模式

如图 5-8 所示，根据公因子测算和实地调研，山东、辽宁、天津、上海 4 个省市基于企业更高的创意研发投入和产业链条关联度，形成了以创意授

权为核心的价值网络体系和产业集群发展模式。成长期是更多海洋文化创意成果进入市场的重要阶段，随着海洋文化市场需求不断扩大，原有中小型企业竞争激烈导致利润日渐稀薄，文化企业只能不断依靠创新吸引更多市场需求、扩大自身市场份额，实现规模经济效应。成长期，参与海洋文化产品生产的企业已具备了一定的规模和市场，拥有了一定的人才和资金基础，开始进入快速资本积累阶段，但许多有市场前景的创新创意却因为信息不对称或专业经验不足而夭折[①]，因此，一定程度的协同创新和专业合作也会成为这个阶段文化企业所必需。文化企业可通过创意授权或产学研合作的方式以合资、技术共享、知识外溢、市场共推等途径，加速资源、信息与渠道整合，形成多方在同一产业链上的协作共赢，这种模式的直接结果便是产生多处海洋文化产业集群，如日照国际海洋城、天津塘沽海洋科技园、上海浦东临港新城等。

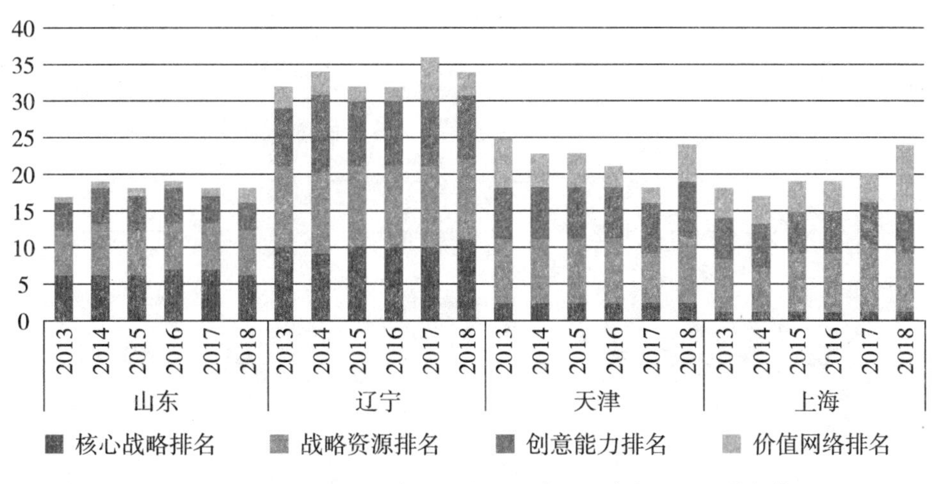

图 5-8　2013~2018 年山东、辽宁、天津、上海各公因子排名情况

成长期以创意授权为核心的产业集群发展模式，有利于更多历史海洋文

① 康媛媛. 北京市战略性新兴产业发展模式研究［D］. 北京工业大学，2014.

化资源和新型海洋文化创意进入产业化，促进海洋文化产业的加快发展和产业规模的迅速扩大。在共性 IP 创意的基础上，整个海洋文化产业链条各细分行业如海洋影视、海洋演艺、海洋动漫、海洋体育、海洋旅游等各方研发、生产、销售力量整合在一起，共同开展针对该 IP 的海洋文化重大项目建设，探索出多元化、系列化海洋文化产品与服务路线，以该专业海洋文化领域形成的产业集群力量应对市场的检验，以合作网络共担规模扩张的风险。

3）成熟期以自主创新为导向的大企业价值链延伸发展模式

如图 5-9 所示，根据公因子测算和实地调研，广东、江苏两个省份依托文化从业人员较强的创新创意能力，形成了以自主创新为导向的大企业价值链延伸发展模式。在成熟期，原有基于战略联盟或产业集群的企企合作或产学研合作可能会受到部分合作方的制约而不利于产品持续创新和规模化生产的推进，而依靠资源或模仿创新起家的文化企业在发展到成熟期后，也需要转向自主创才能继续获得更高的市场地位。自主创新能够帮助原来参与海洋文化产品生产的大中小企业实现蜕变，进入下一轮更高层级的生命周期，在快速“蝶变”的市场环境中不断发展下去。进入成熟期海洋文化产业持续演进的动力主要来自顺应市场需求的创新和规模经济优势，大型文化集团甚至专门化的海洋文化集团越来越多，企业集团的发展趋向一体化和多元化，新企业进入海洋文化产业领域也将面临较高的壁垒，随着兼并、联合等手段的娴熟运用，文化集团占据越来越多的市场份额，最终成为海洋文化产业的寡头及领导者，如深圳华强集团、广州奥飞娱乐集团、江苏省演艺术集团等。以大企业为主的产业发展模式，一方面有利于实现产业劳动力、资金、技术、知识产权 IP 等要素的高度集中，便于自主创新的顺利开展；另一方面有利于在规范的层级结构和专业化职能部门的管理机制下，进行研发、制作、宣传、推广等费用控制，促使生产效率和市场营销效率得到提升。

基于自主创新，大企业通过原创海洋文化 IP 孵化、产品制作、市场宣发、

IP衍生开发打造出海洋文化产品全价值链运营网络，合理延伸供应链和产业链，业务体系愈加成熟，交易网络规模持续扩大，以母公司为核心形成典型的轮轴式产业集群，这种核心—边缘结构下的链条一体化运营模式，既能够增强海洋文化产业整体生产销售网络的密度，又可以保持网络持续发展的稳定性。

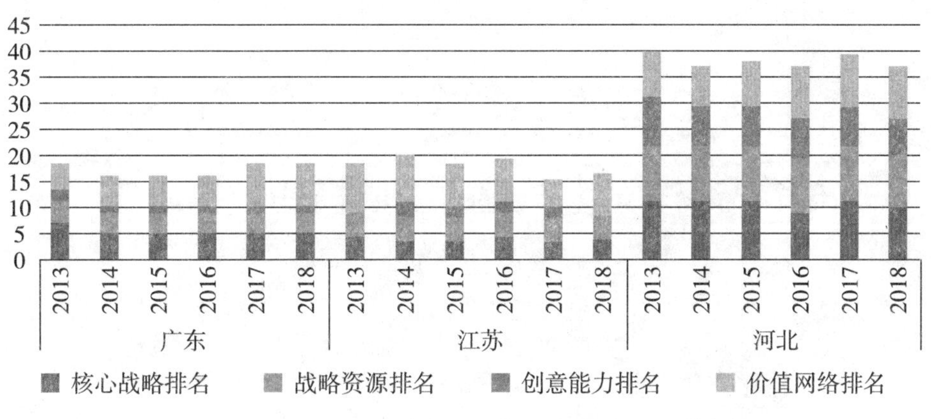

图5-9 2013~2018年广东、江苏、河北各公因子排名情况

综上所述，海洋文化产业发展轨迹具有一定的不确定性，其产业发展模式需要针对所在区域的宏观政策和市场环境以及产业内部具备的比较优势加以选择，尤其在萌芽期，产业内并存的中小企业众多，经过惨烈的市场竞争，才能有一小部分企业进入成长和成熟期①，因此，政府需着重采取直接政策扶持和财政投入的手段，增强共性海洋文化资源的发掘利用和新型海洋文化IP的创意研发，结合税收优惠、财政补贴等辅助手段，引导各类企业进入海洋文化领域，同时对公众加强海洋文化知识普及和教育宣传，为海洋文化产业的良性发展做好铺垫。

①康媛媛，沈蕾．战略性新兴产业生命周期判断及发展模式选择——以北京市为例[J]．南方金融，2014，（3）：15-20，68.

6 我国海洋文化产业发展模式的重新构建

6.1 海洋文化产业的发展模式重构思路

6.1.1 海洋文化产业发展模式重构的必要性

我们分析了我国海洋文化产业发展模式存在的问题并进行了模式选择的实证检验，指明了产业发展的应有方向，就有必要以此作为逻辑出发点进行海洋文化产业发展模式的重构。

第一，产业主体是海洋文化产业的核心要素。产业主体是海洋文化产业存在和发展的基础与动力，也是选择海洋文化产业生产方式和发展模式的决定性要素，海洋文化产业的发展过程实际上是依赖于不同的产业主体将其拥有的本质性力量借助于产业化的运作方式和市场发展模式不断地进行外化、具象并显现出来，在这个过程中，产业主体自身对海洋文化产业的管理运行方式、海洋文化创意内容呈现形式、产品和服务推广方案等活动做出行为选择和决策，并形成完整的产业活动，因此，我们从产业主体成长的角度来重构海洋文化产业的发展模式，才能更准确地推动海洋文化产业的进步与创造。

第二，产业系统的协调平衡运转是海洋文化产业健康、可持续发展的决定因素。海洋文化产业健康、可持续发展的能动性完全来自于产业自身，而产业的发展模式决定了组织海洋文化资源的方式、利用海洋文化资源的方法、开展海洋文化产业活动战略方向和价值主张，以及经营海洋文化产业活动的基本内容和逻辑框架。因此，要实现我国海洋文化产业的健康、可持续发展，就要在把握功能特征、发展状况和应有指向的前提下，协调和平衡各类海洋文化产业，优化海洋文化产业系统，构建能够统筹各类产业发展，实现产业系统有效交互、良性运转，多元海洋文化产业健康成长、不断完善的产业发展模式。

第三，海洋文化的涵育是弘扬和树立海洋文化自信的必然要求。一方面，随着全球化带来的文化流通和传播，外来异质性文化的入侵与本土海洋文化发生价值观念冲撞，在一定程度上阻碍了人们对中华民族海洋文化的认知。要使我国海洋文化能在世界多元文化的冲突和竞争中永葆生机与活力，就要通过与现代生产力和生产方式的结合来发展海洋文化产业，来创新海洋文化发展形式，重新赋予海洋文化新的时代内涵和现代化表现形式，将中国海洋文化的精神属性通过日常海洋文化产品和服务的供给植入到人们的生活中去，让人们更加了解我们自己的海洋文化，增强中国海洋文化的主体性。这也将极大地保护中国特色海洋文化的独特性、丰富性和多样性，深厚地增加海洋文化民族感情和海洋文化意识。另一方面，要树立和增强我们的海洋文化自信，就需要海洋文化产业充分认知我国优秀传统海洋文化的价值，并将这种价值植入自身生命力中带到海洋文化产业的发展中去，带着传统海洋文化精髓保护、传承和发展的使命，让海洋文化产业的发展变成人们认知、吸收和繁荣传统海洋文化精神的媒介和途径，把海洋文化转换到看得见、摸得着、感受得到、享用得到的海洋文化产品和服务中去，宣扬中国海洋意识、渗透中国海洋故事、阐释中国和谐海洋观，最终形成对世界海洋文化和海洋强国、海洋大国发展的巨大吸引力和向心力，增强中华民族海洋文化自信。

第四，海洋文化的发展对“加快海洋强国建设”和“海洋生态文明建设”的推进具有重要意义。一方面，要加快具有中国特色海洋强国的建设和海洋生态文明建设的步伐，通过海洋文化产业行动践行海洋文化先行的力量，将是这一长久战略的思想根基和精神动力，海洋文化饱含的“四海一家”“和谐万邦”等中华传统优秀文化底蕴既是人们认识海洋的基础，又是人们关心海洋的动力，更是海洋文化产业成长的养分，海洋文化产业借助海洋文化丰富灿烂的内涵和历久神秘的历史带领人民走向海洋，并通过海洋文化价值渗透的经济价值和社会价值带领人们经略海洋，海洋文化产业将和平、和谐的中国式发展模式和人文精神融入其发展模式之中，将充分体现我们对美好和谐社会的共同期待。另一方面，在海洋文化的发展进程中，沿海人民以生态文化价值体系和人海和谐共荣的海洋文化为指导，不断为建设和发展海洋而创造出一系列海洋文化与海洋生态系统交互共生的精神和物质成果，以丰富的海洋生态文化资源和内容形式呈现出海洋文化产业的生态化发展，衍生出了诸如海洋生态旅游业、海洋景观鉴赏业、海洋生态文化体验业等海洋生态文化产业新业态。这些产业门类的发展不仅是我国海洋经济发展的推动力，也是主动应对当前海洋生态与环境面临的危机和挑战的一种有效方式，是海洋文化产业发展生态化的具体体现，在海洋文化传播与交流的基础上实现海洋生态系统内动能的转换与代谢，并兼顾文化功能与经济功能，海洋文化的生态化走向使人类产业经济活动的经济效益与海洋环境资源、社会效益达到良性的互动和共赢。在以上基础导向上，我们应推进海洋文化产业发展模式的构建和优化，有效提升海洋文化产业发展对加快海洋强国建设和海洋生态文明建设的支撑作用，这将是中国海洋文化实现人海和谐共生、建设美丽海洋的有效途径。

6.1.2 海洋文化产业发展模式重构的原则和目标

从产业发展的视角重构我国海洋文化产业的发展模式，要坚持基本原则，明确发展目标。

1）我国海洋文化产业发展模式重构的原则

第一，从发展模式重构的技术性上来说，要有前瞻性、可实现性和可操作性。这里的前瞻性是指对于海洋文化产业发展模式的设计，要在当前我国经济发展进入新常态的背景下，结合新时代特色社会主义建设的需求，对中国海洋文化产业未来应有的发展方向、发展趋势、发展战略等问题做出科学准确的判断。在当前加快建设海洋强国的战略部署下，我国海洋文化产业的发展仍处在大有作为的重要机遇期，面临较多的发展机会和空间，同样也面临诸多矛盾相互叠加的严峻挑战，因此，要充分把握海洋文化产业发展的复杂性和风险性，对其未来发展做出综合的前瞻性判断。可实现性是指发展模式的设计要着眼于多元产业之间的协调和平衡发展，着眼于整个海洋文化产业的健康、可持续发展，并使之体现并服务于海洋强国战略及国家整体海洋发展战略的发展道路和方向。可操作性是指所设计的发展模式要切实考虑我国海洋文化产业发展的现状和机遇，结合产业系统的特点和状况，在原则、方法和路径上要具体、可观察，最重要的是，重构设计的海洋文化产业发展模式最终是可以实现的。

第二，从发展模式重构设计的能动性理念来说，必须要以能够实现产业系统内多元产业类型间的充分交互为原则。要通过对发展模式和相应衔接政策的设计，使得在具体的产业活动运转中，能够实现多元产业类型在产业运作过程中连续的、动态的、充分的交流和互动，即在所重构的发展模式中，产业系统在市场中是一个动态并且有序的、立体而非线性的系统运转模式，从而能够实现海洋文化产业资源、要素和信息在不同产业之间进行合理高效的配置和共享共用，提高产业的整体发展水平。

第三，从发展模式重构涉及的精神理念来说，必须将传统海洋文化精髓的传承和保护的理念贯穿始终。也就是说，在多元产业发展各类形式和内容的海洋文化产业时，要以保护和传承传统海洋文化为先，兼顾海洋生态保护，以发展海洋经济为辅，做到轻重有分、文化先行。因此，所有海洋文化产业的发展都必须要注重对我国海洋文化遗产的保护，必须要注重将中华民族优秀的传统海洋文化精髓和价值理念融入海洋文化产品和服务中去，必须要注重将“和谐、和平”“四海一家”的“和”理念融入海洋文化产业的发展和美丽海洋的建设中去，这是保证我国海洋文化产业发展方向、满足公众海洋文化精神供给、树立中华民族海洋文化自信的思想根基和重要保证。

第四，从发展模式重构的落脚点来说，要做到在发展中坚持保障和改善民生。个体从业者占据了海洋文化产业相当大的一部分，他们不仅是我国海洋文化原生态、多样化、丰富性的保存者，更是传统海洋文化的传承者和守护者。一方面，对于涉海群体来说，他们开展海洋文化产业活动的目的在于“民计”，且海洋文化产业发展的创意“取之于民”，其成果也自然是“用之于民”，实现人民海洋文化收益的共享；另一方面，我国农村、渔村地区有着大量的海洋文化产业个体从业者，保护这部分产业类型的利益，是发展乡村海洋文化产业的基础保障，更是对振兴乡村发展的具体落实。因此，在海洋文化产业的发展模式设计中，要着重体现对地位较低的个体从业者的保障，将“民生”贯穿于始终。

2）我国海洋文化产业发展模式重构的目标

第一，实现海洋文化产业系统的平衡、协调、稳定运转。产业系统内不断进行交互的目的之一，就是要实现多元产业之间的有效沟通，从而达到协调资源配置、统筹产业活动安排、协同不同产业发展的目的，这是维护我国海洋文化产业系统稳定、可持续的必要因素。因此，我们在对海洋文化产业的发展模式进行重构设计时，要在确保多元产业主体能够持续、充分交互的基础上，平衡不同产业主体的力量和地位，协调不同产业之间的运转和交互关系，让不同的产业借助于产业模式实现整个海洋文化产业系统的优化运行。

第二，实现海洋文化资源的合理、高效利用。海洋文化产业资源的合理高效利用是确保我国海洋文化产品和服务能够有效供给的条件之一，也是减少海洋文化资源浪费和海洋生态环境破坏的有效途径之一。在产业发展模式的设计中，不仅要重视海洋文化资源的开发技术和程度、利用方式和线路，还要协调好从事不同产业资源开发和利用的产业之间的平衡，整合海洋文化资源，通过多元产业之间的合作和交流，形成产业发展的集聚和协同效应，最终实现海洋文化资源的高效配置和利用。

第三，形成稳定有序的产业市场环境。和谐有序、适度竞争、利益共享的稳定市场环境是海洋文化产业充分发挥其主体功能的有效条件。因此，产业发展模式的设计要能够实现对文化产业市场环境的优化，即促进政府更好地转换职能，为产业发展提供充分的支持和有效的指导；充分发挥国有企业的主导带头作用，打造国有大型企业的国际竞争力和影响力，并以自身为示范带动民营企业发力；引导产业之间的竞争，对外以国有和大型民营企业为主形成国际核心竞争力，对内通过适度竞争增强产业的发展动力和活力；保护个体从业者，带动更多的中介组织和非营利性组织参与到产业发展模式的优化中去。

第四，实现海洋文化产业的健康、可持续发展。实现海洋文化产业的健康、可持续发展是进行产业发展模式优化设计的直接目标，其长远目标则是通过海洋文化产业的健康、可持续发展，带动海洋经济的转型升级发展，促进海洋经济的新旧动能转换，从而助力“加快海洋强国建设”。这个目标是海洋文化产业自身优化的宏观动力，也是产业系统稳定运转的微观动力。

6.1.3 海洋文化产业发展模式重构的思路

海洋文化产业发展模式的优化设计应该体现政府规划、市场秩序、产业主体能动性三者有效结合的机制。以政府的规划为导向，在政府的引导、监管和支持下，实现纵向产业市场主体在横向产业实践活动中的有效参与和充分互动，从而形成产业系统动态的交互运转和平衡发展，尤其注重以保障和改善民生为落脚点，着重确立个体从业者的主体地位，同时，通过政府政策的针对性扶持，实现海洋文化产业发展和扶持政策的有效对接，科学规划各要素的最佳发展模式和政策有效对接的支撑布局，推动我国海洋文化产业最终形成产业间协同发展、良性发展的繁荣局面。

具体来说，海洋文化产业的市场主体，即政府、企业、中介组织、个体从业者、非营利性组织，它们当中的每一个都可以成为任意一个海洋文化产业价值链中的产业实践活动主体。要进行产业发展模式的重构设计，创新它们在价值链活动中的综合运转是一个重要前提。因此，首先要对海洋文化产业价值链环节上实践活动主体之间的价值传递和交流互动过程进行优化设计，通过对产业价值链活动的分解和整合，提出能够优化、延伸和拓展海洋文化产业价值链，实现产业价值创新成长的产业实践活动主体的发展模式，以便能使得贯穿于整个产业价值链的各类产业市场主体在整个海洋文化产业系统内，形成市场主体的立体而非线性的、即时即刻且充分的、既相对独立又互补的交互发展。

其次，在海洋文化产业市场层面。基于政府主体在市场中既作为产业的一分子，又作为产业系统的支撑环境这样一个“亦里亦外”的双重角色，我们从公益性海洋文化事业和经营性海洋文化产业两个层面来研究不同海洋文化产业在这两个层次的海洋文化产品和服务供给活动中应有的发展模式。即对于公益性海洋文化事业的发展来说，作为产业发展的重要补充，政府如何有效地组织和利用市场力量、社会力量来形成主导力量的合力，实现海洋文化公共产品和服务的有效供给；对于经营性海洋文化产业的发展来说，即通过产业发展模式的重构设计，思考政府作为产业系统的支撑环境，如何引导、监督并扶持其他产业市场主体，合理、高效地分配和利用海洋文化资源，并通过平衡各类产业市场主体之间的协调发展来打造稳定的产业系统和良好的市场秩序，最终实现海洋文化产品和服务的有效供给。

最后，无论是从产业价值链的角度思考包含了所有市场主体类型的产业活动实践主体的发展模式，还是从公益性海洋文化事业和经营性海洋文化产业两个层面去分析产业市场主体的发展模式，都是以政府的指导和支撑作为产业发展的基础大环境。因此，对于产业发展模式的创新设计，必须要有针对性的、行之有效的政策衔接体系，与海洋文化产业发展模式相辅相成，才能形成完整的海洋文化产业系统的发展模式总构架，进而实现海洋文化产业系统的稳定运转和海洋文化产业的健康、可持续发展。

6.2　海洋文化产业发展模式的应有机制

海洋文化产业的发展是借助于一定的发展和成长模式，呈现出自身本质力量和特征的过程，这个过程要在产业内部系统之间、产业主体与海洋系统之间、产业主体与社会系统之间的不断交流与互动中得以实现。如果产业主体对自身内部系统、海洋系统和社会系统的索取和消耗超过了当前海洋文化产业自身的能力，超过了当前的生产力水平，超过了海洋和社会系统的承载力，那海洋文化产业的本质力量则会以一种扭曲的方式呈现出来。同样，如果海洋文化产业在自身内部系统的产权结构和要素规则上不合理“出牌”，在海洋系统的资源占有和生态保有上眼光不长远、方式不健康，在社会系统的生产经营和利益分配上不平衡、不协调，那海洋文化产业的本质力量也会以一种变形的状态曲解出来，这都将影响海洋文化产业的健康、可持续发展。因此，我们要通过对海洋文化产业资源的占有和配置方式进行系统的统筹安排，对海洋文化产业的结构性关系和要素进行合理设定，来寻找适合海洋文化产业自身发展和整体海洋文化产业系统协调运转的路径。要对我国海洋文化产业的发展进行重新的规划安排和布局设计，首先要明确在当前我国海洋文化产业发展现状和实情下，应该明确以何种视角为发展的目标指引和原则导向，才能有利于解决目前我国海洋文化产业发展中存在的一系列问题，以实现海洋文化产业整体性的改良与升级。

6.2.1 产业多元化发展

海洋文化产业活动的扩展依赖于多元产业行为交互活动的扩大，多元化产业发展是产业活力和能力的体现，也是社会制度进步和市场机制完善水平的重要衡量。随着市场改革的不断深化，我国海洋文化产品和服务的供给由政府包办逐渐向多元产业供给的方向过度，海洋文化产业呈现出以政府为主导、以企业和公益性海洋文化单位为骨干、以非营利性组织为辅助，全社会不同层级、不同力量广泛参与的多元化发展。但是，产业多元化的趋势尚处于一种萌芽期的多元集合状态，目前的产业仍然没有形成最大力量、最大程度的参与，且不同产业之间尚未形成高效的、良性的互动和交流，具体表现在：一方面，当前产业的健全程度满足不了我国目前海洋文化发展的丰富性和人们需求的多样性，许多可以成为产业主体的力量因为行业限制和资源有限等因素没有进入到产业的门槛中去；另一方面，我国当前海洋文化产业市场中产业发展的不平衡问题使得一些地位和层次较低的产业逐渐被排挤到产业的边缘地带或直接被剔除出去，产业得不到良性的扩大化发展。

而从目前我国海洋文化产业的发展趋势来看，一方面，我国海洋文化产业产值连年增加，产业呈现出快速增长的发展趋势，但是就目前总的供求状态来说，当前的海洋文化产品和服务并没有很好地满足人们对海洋文化精神层面的需求，与此同时，海洋文化产业市场却存在着巨大的消费缺口，供给与需求不匹配的问题严重，因此，对于海洋文化产业来说，要深入消费者中，使得公众在消费海洋文化产品和服务的同时，更多地通过市场的引导和培育，成为产业消费主体的一部分；另一方面，从目前海洋文化产业市场体制状况来看，我国现阶段海洋文化产业是公有制力量占主体，其余多种所有制形式力量共存的方式，随着文化产业发展的持续改革，海洋文化产业中国有产权的比例将逐渐缩小，要实现多种所有制力量不断扩大并和谐发展，就需要构建多元化的、非公有制形式的产业类型。

产业多元化发展应该是怎样的“多元”表现呢？

第一，产业实践活动多元化。从横向的海洋文化产业价值链体系上看，产业实践活动是海洋文化发展的坚实根基，它促进了产业发展，推动着海洋文化产业不断完善。海洋文化产业价值链上每一个产业实践活动的有效衔接与互动是海洋文化产品和服务实现价值最大化的保证。目前我国海洋文化产业实践主体主要由政府主体、创意主体、创意转化主体、生产制造主体、投入主体、推广主体、渠道传播主体、消费主体、衍生主体、服务主体 10 大主体构成，而海洋文化产业的价值链注重的是上、中、下整个环节的产业活动，且“文化性”和“涉海性”特点使得海洋文化产业价值链条更为系统、复杂，随着产业发展进程中对整个价值链条的进一步完善，它可以进一步被细分为更多的、更具体的、更专业化的产业实践活动节点，而每个节点便对应着一个类型的产业实践活动主体，这是公众对我国海洋文化产品和服务需求不断丰富化、定制化、私人化发展的必然要求。

第二，市场产权属性多元化。我国海洋文化产业市场除政府外，在市场上既有公有产权性质的国有企业和相关事业单位，又有其他的个体、私营、混合制的所有制类型。其中，国有企业仍然占据着主导地位，虽然个体、私营等形式的企业在资产优势上占据着非主导地位，但从海洋文化市场企业的数量来看，非公有制形式的企业占据了大部分，且其资产优势总量的比例呈现上升趋势。这是我国社会和谐发展和海洋文化进步发展的趋势所向。因此，我国海洋文化产业要充分释放非公有制形式产业的活力，通过产权分离、机制转换、体制创新等形式，进行国有企业的创新和改革；同时要培育更多的非公有制形式的产业，扩大非公有制力量，充分释放非公有制产业的活力。

第三，产业力量多元化。目前我国海洋文化产业系统是政府力量为主导、市场力量为主力军、社会力量广泛参与的系统运转状态。政府主导力量的多元化，不仅仅体现在中央级政府在我国海洋文化产业发展上的顶层设计上，各省市政府单位，尤其是下至县区的基层政府力量是最摸得清本地区海洋文化资源和产业发展实际状况的，也是最能根据国家顶层规划来进行区域海洋文化产业发展的具体安排的，因此，政府力量的产业需要最基层的政府力量的积极作为。以企业作为骨干的市场力量中，产业类型最为复杂，民营产业占据着较多的数量，尤其是小微民营企业，它们往往能够走在海洋文化创意的前沿，能够更好地体现海洋文化产品的多样化和异质性，这是海洋文化最具现代化魅力的特质，因此，需要加大对小微海洋文化的扶持，使之更能体现海洋文化的自身内部性和正外部性等多元性产业功能。在海洋文化产业系统中，民间非营利性组织等社会力量的参与不仅为政府排忧解难，承接部分海洋文化公共产品和服务的供给，还通过与市场的合作推动了海洋文化产业的发展，民间非营利性组织来自民间，更能准确把握公众对海洋文化产品和服务的具体需求而为政府和市场提供海洋文化供给的参考，提高海洋文化供给的有效性，因此，发动最广泛的社会力量，让更多的民间力量以多元化的形式参与到海洋文化产业的发展中去，才能真正实现海洋文化的发展取之于民，用之于民，享之于民。

6.2.2 产业不断交互发展

每一个产业的发展都不是独立的产业通过独立的经济活动完成的，它是在整个产业有机系统中多个产业类型共同作用的结果，海洋文化产业的发展亦不例外，海洋文化相关生产力的保存和发展，都是以产业之间的交流和互动为基础的，各类生产要素要在不同的产业之间进行分配、传递、交接才能完成生产力的转化，信息在不同产业内传播、流转、共享才能完成产业市场环境的相对完善。无论是同一个产业活动中的不同产业，还是不同产业活动中的不同产业，无论是基于一个产业活动目标任务的完成，还是基于一个市场中多项复杂产业活动的完成，都需要不同产业环节、不同层面、不同所有权性质、不同等级的产业进行时时刻刻地交流与互动。

从海洋文化产业活动的价值链来看，从起始端到终端，产业价值的增值过程中是环环相扣的产业活动有机集合体，各活动环节之间的产业相互关联、彼此依赖和影响，如同前文所分析的，海洋文化创意要转换成产品和服务，必须与创意转换主体、推广主体、渠道主体等多个主体之间就创意的内涵和价值进行充分的沟通，才能实现创意的有效转换、高效推广和正确传播；生产制造主体也需要与消费主体和创意转化主体沟通才能生产出既符合公众海洋文化需求，又体现海洋文化创意的产品和服务。因此，海洋文化产业交互不仅是在相邻的活动环节之间，而是每个活动环节的产业活动实践主体都要与其他所有环节的产业实践活动主体进行充分的交流、互动和沟通，且这种交互必须是时时刻刻的、连续不间断的且充分的。只有在如此有效的、全方位的交流和沟通下，才能够节省产业链价值传递所需要的成本，加快海洋文化产业活动内的信息流通速度，增强整个产业活动的效率。尤其是随着目前社会分工的不断细化，海洋文化产业价值链活动集合中的元素数量将不断增多、特征逐渐个性化、活动日益专业化，需要更多相对独立的产业活动主体来相互交流和关联，相辅相成地共同形成海洋文化产业活动的动态组织过程。

从产业市场上来看，政府力量、市场力量和社会力量三个层面的市场在海洋文化产业资源占有和市场活动中，虽然是相对对立且彼此竞争的关系，但是在当前资源配置方式下，充分的交互才能实现产业资源的有效利用，合理的竞争与合作共存才能实现稳定市场秩序下产业的向前发展。无论是竞争，还是合作，都是建立在对另一方和多方交流互动的基础上进行的，从竞争的角度看要“知己知彼”，从合作的角度看不仅要“知己知彼”还要知“合而不化”“合中共进”。在目前我国海洋文化产业市场中，多类产业类型集聚式发展就是局部范围内产业进行交互的一种模式。除此之外，在海洋文化市场上，不同层级力量的产业市场形成了“产学研”协同发展的方式，深度推进不同市场类型之间的融合交流与互动发展，有利于充分利用和整合海洋文化产业相关资源，发挥并学习不同产业市场各自的优势，形成整个海洋文化产业市场在动态交互中共同优化的局面。

6.2.3 产业平衡协调发展

海洋文化产业系统稳定性的根源在于各类产业地位的平衡与协调，我国海洋文化产业发展的不平衡性主要体现在民营企业中的小微企业、中介机构、个体从业者以及民间非营利性组织中。这些产业类型规模虽小但数量居多，地位虽低但必不可缺，它们的存在和发展对于稳定和拉动社会就业、提高社会创新力、维护社会公平以及增强全社会公众的海洋文化福利、保障和改善海洋社群的民生民计具有重要作用。因此，在海洋文化产业系统的运转中，要平衡和协调好各类产业的地位和发展，就要保证政府的主导地位，稳定国有企业、大中型民营企业的高市场地位，改善民营小微企业、个体从业者的低市场地位状态，带动更多的中介机构和非营利性组织参与到市场行列中来，尤其是要提高个体从业者的市场地位，这是本书进行海洋文化产业模式重构设计的一个重要落脚点。

第一，要提高民营小微企业的地位。民营企业中的小微企业在我国海洋文化产业市场中主要处于“温饱型”的状态，在市场竞争中，大量的小微企业被大型企业所并购或重组，一方面这有利于将小微企业智能化、专业化的创新活力和新技术、新业态带到大型企业中去，但另一方面这也是小微企业在较低地位下成长模式选择的一个侧面反映。民营小微企业是海洋文化产业多元生态化的体现、是与“互联网”“大数据”等技术高融合业态的代表、是海洋文化创意型生产专门化和定制化的前沿，提高它们的主体地位，让民营小微企业从“温饱”状态上升到“小康状态”，将极大增强我国海洋文化产业的活力。

第二，着重保障并提高个体从业者的地位。个体居民等从业类型是海洋文化产业发展中最关乎民生民意的产业群体，尤其是对于从事传统海洋文化行业的个人、家族、家庭式个体居民从业者来说，在当前海洋经济开发的浪潮下，他们位处于较低的生存地位，使用的是最为原生态、对环境最为友好的生产方式，却因为原生地海洋文化资源的开发、破坏以及行业竞争等因素付出与其地位不匹配的成本，使得他们的生活、生计甚至生存受到巨大的冲击与挑战。而事实上，对于大多数个体居民经营者来说，他们从事的活动是现实生活中精神层面的一种追求，是对生活满足感和幸福感的追求。他们并非以高盈利为目标追求，而更多的是对生活满足、生活艺术和审美的一种自然流露和体现。因此，从民生的角度，从人的需求和精神追求的角度，从文化内涵和本质的角度，海洋文化产业的家族、家庭、个体居民的“生业”这一产业类型的地位及其发展，更应该受到大力的保障和促进。

第三，带动中介组织和非营利性组织的不断发展并提高其地位。我国海洋文化中介组织和非营利性组织是较新、较小的一股力量，其份额有待于进一步扩充。中介组织在一般产业发展中开展活动已久，但在创意产业尤其是海洋文化产业中，很多中介组织是根据产业活动的特殊性而专门成立的，并以较强的针对性和专业性为海洋文化产业的发展提供了服务和保障，要扩大中介组织的服务范围，就要降低门槛，鼓励更多力量进入中介组织市场，尤其是要扩大在知识产权保护、风险保障、信息咨询等方面的中介组织机构份额，使更多的中介组织力量活跃在海洋文化产业系统中。非营利性组织是海洋文化产业中不可缺少的一部分，是海洋文化产业多元化、协调化发展的体现，尤其是民间非营利性组织，它们的广泛参与对于广泛普及海洋文化意识、带动海洋文化生产积极性具有重要意义，因此，要鼓励和支持更多的民间力量，尤其是具有海洋文化基础性文化素养、专业性能力素养以及发展性学习素养的，热衷于海洋文化的保护和传承，对海洋意识普及和海洋环境保护具有广泛热情的民间非营利性组织加入到海洋文化产业力量中来。

6.2.4 产业健康可持续发展

海洋文化产业的健康可持续发展是我国经济发展新常态下海洋文化产业能够持续健康发展的基本保证。其健康性体现在产业系统的平衡与稳定状态上，体现在良好规范的市场秩序和完善的政策保障体系上；可持续性体现在其对海洋文化资源保护和海洋环境保护上，体现在对海洋文化遗产的传承保护和传统海洋文化精髓的融入上。

海洋文化产业系统的健康运转必须依托于稳健的市场及配套的政策保障体系，在市场秩序上具体包括了平衡协调的资源配置、和谐共享的利益分配以及适度的竞争。首先，海洋文化产业的资源配置要在确定以公有产权为主导的前提下，尽可能地实现更多资源向民营企业尤其是中小微型民营企业和个体从业者靠拢，并通过不同层级产业类型之间的有效互动和协同发展，实现产业资源在系统内部的自由配置和共享共用，提高产业资源的配置率和利用率。其次，引导产业之间的竞争，尤其是对于国有和民营大型海洋文化企业，政府要鼓励其向外参与国际竞争、占领国际市场并不断发展壮大中国海洋文化企业的国际竞争力和影响力，向内则引导民营企业和个体从业者之间的适度竞争，目标不是市场内的“骨肉同胞之争”、盈利下的“窝里斗”，而是以利益和谐的、收益共享的心态，通过良性的、适度的竞争，共同实现海洋文化产业的成长，这也是对我国海洋文化“和”之精髓的最好体现。最后，对于产业发展的管理和扶持，政府要站在所有海洋文化产业的立场上，做到政策扶持体系的“有的放矢”，即针对不同所有权性质、不同力量层级、同一层级不同类型大小、不同区域的产业，要分别有针对性、目的性、重点性地设置扶持政策，同时，在管理上做到市场机制的发展和政策扶持的张弛如“义利之辨”，既要为海洋文化市场的发展把关定向，更要为个体从业者的民生、民计之“营生”提供保障。

海洋文化自然资源和人文精神资源的良好保有和传承应该是始终贯穿于海洋文化产业的可持续发展之中的。一方面，海洋文化产业活动所需要的各类海洋文化资源量不断加大，一些产业类型为了占领市场份额、追求规模效益而不断扩大地盘，出现诸多不合理的海洋文化资源开发与利用现象，导致一系列海域污染、渔业资源枯竭、海水入侵、海洋原生态环境破坏等严重的环境与资源问题，这是在生态文明建设已经成为国家战略，海洋生态文明建设更是迫在眉睫的当代条件下，海洋文化产业未来发展必须要面对并解决的一个问题，海洋文化产业在追求自身可持续成长的同时，一定要保护好其所依赖的海洋自然环境和资源。另一方面，海洋文化产业发展模式中传统海洋文化精髓的传承和发展必须是应有之义，这是支撑一种提供精神服务的文化产业的思想保障和动力根基。我国海洋文化产业的发展模式要在继承传统海洋文化遗产和精髓的基础上体现出新时代特色社会主义的海洋文化发展思想，即通过将优秀海洋文化底蕴作为精神滋养和价值指导，并将其融于海洋文化产业的发展模式之中，不断巩固“四海一家”“和谐万邦”的和平思想基础、坚定的海洋文化自信，为推动海洋文化产业健康可持续发展、加快特色社会主义海洋强国建设提供精神保障。

6.3 海洋文化产业创新生态系统发展模式的构建

通过梳理海洋文化产业发展模式的重构思路和应有机制，我们产生了一个十分明确的发展愿景，期待借鉴创新生态系统构建一个我国海洋文化产业发展的新模式，即海洋文化产业创新生态系统发展模式。在这个模式下，我国海洋文化各个产业主体要大力倡导并充分发挥海洋文化的先导作用，深入整合人力、技术、信息、资本等创新要素，实现创新因子有效汇聚，为网络中的各个主体带来价值创造，实现各个产业主体的可持续发展，以此来推动海洋强国建设、生态文明建设和“一带一路”倡议等的顺利实施。在这个过程中，既充分发展和完善了各个产业主体，又突出了每个产业主体自身的特征，满足了各自发展的需求，理顺了各产业主体之间共生共存的关系网络，同时在海内外大力传播和弘扬了我国海洋文化。

创新生态系统是一个具有共生关系的经济共同体，也是一个基于长期信任关系形成的松散而又相互关联的网络。根据国外研究定义，创新生态系统是一个具备完善合作创新支持体系的群落，其内部各个创新主体通过发挥各自的异质性，与其他主体进行协同创新，实现价值创造，并形成了相互依赖和共生演进的网络关系。根据国内研究定义，创新生态系统是一个以企业为主体，大学、科研机构、政府、金融等中介服务机构为系统要素载体的复杂网络结构，通过组织间的网络协作，深入整合人力、技术、信息、资本等创新要素，实现创新因子有效汇聚，为网络中的各个主体带来价值创造，实现各个主体的可持续发展。

通过图 6-1，可以非常直观地看到在大学、科研机构、政府、金融机构构成的网络结构中，海洋文化产业的发展蕴含着产业发展需求中海洋文化与生产要素、创新要素等之间的相互关系，以及创新生态系统外部面临的经济环境、政策环境、生态环境和社会人文环境等。

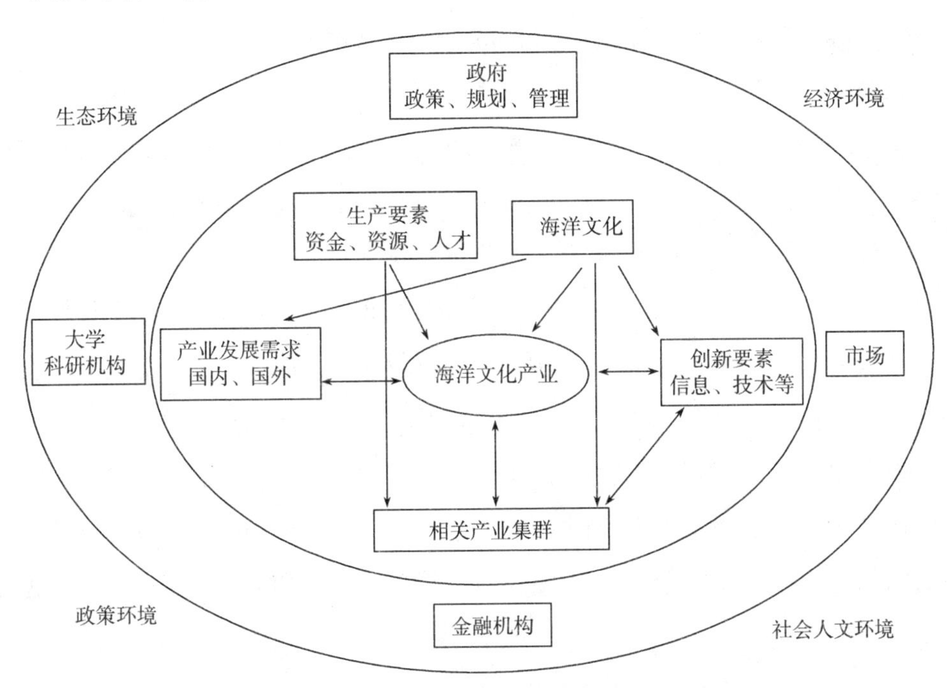

图 6-1 我国海洋文化产业创新生态系统发展模式

6.3.1 方向定位

1）宏观方面

我国海洋文化产业要在创新生态系统发展模式的引导下，始终把树立海洋文化的先导地位作为最基本遵循，坚持以海洋文化产业市场为主体，在高校、科研机构等知识群体，政府和相关单位等政策和法律环境以及金融机构等支撑群体的共同交互发展中，牢牢把握海洋文化丰富的优秀精神内涵，深入贯彻落实“绿水青山就是金山银山”的发展理念，力求在海洋文化产业的发展过程中，让海洋文化浸润到更多人民大众的内心深处，让海洋文化成为更广泛大众的一种文化自觉，在建设中国特色社会主义文化自信的征程中，发挥海洋文化产业更大的和应有的作用。

我国海洋文化产业几十年的发展历程充分表明，海洋文化产业按照创新生态系统发展模式来发展，契合我国经济发展转型大环境，合乎经济发展客观规律，符合五位一体的发展理念，是通向高质量发展道路的强力引擎和催化剂，这种发展模式能够协调并充分利用各种力量，增强产业的创新力，应当成为海洋文化产业迈入高质量发展道路的逻辑起点。从“有没有”“有多少”到“好不好”“优不优”，揭示了高质量发展的客观必然性。

观念是人们对事物的主观与客观认识的系统化之集合体，人们会根据自身形成的观念进行各种活动。大众的思想观念是一个时代文化先进程度的重要表现形式，一般而言，生活在文化相对落后时代的人们在对事物的认知等方面也相对落后，反之先进文化会在生活于相对发达时期人们身上得到更集中的体现。先进的文化应该能够使更广泛大众的观念得到一定程度的提升，对文化的发展起着积极的促进作用，与此同时，落后的观念对于文化的发展进步产生着直接的反作用。由此可见，一个时代文化的先进性在很大程度上或者说直接决定了大众认知观念的高低程度。就我国海洋文化而言，由于种种历史原因，起步晚、认知水平较低、认知有失偏颇等都成为它与生俱来的标签。因而要坚持以人民为中心的导向，深入生活、扎根人们，推动我国海洋文化产业呈现出良好的发展态势。做好相关观念方面的解放与创新工作，认真梳理好当前全新的海洋文化产业意识，均是良好发展海洋文化产业、提高文化竞争力的有利前提条件。具体而言，要树立以下几个观念：海洋文化资源就相当于战略资源，文化与知识资本是战略资本，海洋文化产业是当前

21 世纪海洋经济重要支柱型产业。必须克服以下几个观念："抓经济赚钱，抓文化赔钱"的思想以及"文化产业不创造国民收入"等。必须注意以开放的眼光看待文化交流问题，注重提升大众的相关消费观念以及国民文化素质，不仅仅讲究物质生活条件，同时还应该注意讲究生活质量以及文化品位。

2）微观方向

第一，不断提高全民海洋意识。国家海洋行政主管部门通过开展世界海洋日暨全国海洋宣传日、全国大中学生海洋知识竞赛、年度海洋人物评选、海洋知识"三进"，建设全国海洋意识教育基地等一系列内容丰富、形式多样的活动，着力增强全民海洋意识，加快提升海洋强国软实力，为发展海洋事业、建设海洋强国凝聚强大的精神力量。

第二，实施人才培育工程，打造智力支持环境。紧紧围绕优先发展、柔性引才、服务留才、平台聚才，大力推进人才"四大工程"建设，做优引才、聚才、留才环境，为海洋强国建设提供人才保证和智力支持。坚持用战略眼光看待人才工作，牢固树立人才工作优先部署、人才发展优先规划、人才投入优先保证、人才资本优先积累、人才资源优先开发"五个优先"新思维。对高层次人才要坚持做到培育和引进并举，积极做好高层次人才的摸底、跟踪、联络、服务工作。

第三，统一标准，建立健全完善的海洋文化遗产保护法律规章制度。在海洋文化遗产方面加大保护力度，相关部门需要注意对具有本土特色的海洋文化资源格外加大挖掘、扶持和再包装力度，注意保护好历史文化遗产。具体策略实施方面，要根据海洋文化资源的种类区别对待，帮助其由民间步入社会和市场，充分发挥其在对外国际交流方面的独特作用。此外，要善于挖掘可较好体现海洋文化特点及风貌的传统海洋文化资源。为了更好地集中、整合及保护此类资源，可设定海洋博物馆、临港海域旅游等项目活动。对于涉及海洋文化的各类遗产，应采取积极的态度将其充分纳入当地文化发展框架中，使其成为城市海洋文化积淀中不可缺少的一部分。针对现有的以及潜在的定级文物保护单位、文物点以及相关的特色性历史风貌区等，应该在原有的基础上继续加强保护力度。可以借助丰富古今展品、扩大社会影响等方法，有效促使历史文化遗产增添活力、焕发生机。

当然，这些定位绝非一朝一夕、敲锣打鼓、轻轻松松就能实现，必须长期坚持正确的发展理念，锲而不舍，久久为功。树高叶茂，系于根深。要把工作基本方针坚持好，关键是要着力做好引导，切实明确海洋文化的先导地位，要在引导上想得深、看得透、把得准，做到导之有方、导之有力、导之有效。

6.3.2 基本内涵

1）和谐海洋

致力于和谐海洋建设，就是在海洋文化产业发展过程中要注重海洋社会和谐、人际和谐、族际和谐、国际和谐与和平，尊重不同区域的海洋社会文化与传统及其自我选择，秉持“亲诚惠容”的理念，深耕睦邻之交尤其是邻海之交，睦邻友好，守望相助，互惠互利，务实合作，书写中国周边开放包容、共同发展的外交新篇章，做到己所不欲勿施于人，共同努力营造共生、共享、共赢的良好海洋氛围，努力构建责任共担、文化共兴、安全共筑、幸福共享、和谐共生的海洋命运共同体。

2）审美海洋

致力于审美海洋建设，就是在海洋文化产业发展过程中要注重人类对海洋的精神感受、审美感受、幸福感受，而不是一味地追求对海洋资源和海洋利益的贪占享用。中国海洋景观多姿多彩、内蕴丰厚，有着海洋自然魅力美、海洋景观形式美、海洋审美再创造引发美、海洋文化历史情貌美和海洋文化现代发展美等审美内涵。当前，国民的海洋意识空前增强，这势必促使我国海洋审美活动全面发展。

3）永续海洋

致力于永续海洋建设，就是在海洋文化产业发展过程中要注重海洋资源、海洋环境的可持续利用，坚持资源、环境优先的总原则和节约优先、保护优先、自然恢复为主的总方针，努力做好强化顶层设计，改善生态环境，促进转型发展，探索体制机制改革，避免过去存在的效率优先、互相竞争掠取等违背可持续发展要求的种种不端行为和做法，坚持人与自然和谐共生，推进海洋生态文明建设，实现海洋的永续发展。

4）休闲海洋

致力于休闲海洋建设，就是在海洋文化产业发展过程中要注重予民以休养生息，予海以休养生息，以替代快节奏、高速率、紧张疲劳的海洋生产和社会人生的运转。坚持以人文本、服务民生、安全第一、绿色消费的原则，大力推广健康、文明、环保的休闲活动理念，顺应休闲活动多元化趋势，不断扩大城乡居民休闲半径，提供更多的休闲消费选择，努力扭转和改进海洋文化服务供需错配、文化效能低下的现状，不断促进国民休闲活动的规模扩大和品质提升，促进社会和谐，提高国民生活质量。

5）安全海洋

致力于安全海洋建设，在微观方面就是在海洋文化产业发展过程中要注重海洋环境安全、海洋资源安全、海洋消费安全、海业人身安全、海洋航行安全。在宏观方面，走互利共赢、共商共议的海上安全之路，做好全球海洋的互联互通，努力维护海洋和平安定和良好秩序，保护国家领海安全。

6）人文海洋

致力于人文海洋建设，就是在海洋文化产业发展过程中要注重文化传承型海洋社会的建设，重视海洋历史文化资源保护与海洋精神文化和民俗文化传承，而不是动辄破坏、横扫、新建、以维新是求，要使之文脉不断，历久弥新。文化意味着生活，而掺入了浓郁海味的海洋文化，深入沿海居民和岛民生活脉络，繁衍出独特的海洋人文风采。

6.3.3 标志性体现

第一，鲜明的海洋大国形象。以中国气派、中国风格、中国特色影响世界，中国应担负起作为一个海洋文化大国的国际责任与使命。当前，中国正处于由大向强、由陆权国家向陆权海权兼备国家迈进的关键阶段，维护海洋权益、建设海洋强国已成为时代的呼唤、人民的选择。

第二，凸显的国家海洋意志。在深入推进“一带一路”倡议落地的过程中，应充分彰显我国和平、共赢、开放、包容的国家海洋意志，坚持共商、共建、共享的原则，讲好中国故事，唱响中国旋律，为重塑海上丝绸之路的历史辉煌，为世界各国海洋文化产业发展之路提供中国智慧和中国方案。要按照自己的意志着力在海洋上发展，并使之成为国家海洋文化产业发展模式及其走向的重要体现。

第三，普遍的国民海洋文化理念。提高国民海洋意识的重要性已为大多数人所认同，并开展了一些提高国民海洋意识的探索、教育活动，领海、毗连区、专属经济区、公海等概念慢慢被公众了解。海洋文化产业在发展过程中应大张旗鼓加大对海洋文化的普及传播力度，肩负起更重要的历史责任，努力成为引领提升我国国民海洋文化理念的生力军。

第四，高度的中国历史与民族文化认同。这不仅关乎每一个企业个体的发展，而且关乎国家强盛和民族复兴，要恢复树立民族海洋文化历史的自豪感，树立起海洋文化发展的自信心。明代永乐、宣德年间郑和七下西洋，是中国古代规模最大、船只和海员最多、时间最久的海上航行，也是 15 世纪末欧洲地理大发现航行以前世界历史上规模最大的一系列海上探险，不仅充分体现了中国古代航海技术领先于世界，而且在建立政治秩序、拓展朝贡体系、开拓海外贸易、改进国内生产、加强中外文明交流等方面起到了积极的促进作用，在实现中华民族伟大复兴“中国梦”的征程中，以时代精神激活中华优秀传统文化的生命力，引导人民树立和坚持正确的历史观、民族观、国家观、文化观，不断增强中国民族的归属感、认同感、尊严感、荣誉感，极大地提升我国社会主义文化自信的底气，充分地彰显我国民族自豪感和自信心。

第五，行之有效的海洋文化遗产发掘与保护制度。在当代大规模城市化、现代化建造中，尤其是在城市规划、城区拓展、旧城改造、城市工程、港口工程、工业项目、旅游开发建设中，要用法律制度和手段根绝无视、破坏包括以复原、改造、修缮为旗号对海洋文化遗产的损害和造假，切实妥善保护古代港口与航路遗址、水下考古与沉船遗物等。

第六，完善的海洋文化发展体制。进一步深化文化体制改革，多措并举切实促进文化企业发展。在国有文化资产管理中，实现管人、管事、管资产和管导向相统一，推动党政部门与其所属的文化企业进一步理顺管理。进一步引导和规范非公有资本进入海洋文化产业，鼓励和支持非公有资本从事海洋文化产品和文化服务出口业务，逐步形成以公有制为主体、多种所有制经济共同发展的海洋文化产业格局。针对海洋文化企业的特点，研究制定知识产权、文化品牌等无形资产的评估、质押、登记、托管、投资、流转和变现等规定办法，完善无形资产和收益权抵（质）押权登记公示制度。鼓励开发文化消费信贷产品，建立和完善符合海洋文化企业的公共信用综合评价制度。

7 我国海洋文化产业发展模式的对策建议和保障措施

7.1 着眼长远，提高全民海洋意识

从子孙后代的长远利益角度考虑，我们现在必须本着严肃认真的态度，号召全民积极参与到合理利用海洋资源和积极保护海洋环境的队伍中来，牢固树立海洋资源可持续发展以及可持续利用的观念。积极参与形成人人关注海洋、人人了解海洋、人人保护海洋的局面，真正做到靠海吃海、与海为伴、以海为生，使海洋在全民努力下长期、稳定、高效地为人类造福。在大力做好我国海洋文化产业发展的同时，要积极提高全民的海洋保护意识，这是当前时代的要求，也是海洋文化产业得以持续发展的迫切需要，所以，我们现在就应该增强与此相关的紧迫感、责任感和使命感，树立“陆海一体化”意识，“物尽其用”意识，“利用与保护、开发与治理并重”意识等。具体而言，我们可以围绕以下几个方面开展相关工作。

7.1.1 保护和复兴中国传统海洋文化

中国海洋文化的发展受中国文化主体观念的支配，是在中华民族腹地广

阔、地大物博的条件下发展起来的，因此，我国的传统海洋文化所体现的价值观念有别于西方“重利轻义”“冒险”“扩展”思想，其核心理念是“和”，包含了“和平、和谐”“四海一家”“天下一体”“天人合一”等思想内涵，这种以“和”为特征的中国传统海洋文化价值理念深刻反映了中华民族对人与海洋关系的理解与认知，同时也深刻展现了中华民族在人海和谐相处问题上的深邃智慧与博大胸怀，由此形成了我国海洋文化发展的价值取向，成为我国海洋文化战略思想和行为的指导，并经历了数千年时间的冲洗，在现代海洋文化产业的可持续发展中仍然起着中流砥柱的中坚作用。

我国海洋文化历史悠久，虽然新时代海洋文化资源及其特征、价值观念已发生较大变化，但其核心价值观念依然是现代海洋文化建设的核心精神，且我国海洋文化的发展是对传统海洋文化的一脉相承，在当代的海洋事业与海洋发展理论建设上依然有着重要的借鉴意义且是不可改变的客观真理。尤其是在当今世界发展海洋经济的浪潮中，伴随着经济增长的是海洋环境的污染和资源的破坏，海洋争端问题此起彼伏，海洋价值扭曲严重，因此，建设中国海洋文化基因库，加快提升海洋文化内涵，以中华民族海洋价值观为指导科学发展海洋经济和解决海洋争端问题，保护和复兴中国传统海洋文化迫在眉睫。

建立中国海洋文化基因库，即通过建设中国海洋文化发展示范基地、建立海洋文化交流平台、讲述中国海洋文化故事、举办海洋文化节庆活动、创新海洋文化产业创意等多种现代化手段，对体现中国传统海洋文化精髓、凸显中国式特色海洋文化发展观念的海洋文化进行挖掘和整理，从我国海洋社群及其民俗海洋文化传统、海洋信仰谱系、传统造船与航海技术、沿海海洋文化遗产等角度梳理、归纳、分类我国海洋文化及其所体现的价值观念，将海洋文化基因库作为海洋文化展示和海洋意识教育、传承保护海洋文化、进行海洋文化科考研究、发展海洋文化产业、丰富海洋文化精神的平台。[①]

通过基因库的建设，为海洋文化打造一个“保护区”，保护我国优秀的传统海洋文化在全球化的今天抵御外来有悖于中国特色社会主义价值观念文化的冲击，复兴并充分发挥海洋文化基因库的精神指导作用，以其强大的亲和力与凝聚力，把各地区、各民族的人集聚起来，形成一种强大的海洋文化合力，并在“人海和谐”的生态平衡理念指导下，发展世界和中国海洋生态文明，在全球形成海洋文化关注、开发、利用以及保护的良好氛围，维护和平发展的新秩序，建立和平、和谐、美好的海洋世界。

7.1.2 传承和创新海洋文化

我国海洋文化有着深厚而宏阔的价值观内涵和取向，它不仅包含人类与海洋和平、和谐相处，尊重海洋、保护海洋、四海一家等精神与价值理性方面的内涵，还包含了人类驾驭海洋、利用海洋、开发海洋等偏重于实用与工具理性方面的内涵。人们的海洋认知、海洋观念正是根植于这些中华民族优秀的海洋文化积淀和历史传统而发展起来，而且这对当代人们重新理解人海关系、正确认识海洋价值、形成现代海洋意识具有重要的意义。习近平新时代特色社会主义海洋强国思想所表达的“走向海洋、关心海洋、认识海洋、经略海洋”观念，即以保护海洋环境为根本而真切地关心海洋，以提高全民海洋意识为目标而深刻地认识海洋，以维护海洋权益为保障而坚定地走向海洋，以发展海洋经济和海洋科技为核心和实践而全面地经略海洋，以“和平和谐”“四海一家”的主张而参与治理全球海洋，“构建人类命运共同体”，这些思想都是在传承和保护传统海洋文化的基础上，结合我国的国情和当前海洋发展的实际，在传承的基础上通过创造性的转化和创新性的发展来建设

① 苏文箐. 建设中国海洋文化基因库，复兴中国传统海洋文化[N]. 中国海洋报，2016年6月21日.

现代海洋文化，发展现代海洋文化产业，进而加快建设新时代中国特色海洋强国，实现中华民族伟大复兴的中国梦。

建设海洋文化，要在不忘本的基础上开辟未来，在善于继承的基础上更好创新，这是必要之举。但是，我们传承和保护海洋文化不是为了完全“复古”，而是一定程度上的“古为今用”“旧邦新命”“推陈出新”，让海洋文化在历史长河的任一阶段都能一直处于有机自然的心跳之中，不动声色地控制着海洋文化发展的局面。首先，要建立海洋文化保护和传承的国家机制，通过国家顶层设计规划和指导我国海洋文化的保护和传承工作，为我国海洋文化的保护和传承提供基本原则、方针、线路和目标，统筹规划海洋文化资源保护和传承的人力、物力资源，实现从个人到社会到国家的海洋文化保护和传承体系，同时，政府也要加强海洋文化保护的法制化和道德化双重建设，为海洋文化的保护和传承提供政策和法律上的保障；其次，构建海洋文化保护的保障机制，尤其是加大对海洋文化保护和传承的财政投入和人才投入，保证海洋文化摸底调查和考古调研工作的顺利开展，完成我国海洋文化资源的梳理和归类，通过建立海洋文化基因库的形式，完善我国海洋文化档案，储备并保护好海洋文化遗产；最后，建立海洋文化的传承体系，从海洋文化传承人，到海洋文化遗产保护区，到海洋文化保护制度，再到创新保护和传承形式，形成多方位的海洋文化传承和保护体系。

对于海洋文化的创新，则要从内生机制和外部机制两个方面进行全面系统的创新。在内生机制上，根据我国海洋文化发展的实践和公众的海洋文化需求，自主地在传统海洋文化的基础上进行创新，通过与现代生产力和生产方式的结合，形成现代先进海洋文化，重新赋予海洋文化新的时代内涵和现代化表现形式，丰富海洋文化的内涵，激活海洋文化的生命力；外部机制上，随着全球化时代带来的文化流通和传播，外来异质性文化的入侵与本土海洋文化发生价值观念冲撞，要使我国海洋文化能在世界多元文化的冲突和竞争中永葆生机与活力，就必须“去除糟粕，取其精华”，吸收和借鉴外来文化的先进之处，然后将其转化内生为符合我国新时代特色社会主义思想的海洋文化建设中来，在坚定中华民族海洋文化主体性地位的前提下，采取“海纳百川，有容乃大”的态度“吐故纳新”，捍卫具有中华民族精神根源的海洋文化核心价值，树立海洋文化自信。

无论是海洋文化创新的内生机制还是外部机制，培育和发展海洋文化产业作为载体是实现海洋文化多样化创新的最有效表现形式。通过智慧和创意，将海洋文化元素转化成具体的海洋文化产品和服务，并利用产业化的经营思维，借助现在的多媒体、互联网等高新技术实现海洋文化的传播形式、产品和服务形式的创新驱动，将海洋文化以具象化的形式进入到公众的生活中，满足公众日益增长的文化需求和对美好生活的需求。

7.1.3 坚持海洋文化开发与保护并重

海洋文化产业的灵魂根基是海洋文化，对于一般海洋产业来说，其发展都是社会效益和经济效益的综合矛盾体，但对海洋文化产业来说，则要站在传统文化传承和保护以及海洋文明生态化发展的原则上，坚持海洋文化保护优先，以海洋经济发展为辅，兼顾海洋生态环境保护，实现海洋文化的开发和保护相辅相成和并重存在的辩证统一。海洋文化产业更应该发挥其能动性作用和社会责任担当，在开发海洋文化资源的同时，保护好海洋文化，保护好我国传统文化精髓，这是海洋文化产业健康、可持续发展的精神保障和思想支持。

坚持海洋文化保护优先，就是在我国海洋文化产业的发展中，整个产业的发展导向以及所有产业要以“人海和谐”“四海一家”“和平美丽”“博大包容”等中华传统海洋文化思想为价值观导引，以保护好传统海洋文化这一瑰宝为产业发展的最重要战略目标之一。从宏观上说，在中华民族五千多年历史中，在海洋文化沧海桑田的历史变迁中，中华民族借由海洋文化的发展而创造了独具中国特色的海洋价值观念，也在亲近海洋、开发海洋、利用海洋、保护海洋、实现人与海洋和谐相处的具体实践中形成了独具中国特色的海洋发展观念，共同成为我国向海洋大步踏进的思想嬗变和实际指南；从微观来看，在现代海洋文化产业发展中，产业发展的创意来源于海洋文化，现代海洋文化的创新和发展也建立在传统海洋文化良好的保有状态基础上，因此，保护好海洋文化既是保护传统海洋文化资源，也是保护好现代海洋文化发展的根和魂，没有了这个根和魂，现代海洋文化产业的发展就难以实现长久的、健康的推进。

以海洋经济发展为辅，并不是要海洋文化产业的发展完全让步于海洋文化的保护，而是为了满足公众日益增长的海洋文化需求，在海洋文化产业的发展中，以海洋文化为思想引擎，但同时要大力发展现代海洋文化产业来为海洋文化的进步提供经济支撑，实现海洋文化保护和海洋文化产业发展的共生共荣。因此，在海洋文化产业的发展中，顶层设计方面，政府要制定海洋文化资源开发的功能区规划、管理制度、法律制度和政策保障体系，强化国家对海洋文化资源合理开发、高效利用的权威指导力和行动力；在海洋文化产业市场中，产业则要在总体战略的引导下，通过内部自主创新或借助海洋科学技术来解决所面临的海洋文化资源开发不合理、开发能力不足等问题，实现对海洋文化资源多层次、高效化的开发和利用，提高产业发展海洋文化事业和海洋文化产业的综合效益，在实现海洋文化产业结构优化升级的同时，提升海洋文化软实力。

兼顾海洋生态环境保护，是指海洋文化的发展必须实现资源的开发与海洋生态环境保护的并重，人类开发利用海洋的一系列活动已对海洋尤其是近岸海洋生态系统带来了健康和清洁运行的严重威胁，海洋文化产业的可持续发展必须注重在实现经济目标的同时，完善海洋生态结构，增强海洋生态功能，提高海洋生态效益，修复海洋生态损害。因此，在海洋文化产业发展中，政府主体首先要确定海洋生态环境保护的管理体制、机制和宣传导向，制定并完善海洋生态环境治理的法律法规，优化和改变政府强制性治理和末端治理的海洋生态环境治理模式；产业要在海洋文化价值观观念的指引下，建立反思自身行为对于海洋生态环境所带来的威胁的思想意识，在海洋文化产业生产方式上建立基于生态系统的高效海洋文化资源开发模式，从海洋文化资源高效、可持续利用的角度，有效利用科技支撑和财务支撑等政策的扶持，积极、主动地参与到海洋文化生态环境保护中去；政府和主体要同时建立产业发展的信息披露制度，以政府的强制性、产业主体的自觉性、公众的主动参与性来形成对海洋文化产业资源与生态环境保护的信息披露和监督情况，同时建立科学的产业“海洋生态环境友好型、海洋文化资源保护型”的评价指标体系，为整个产业发展海洋文化产业和保护海洋生态环境并重的观念原则和发展实践形成有效的评价监督和督促体系，以政府、市场和公众多元化力量共同促进海洋文化产业的可持续发展。

7.1.4 全面提升公众海洋意识

海洋意识是海洋文化精神元素之一，是在海洋文化发展过程中积淀并内化而产生的，因此，海洋意识是海洋文化的核心灵魂。我国公众海洋意识的高低在一定程度上也反映了我国海洋文化的发展层次和深度，它不仅是我国海洋文化政策和战略的内在支撑，也是中华民族海洋发展的内在动力，更是我国加快海洋强国建设的软实力基础。[①] 因此，提高公众的海洋意识是实现海洋文化产业发展的思想基础和精神支撑，更是实现中华民族伟大复兴的重

① 冯梁．论21世纪中华民族海洋意识的深刻内涵与地位作用［J］．世界经济与政治论坛，2009（1）：74.

要组成部分。[①]

我国海洋意识形成历史漫长，并在坎坷的海洋发展路程中不断变化，随着全世界海洋战略地位的提高和我国对海洋的不断重视，公众的海洋意识明显提升，但与我国海洋强国建设的战略目标仍不能相匹配，海洋意识淡薄、匮乏和落后已成为我国海洋事业发展和海洋强国建设的瓶颈，[②]全面提升公众的海洋意识迫在眉睫。因此，政府要从顶层设计上为海洋意识提升工作做好规划和导向，从海洋文化、海洋经济、海洋权益、海洋安全、海洋环境等多方面着力提升全民的海洋意识。

首先，挖掘中华民族海洋历史，普及海洋文化知识。中华民族的海洋历史也是我国海洋意识的形成和演化史、我国悠久海洋文明的发展史，在这个过程中孕育了辉煌而灿烂的海洋文化。通过挖掘海洋历史，梳理灿烂的海洋文化遗产和资源，将海洋历史和海洋文化转化成符合现代人生活方式的海洋文化呈现方式，让人们知古而察今，看到海洋文化和海洋意识的时代价值，看到国家"加快建设海洋强国"的美好愿景和行动，看到全世界对海洋和平世界的期盼，让公众一起去感受海洋文化和海洋文明，培育公众热爱海洋、关心海洋的情感，进而提高公众的海洋意识。

其次，开展海洋意识宣传教育，建立海洋意识调查评估体系。2016年，由国家海洋局联合教育部、文化部等多部门印发的《提升海洋强国软实力——全民海洋意识宣传教育和文化建设"十三五"规划》提出，要建立包含我国"公众关心海洋、认识海洋和经略海洋等内容和意识体系的海洋意识"的战略任务，因此，建立多层次、全方位、广范围内的海洋意识宣传和普及教育已成为当今十分迫切的任务。在海洋意识宣传教育上，开展多渠道、多措施、

---

① 陈艳红．发展海洋文化的关键在于海洋意识教育［J］．航海教育研究，2010（4）：12-16.

② 王宏．增强全民海洋意识 提升海洋强国软实力［N］．人民日报，2017年6月8日．

多层次的海洋意识增强机制，中央和地方带头将海洋意识普及教育纳入各层级宣传教育的工作体系中去，建立、健全相关的规章制度和协调机制，推进海洋知识和海洋意识教育“进教材、进课堂、进校园”，建立完善的海洋意识教育体系，同时依托于各级政府、各类涉海机构和媒体来创办海洋意识教育示范基地、举办各种海洋文化节庆会展、宣传和赛事等活动，以推陈出新的形式让海洋文化和海洋意识走进公众，形成全社会亲海、爱海、强海的浓厚氛围；建立公众海洋意识的调查和评估体系是对我国国民海洋意识水平的一种客观、科学的反映，要通过对国民海洋意识的普及调查和综合评价，掌握我国公众的海洋意识高低情况和变化趋势，为科学指导海洋意识的提高提供科学的决策依据，并通过对全社会公众海洋意识的普查，提高全社会对海洋意识的认知和对海洋意识的重视，让公众自觉地去关注、了解和认识海洋、学习海洋知识、思考海洋问题，促进全面海洋意识的提升。

最后，倡导中国特色社会主义海洋发展理念。从古代中国海洋实践的缘起，到近代中国海洋意识的萌芽，再到当代中国海洋经略的探索，我国海洋文化自古便传达了“和平”“和谐”的价值理念，在当代我国海洋的发展中，“和平”“合作”“共赢”的理念推动以中国为核心建立了“环中国海”文化圈，并成为致力于构建“人类命运共同体”的佼佼者，这些成就和地位得益于自古到今在我国海洋发展中，“使用的不是战马和长矛，而是驼队和善意；依靠的不是坚船和利炮，而是宝船和友谊”[①]。让我国公众对这种饱含了海洋文化“和平”“和谐”价值理念和“合作”“共赢”发展理念的海洋发展观形成高度的认同感和自豪感，将在提升我国海洋文化自信的同时，极大地提高公众的海洋意识。

---

① 习近平出席“一带一路”国际合作高峰论坛开幕式的讲话《携手推进“一带一路”建设》，2017年05月14日.

7.1.5 开拓海洋文化建设公众参与机制

海洋文化建设的公众参与机制是转变公众在海洋文化建设中由被动参与变为主动、自觉参与的过程，[①] 是在政府的指导下，公民主体全员性、全过程参与海洋文化发展的一种状态，它能够促进政府、市场和公众之间建立良性的交流与互动，提升公众参与海洋文化建设的积极性，进而提升海洋文化产业的发展效率，实现海洋文化产业健康、可持续发展的战略目标。因此，推进海洋文化建设公众参与机制建设是推动海洋文化产业发展的重要保障，开拓海洋文化发展公众参与机制，激发和增强公众参与海洋文化建设的自觉行动，将会为海洋文化产业的发展提供强大的社会共识和精神动力。

为此，首先要在政府的主导下，对公众参与机制给以法制化保护，通过相关的法规和政策完善，保障公众参与机制的顺利开展，为公众参与到海洋文化发展中去提供良好的舆论环境；同时形成从中央到地方海洋文化发展相关者职能部门的引导体系，引导公众参与到海洋文化发展的全过程，尤其是形成海洋文化产业之间的合力、合作，提高产业的发展效率。

其次，建立、健全海洋文化公众参与机制。允许并鼓励公众从多方位参与到海洋文化建设的政策和法规制定中去，尤其是注重鼓励不同层级、不同所有制性质、不同规模的产业参与其中，根据它们发展产业的切实所需提出完善海洋文化政策和法规的有效意见，提高海洋文化产业政策和法规的有效性；[②] 拓宽和创新公众参与海洋文化建设的渠道，公众参与海洋文化建设不只是在公众主体和政府主体之间，而是要拓宽到市场中去，例如海洋文化企

① 吕建华，柏琳．我国海洋环境管理公众参与机制构建刍议［J］．中国海洋大学学报（社会科学版），2017（2）：32-39.

② 邵子萌．中国生态文明建设中公众参与机制研究［D］．大庆：东北石油大学，2016.

业的发展同样最需要公众的声音，通过企业市场定位与公众需求的最佳契合来提供最大限度满足公众需求的海洋文化产品和服务；另外，在具体的参与技术上，借助互联网等高新技术建立公众参与平台，实现海洋文化发展相关信息在政府、市场和公众之间的共享，形成三者之间的良性互动；建立和完善公众参与海洋文化产业发展的评价和监督体系，通过对海洋文化发展相关信息的权威披露，让公众参与到海洋文化建设的监督和评价中去，尤其是在海洋文化产业发展中，对产业相关人员的行为进行积极的监督和督促，共同维护良好的产业环境。

最后，着重建设海洋文化公共服务体系建设中的公众参与机制。海洋文化公共服务体系要在满足公众海洋文化需求的同时实现公共海洋文化服务的均等化，这就需要在全社会范围内形成服务对象的公平统一化、服务效率高效化、被服务主体多元化，而公众的参与便是基于公众满意程度而实现海洋文化公共服务平等、均等化的保障因素之一。因此，要在提高公众参与意识、规范公众参与程序的基础上鼓励和引导公众参与到海洋文化公共服务政策和法规的制定、执行、评估中去，增强公众对公共海洋文化服务需求的回应，提高海洋文化公共服务的均等化和满意度，进而提高我国海洋文化供给的有效性。

7.2 开展海洋文化资源普查，优化布局结构

7.2.1 完善海洋文化产业统计和计量工作

建立和完善海洋文化产业统计和计量体系是开展海洋文化资源普查的基

础性工作，作为反映我国海洋文化发展战略目标实现程度的窗口，建立和完善海洋文化产业统计和计量体系也是在加快海洋经济转型升级发展、进行文化体制改革和完善海洋文化公共服务体系中标度和衡量海洋文化产业贡献率的有效路径。[①] 因此，在我国加强“海洋强国建设”和“海洋生态文明建设”、树立文化自信的战略布局下，在海洋文化产业发展全面铺开、地方海洋文化统计和计量成果初绽头角的现实状况下，制定全国统一的海洋文化产业统计标准，并推动国家和沿海地区地方统计部门建立和完善海洋文化产业统计和计量工作，才能够及时反映全国和各沿海地区、各相关产业、行业海洋文化产业经济发展的面貌，及时获取其具体的统计学量化数据，使人们对全国和各沿海地区海洋文化产业发展的真实状况形成定性与定量结合的全面把握，也才能使国家和地方扶持海洋文化产业发展的政策决策更为科学合理，更好地促进海洋文化产业健康、可持续发展。[②]

海洋文化产业统计工作的最基本的条件是对海洋文化产业概念内涵和范围分类加以界定。我国海洋文化产业发展起步不久，学界和政府对于海洋文化产业尚无统一认定的概念内涵界定，尤其是对于海洋文化产业的具体范围和边界问题存在不少分歧，因此，首先要结合海洋文化产业区别于其他传统产业的独有特点，明确海洋文化产业的内涵和统计范围，即在结合海洋文化产业概念和理念的基础上，在满足我国海洋文化和海洋经济发展的现实需求下，确定海洋文化产业的内涵，海洋文化产业的外延“边界”的统一标准，以及海洋文化产业的统计范围、边界和具体分类指标，保证统计口径的一致统一。

---

① 张雪．新形势下我国文化产业统计系统优化路径探析［J］．同济大学学报（社会科学版），2013（6）：41-47.

② 王苧萱．中国海洋文化产业统计体系的设计与应用［J］．中国海洋经济，2017（3）：253-269.

其次，要明确海洋文化产业统计的具体内容和统计规范，即哪些数据在海洋文化产业的统计范围以内，数据收集的标准和规则是什么，遵循什么样的统计原则和依据，收集的数据需要如何进一步处理消除可能性误差，等等，在统计范围的确定上，可以根据前瞻性的原则，先在最大、最合理范围的行业门类内纳入统计范畴，然后再根据统计标准，将不符合要求的剔除，以提高统计数据的准确性。另外，为了简化和避免统计工作的复杂性、困难性，提高数据的科学性和准确性，可以将公益性海洋文化事业和经营性海洋文化产业分开统计，减少统计成本，以分类之法服务于海洋文化产业统计工作以及未来决策的全局，同时又能避免数据二次转化带来的误差和失真。

最后，由政府部门带领拟定海洋文化产业统计与计量的方法、具体的实施方案，并提供健全的统计行政服务体系和畅通的协调沟通机制，对统计工作人员进行定期培训，保障统计工作的顺利开展。地方省市以政府拟定的方案为根据开展统计工作，合理分工，专业落实，积极合作，并结合地方海洋文化产业具体情况和实际的发展现状不断验证统计方案和标准，总结经验，及时反馈，不断修订和完善海洋文化产业的统计和计量体系，如图 7-1。

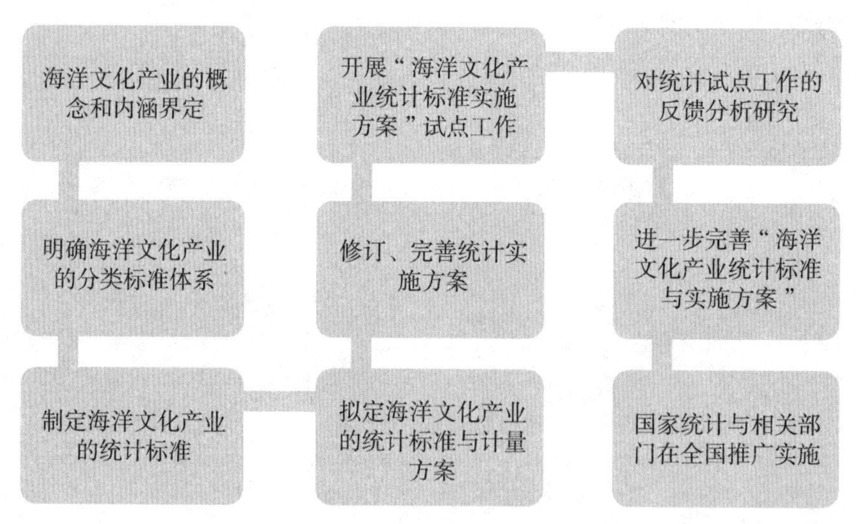

图 7-1　海洋文化产业统计与计量体系工作图

7.2.2 开展海洋文化资源普查工作

在完善海洋文化产业统计和计量工作的基础上，大力开展海洋文化资源普查工作，不仅能够充分反映今天我国海洋文化发展情况，进而在此基础上制定适宜的海洋文化产业战略，最终尽快实现海洋经济可持续发展的基础工作，而且也是针对党的十九大报告中提出的“坚持陆海统筹，加快建设海洋强国”的战略部署进行回应的一项前期性工作。

开展相关海洋文化资源普查的首要工作是明确普查的目的，即将“五位一体”的发展理念作为毫不动摇的统领，开展相关工作之前，要全面系统地掌握海洋文化资源基础资料，以此为基础进一步对沿海地区的海洋文化资源现状进行系统分析，对当前我国海洋文化资源在保护、利用以及开发形势方面进行客观的评估，做好以上工作有利于我国海洋文化产业的进一步发展，有利于顺应未来我国海洋文化发展的趋势及其对海洋文化资源需求的态势提供可靠依据，同时，还可为海洋文化发展战略的制定与相关政策的颁布实施提供较为可靠的理论与实践双重依据。

由国家海洋局牵头成立普查工作领导小组，各沿海省（自治区、直辖市）成立相应的领导机构，按照上级要求的目标任务，认真做好区域海洋文化资源的普查工作。普查的内容主要包括海洋物质以及非物质文化资源两方面。首先，海洋物质文化资源调查内容主要包括自然景观区、文物遗存、宗教文化及民间信仰活动场所等；其次，海洋非物质文化资源调查内容主要包括民间传统艺术、现代海洋艺术、沿海宗教及民间信仰、民间技能、民间文学、现代节庆会展、沿海历史及文化名人等。

经过开展一系列相关的普查工作，根据调查结果分类整理出恰当的海洋文化资源名录，为了浏览起来一目了然、轻重有序，要求列出各名录的具体提要。之后，在此基础上编制更为详细的海洋文化资源名录，这样做不仅方便自身宣传工作的开展，而且有利于统筹兼顾、科学合理地对海洋文化资源进行持续有序的产业开发。

7.2.3 优化海洋文化产业空间布局和地区结构

近些年来，部分地区在海洋文化产业发展过程中存在雷同项目问题，然而，由于部分项目并没有充分挖掘文化内涵，所以未对游客呈现显著的特色，因而游客无法欣赏到凸显当地特色的文化元素，反而迷失在某些相似的场景之中。所以，相关政府部门应该高度重视当前出现的文化同质化等现状，通过采取一系列措施，积极引导各地形成将个性化与共性化良好结合的发展思路及理念，逐步建立和内化“做文化产业不为取悦任何人，而为改变文化本来应有的面貌”这一观念，从而充分展现海洋文化的原本面貌，帮助游客丰富阅历、愉悦心情、熏陶精神、宽阔内心、升华情感。

虽然，对于部分项目而言，短时间内可能无法产生较好的经济效益，但是，只要这些项目充分展现了海洋文化应有的模样，那么，就应始终坚持发展这些项目，坚持挖掘这其中所蕴含的海洋文化，不能因为眼前经济压力的存在而随意降低投资力度。在起初阶段，即使仅仅被少数人看好，也应该坚持下去，在“孤独”中等待大众的认同，我们坚信，随着时间推移和海洋文化产业的科学有序发展，海洋文化本身应有的价值一定会渐渐得到世人的认同。

此外，在海洋旅游方面，如何做到“淡季有活动、旺季有高潮”还有待研究。海洋文化与大陆文化之间存在的巨大差异强烈地吸引着久居大陆和城市的游客，每逢节假日，众多游人走近大海，共同分享大海给予人们的无穷乐趣。例如，烟台蓬莱名胜古迹等海洋旅游资源十分丰富，近几年间，每年都有超过600万的中外游客慕名来到此地。但是，因为气候等方面的原因，4—10月份是该地的旅游旺季，相反的，其他月份游客数量比较少。如何增强淡季时节蓬莱海洋旅游资源对游客的吸引力，有待相关部门的进一步研究。同时，仅有56平方千米、5.7万人口的长岛县也面临着相似的情况，该岛作为全国最小的海岛县，每年接待的中外游客超过100万人次。一方面，九丈崖、半月湾国家地质公园、庙岛妈祖文化公园等极具海岛文化特色的景点给游客呈现了波澜壮阔的海洋自然景观；另一方面，通过体验当地生产劳作等渔家乐项目，游客们对当地人们的风俗习惯、信仰文化等有了更深入的了解，这使得游客们切身融入到了海洋文化内在的魅力当中。但是，海上交通受当地海洋气候的影响极大，由此给海上交通带来的不确定性严重制约着该地海洋文化产业的发展。一般而言，如果天气较好，该地从早上6点到下午5点半可有19个对开轮次，然而，在比较恶劣的天气条件下，为确保安全运行，所有轮渡即刻停航，所以，一般称秋冬季节为“旅游淡季”。例如，根据当地新闻报道，在2016年国庆期间的10月4日，由于大风的原因，近4万游客因客运轮渡停航滞留在长岛无法返回蓬莱码头。

7.3 转变政府职能，加强宏观领导

此方面最核心的内容就是要协调好政府与市场在资源配置中的作用。首先，政府方面要充分发挥其在海洋文化产业宏观管理以及市场规范等方面的积极作用，同时，市场中文化资源配置方面要充分发挥其基础性作用。具体而言，我国海洋文化产业发展过程中，政府行政职能转变应主要体现在以下三个方面。

7.3.1 转变管理功能

管理功能方面，由强制管理向主动服务转变。对于正处在起步阶段的海

洋文化产业而言，对相关的市场行为进行规范和管理是必不可少的工作，但是，需要注意的是，与此同时要为文化企事业的发展提供良好的政策环境和必要的产业指导，从而更好地服务产业发展。与其他产业一样，海洋文化产业的发展也在经历着从粗放型向集约型发展的转变过程，政府部门应该随着我国经济体制改革的深化逐渐改变之前“一刀切”的管理，应该坚持问题导向，积极主动解决海洋文化产业发展中存在的实际问题，为我国海洋文化产业真正实现高质量发展谋篇布局、提供指导，同时也要在产业发展过程中掌好舵、服好务、促好局，形成自上而下和自下而上的强大合力。

7.3.2 转变管理方式

管理方式方面，由微观管理向宏观管理转变，由直接管理向间接管理转变。理想的政府管理不是对文化企业开展具体性的管理工作，而应该是更多地开展对整个文化产业的发展方向、结构等多方面的宏观性调控与管理工作，与此同时，积极发挥非政府组织和企业进行有效自我管理的作用。海洋文化产业的发展与意识形态工作息息相关，政府部门应注重加强对文化企业创意产品设计的监督和审核，要主动出击，把关口前移，着重把好文化产品的政治方向，占领好主阵地，讲好中国故事，传播好中国声音，积极大力宣传我国博大精深的海洋文化和弘扬正能量的核心价值观，提高国家文化软实力和中华文化影响力。

7.3.3 转变管理手段

管理手段方面，进行综合管理的转变，摒弃以往的以单纯依靠行政手段进行管理为主，变为运用行政、经济等多种手段相结合，在开展相关工作的过程中，不断丰富管理手段，优化职能配置，持续提升管理效能，形成协同高效的良好局面。各相关政府部门要主动把自己摆进我国全面深化改革的总目标当中，最大限度地加快推进政府部门在海洋文化产业管理中的治理体系和治理能力现代化，走出一条真正属于自己的中国道路。

7.4 实施人才培育工程，打造智育支持环境

人才是产业能够实现高速可持续发展的不竭动力，由于文化产品主要源于人的智慧以及在此基础上产生的创意，人才在文化产业发展过程中的重要性显而易见。通过制定合理的人才培养、管理以及使用机制，最大限度地激发相关人才的创造活力，发挥相关人才的创造力，有利于增强文化产品的市场竞争力，促进加快实现文化产业的可持续发展。

7.4.1 加强人才培育工程的宏观引导

首先，相关部门作为牵头人，成立领导小组办公室，在此基础上与有关高校、企业和咨询机构共同做好人才培养计划的制订、协调等相关工作。以未来的发展需要为依据，针对我国海洋文化产业人才需求的数量、质量以及结构等方面逐项开展翔实的专题调查与研究，之后以此为依据，建立适应我国海洋文化产业发展的相关专业人才数据库，通过开展一系列的相关工作重点解决我国海洋文化产业发展过程中存在的结构性短缺等问题，有效降低以往工作中构建人才发展平台的盲目性。

7.4.2 构建以高校为主体的多层次人才培育模式

当前，我国海洋文化产业尚处于前期发展阶段，该时期在多层次人才方面有着极大的需求量，所以，现阶段应当建立以高等科研院校作为主体，以

企业、产业培育基地、独立科研机构为辅助，各利益相关方良好互动耦合的立体化人才培养架构。

文化产业的发展需要千百万创造性人才，这正是高等院校的责任所在。无疑，高等院校的科研与教学要努力探索和把握社会发展的脉搏，紧跟时代前进的步伐，成为中国文化产业发展的强大助推器和人才培养的最佳孵化器。所以，涉海专业的高校方面，应该做到紧紧围绕我国文化产业发展在文化经营管理人才量、人才结构以及人才层次方面的需求，切实承担起培养适应我国文化产业发展所需人才的艰巨任务。

7.4.3 大力引进和培养优秀文化人才

文化产业人才培养是一个长线工作，尽快引进一批优秀的文化产业海外相关人才，有利于在较短时间里做好海洋文化产业人才队伍结构改善工作。首先，要充分发挥引进人才的产业发展领头人作用；同时，在他们的带动影响下，以文化产业发展的前沿管理理念、运营模式等新知识观念来影响和带动当前的人才队伍，进而在较短的时间内帮助提升我国海洋文化产业人才的总体水平。此外，文化企业部门应允许有特殊才能的海洋文化相关人才以其拥有的知识技能这一无形资产为条件向企业投资，从而能在该企业占有一定股份，通过这一手段允许他们参与企业的相关收益分配，鼓励其积极从事兼职、技术入股、投资兴办高新企业等其他专业服务。

7.4.4 科学配置海洋文化产业人才

善于运用市场机制激励和吸引人才，最大限度地发挥专业人才效能。首先，创新海洋文化产业人才分配和激励机制。适当拉开人才分配差距，这不仅仅是对人才个人价值的肯定，激励人才不断自我提升，挖掘和发挥个人潜能，也是有效吸引相关人才投身海洋文化产业的手段之一。所以，各级政府要在人才分配和激励机制方面有所创新，例如对相关人才实行“绩效优先”的分配方法。这不仅可以促进其充分实现经济价值，同时也允许和鼓励他们以智力或贡献的形式适当作价入股参与收益分配或者年薪制等分配制度，通过类似措施，逐步建立“市场机制调节、政府宏观指导”的新型人才机制，同时允许部分特殊人才兼职并取得兼薪。其次，创造海洋文化产业人才充分施展其才华的大舞台。遵循按需设岗、竞争上岗、严格考核、动态管理的原则，在文化企事业单位构建既能上能下又能进能出的用人机制，工作开展过程中，大力推行项目负责制，同时，恰当地赋予优秀文化人才更多的权利以及相对应的责任，使他们在成就事业方面拥有更宽广的舞台，最终促进优秀人才能够有机会脱颖而出。

7.4.5 建立人才智库支撑体系

人力资本的储备，尤其是人才的培育积蓄是海洋文化产业市场主体的核心竞争力要素之一，海洋文化人才不仅能够提升产业的自主创新能力和持久发展力，还能提升我国海洋文化的基础学科建设和前沿技术的研究水平，推动我国的海洋文化建设。[①] 总体上看，我国海洋文化人才最主要的问题就是人才数量非常少，尤其是在海洋文化产业的发展中，高层次的创意型、制作型、营销型和管理型人才匮乏严重，[②] 难以支撑海洋文化产业的迅速发展。第二个问题就是海洋文化人才结构不合理，专业素质过硬、创新能力强的高端、领军海洋文化复合型、精英型和创新型人才极度稀缺，难以应对当前经济发展新常态下海洋文化产业的转型升级发展。第三个问题就是尚且缺乏对海洋

① 朱雪波，慈勤英．创新型海洋高层次人才培养路径研究［J］．江西社会科学，2015（2）：248–250.

② 欧阳友权．文化产业人才建设：问题与思路［J］．福建论坛（人文社会科学版），2012（2）：114–120.

文化人才的管理机制体制建设，没有为海洋文化人才打造适宜的成长环境和通常的成长通道，从而制约了海洋文化人才能力的充分发挥。

要培育一批规模够大、德才兼具，结构合理的海洋文化产业人才队伍，需要实施海洋文化产业的人才战略，打造人才培养工程，建立人才智库支撑体系。以设计构建和优化完善海洋文化类专业高等教育课程体系为“主渠道”，提升高校和科研机构海洋文化产业管理和技术人才的培养能力；以强化产学研交流为“闪亮点”，从高校吸引优质人才加入海洋文化产业市场，提高海洋文化产业的人才素养和发展空间；以多渠道人才培养投入为“动力点”，为海洋文化人才智库建设提供资金支持，充分发挥海洋文化“智库”作用。

首先，在学校设计海洋文化产业发展的相关专业课程，加强涉海高等和职业院校的技术教育，大力培育海洋文化产业管理和技术人才。一方面，要通过海洋文化学科体系的构建与完善，交叉设置贯穿海洋文化专业基础课、专业课和实践课的综合人才培养课程体系，并重点根据“涉海性”这一特色实现海洋文化与多学科、多方向综合交叉的高弹性培育结合方式，培养复合型、综合型、高素质海洋文化人才。另一方面，扩宽我国海洋文化人才的培养渠道和知识视野，通过定期举办国内外学术讨论和专题研讨会，努力学习国内外先进海洋文化人才培养理念和成功经验，及时掌握和关注国际上人才培育的相关信息与动态，以多种渠道、多种力量增加海洋文化人才的培养方式。同时，也要通过开展国际海洋文化人才教育培训的交流与合作，培育具有国际视野、顶尖素养的人才，提高我国海洋文化人才的综合素质和国际竞争力。

其次，建立海洋文化人才数据库，发挥海洋人才智库作用。一方面，通过建立海洋文化人才集聚和服务平台，吸收具有正确的海洋价值观念、创新精神和战略思维的各类海洋文化产业高精尖人才资源，借助海洋文化高层次人才的规模效应构建海洋文化人才智库，利用智库人才在海洋文化产业发展中献计献策，为政府和产业的发展提供决策依据，同时使有关部门能及时全面掌握各方面的人才信息，为海洋文化产业提供及时的智力支持；另一方面，建立海洋文化产业市场需求数据库，并与人才数据库形成关联，通过市场人才需求的“晴雨表”搭建人才与海洋文化产业发展职位需求的匹配，使市场人才需求和人才供给达到最优组合，打造充满效率与活力、结构较优、规模较大的海洋文化高端智库人才支撑体系，更好地服务于我国海洋文化产业的发展大局，实现海洋文化产业的最大效益。①

最后，推进海洋文化人才“产学研”交流与流动，发挥海洋文化人才的实践力。一方面，通过对高校和科研机构海洋文化科研成果的转化，实现海洋文化人才从“学”“研”向产业的传递和运用，打造“学科链”“专业链”和“产业链”融合体系，使得在人才培育工程下成长起来的专业型、精英型人才资源进入海洋文化产业发展的实践领域，充分发挥海洋文化人才的专业素养和创新技能；另一方面，海洋文化产业往往缺乏对人才的专业性、系统性培训和继续教育，导致人力资源后劲不足，因此，产业的发展必须意识到提高自身人才素养的重要性，除了举办定期培训外，还可以与学校之间建立联合培养培训和交流活动，以高校的后期教育来提高产业的人才素养和理论知识，以产业的实践经验丰富高校教育的应用能力和操作能力，实现“产学研”的合作与优势互补，达到海洋文化人才培养的共赢，以人才之力，推动海洋文化产业的可持续发展。

7.5 建立健全完善的配套机制

加快海洋文化产业立法，为产业发展提供法制保障。市场经济是法制经

① 尚方剑．我国海洋文化产业国际竞争力研究［D］．哈尔滨：哈尔滨工业大学，2012.

济，涵盖面广是文化产业的特点之一，与此有关的业务主管部门非常之多，建立科学系统的文化产业法规有利于文化产业实现良性可持续发展。目前，我国作为新兴行业的海洋文化产业尚处于前期发展阶段，尚未建立、健全与之相配套的法律体系，这是严重影响产业可持续发展的重要原因。所以，进一步优化文化产业发展的法制环境是实现我国海洋文化产业良好发展的当务之急。

总的来说，首先要建立一套较为系统、完备的法律体系，致力于保障我国海洋文化产业朝着健康方向发展，例如，制定出台文化产业促进法、文化资源保护法、文化投资法、文化市场管理法等等。其次，执法方面，进一步加强相关执法力度以及对文化侵权行为的责任追究，严厉打击对相关知识产权造成损害性结果的行为，大力鼓励及保护相关的文化创新行为。与此同时，尤其注意加强对海洋文化遗产的保护力度。再次，大力加强文化执法主体建设，有效推进我国文化市场综合执法工作的实施，进而减少以往多头执法而执法水平较低等问题的发生，确保我国文化市场繁荣、相关工作有序进行。最后，营造良好的社会环境氛围，通过开展相关工作，促进形成文化产品生产者、经营者、消费者、投资者、监管者等一系列相关方相互合作、自觉遵守相关法律的良好局面。

7.5.1 建设道德与法制双重保障体系

规范和促进海洋文化产业自身健康发展以及整个产业系统的平衡、稳定，既需要通过法制建设来规制海洋文化产业的发展，又需要发挥道德的约束作用来引领和教化产业的发展，对海洋文化产业的发展实行道德与法制双重建设的互补配套保障体系。

道德水准的约束力对于海洋文化产业来说，体现在人与海洋关系、人与人之间的关系以及人与社会等关系的价值观念和文明程度上，对海洋文化发展认知和行为的自觉性，具有规范性和调节性的约束作用。法制则是对产业行为规则底线的强制性约束，是通过法律的强制执行、教育教导和评价指引等措施来规范行为。两者以不同的标准和功能实现对海洋文化产业既有区别又相互补充的约束和规范保障。我国海洋文化产业的发展尚处于起步阶段，各类产业以产业的大力、快速发展为目标追求，在这个过程中也因为道德和法制约束的缺失，致使原本“人海和谐相处”的关系失去平衡，失去了道德的内在约束和法制的外在制约，部分产业开始无限制地征服与改造海洋世界和海洋文化，由此引发了海洋文化生态环境污染和破坏、海洋文化资源开发不合理、海洋生态危机加剧、海洋文化价值观念扭曲等一系列问题，甚至致使海洋文化产业的发展停滞不前，因此，亟须通过道德和法制手段来规范与约束海洋文化产业的行为，建立海洋文化发展道德和法制的双重互补配套机制，实现“构建人海和谐关系，树立海洋文化可持续发展观”的道德“高标”与“产业权责明确、监测监察有力”的法制“底线”相辅相成，从不同角度规范海洋文化产业的发展，使之共同服务于我国海洋文化的发展和海洋生态文明的建设。

海洋文化产业发展的道德约束能够为海洋文化法制规范提供价值理论基础，而法制规范反过来也可以为海洋文化的道德约束提供制度保障，因此，一方面，要通过科学、民主的立法，将海洋文化发展的道德理念融入法制建设中去，使海洋文化法律规章饱含道德约束力；建立海洋文化法律严格的执法和公正的司法程序机制，使得海洋文化的道德价值要求在产业实践行为中得以广泛遵循并大力弘扬，成为衡量海洋文化产业法律执行行为的重要衡量标准；倡导全民遵法、守法，尤其是海洋文化产业要使将海洋文化发展的法律和道德转化为内心的坚定信仰。另一方面，完善我国海洋意识普及和海洋文化道德的理论建设，构建一套既能约束产业行为又可以成为全民价值导向的海洋文化建设道德规范体系，以切实可行的实践路径推进道德对海洋文化法制、对整个海洋文化产业发展的滋养、丰富和支撑作用，以海洋文化发展的道德理念和精神价值引导人们遵守和信仰海洋文化发展的法律体系。

在海洋文化发展的道德和法制建设中，政府要责无旁贷地引领海洋文化发展与建设的道德风尚，倡导海洋文化价值的道德理念，深入开展洋海洋文化道德建设的宣传教育工作，加强以海洋文化发展道德观念为先导的海洋文化产业的发展管理，从立法整合机制与立法参与机制两个方面入手来建立海洋文化发展的体制保障。① 同时，政府要积极倡导和呼吁民间群体发挥其海洋文化发展的自觉向善功能，引导学校建立和完善海洋文化学科的教育机制，鼓励公众将海洋文化道德理念融于日常言行之中，实现政府的强制和惩处功能与民间的监督与自律功能的统一与互补。最终形成以海洋文化建设和发展的道德操守为普遍内在需求的倡导与激励机制，对违反海洋文化道德的普遍性舆论谴责与软性社会惩治规则，以海洋文化建设法律法规为底线的外在强制制度，对违反海洋文化建设法律法规行为的严厉惩处与高压震慑手段，以道德和法律的双重共建加强对海洋文化的保护和对海洋文化产业发展的指导。

7.5.2 提供科技创新动力支持

以科技创新之力融于海洋文化发展是我国海洋文化产业规模化、集约化水平提高的有效策略之一，我国海洋文化产业尚处于初期，产业发育不成熟，新业态发展动力不足，需要继续通过科技创新来提升海洋文化产业价值链，创新海洋文化产业发展模式。因此，产业的发展既要融合海洋文化的软实力，又要跟科技硬实力相结合，以科技创新力服务于满足人们的海洋文化需求，撬动海洋文化产业发展的新动能，优化海洋文化产业结构和产业发展水平，

① 朱进．中国海洋文化法律制度研究［D］．大连：大连海事大学，2016.

实现海洋文化产业的转型升级发展。

第一，政府推动科技创新与海洋文化双向驱动的顶层设计，加速推进海洋文化产业发展和海洋生态文明建设进程。首先，政府引导并制定创新技术与海洋文化产业的融合政策和规划，鼓励海洋文化产业加强自身技术创新，并应用于海洋文化的传播形式、产品和服务模式的创新，同时，将有利于海洋文化与科技创新技术相融合、协同的创新机制和创新环境建设作为政府推动的主要着力点，建立健全科技创新技术与海洋文化融合机制，推动海洋文化产业的升级发展；其次，政府带动并鼓励各类产业借助于科技创新平台开展海洋文化引导和意识普及工作，借助于非正式教育组织机构和非传统海洋文化教育课程体系和培训计划等更广泛、更容易被接受的渠道来宣传海洋文化，通过开展与沿海社群和海洋文化空间有关的历史生存经验、家庭与工作作坊、娱乐休闲方式等各种活动，在全民范围内普及海洋知识和意识，弘扬海洋文化，树立有利于海洋生态文明建设的价值理念，提高公民对海洋文化和海洋生态文明的认知和行动；最后，在科技创新支撑下，以海洋文化为根基，以技术创新为关键，在产品、服务和技术上进行海洋文化跨产业的交叉和重组，实现海洋文化产业与其他产业的“跨界融合”，推动海洋文化产业多元化、高技术含量的转型升级发展，拓宽海洋文化产业的覆盖面与内涵深度，增加产业的附加值与竞争力。

第二，以科技创新融入于海洋文化产业发展的新视角、新思路、新举措。首先，海洋文化产业的发展要始终贯穿保护海洋文化资源和生态环境的理念，因此，海洋文化产业在发展过程中势必要转变以前资源开发型和劳动密集型的产业发展视角，通过科技的融入一方面实现海洋文化资源开发和高效利用上的突破，另一方面将科技创新技术转化成具体成果应用到产业的发展中去，提高产业的科技含量和附加值，推动海洋文化产业更节约、更环保、更高效、更健康的可持续发展；其次，提高海洋文化产业的自主研发能力，形成海洋文化产业的科技创新体系。在政府提供的海洋科技基础设施建设下，海洋文化产业要加强海洋文化与科技创新融合的基础研究，培养海洋文化产业的自主创新力，通过建立海洋文化产业科技成果转化平台，将科技创新与海洋文化产业的实际应用相结合，促进科技创新成果转化成高质量的海洋文化产品和服务，利用新的科技手段能有效地传达海洋文化产业的具体内涵和发展理念，提供能让大众更便捷、更广泛接受的海洋文化产品与服务，从而实现海洋文化产业的有效供给，充分体现海洋文化产业的经济效益和社会效益；最后，在政府的引导下，依靠目前的市场机制，组建海洋文化产业创新的战略联盟，通过不同产业类型之间的协调发展和优势互补，合作开展海洋文化产业的关键技术研发，鼓励开展多种形式的联盟结合，满足不同性质、不同层次、不同规模产业对科技创新的现实需求，完善海洋文化产业的价值链，为海洋文化产业的转型发展提供持续的创新驱动力。

第三，借助于科技创新实现海洋文化产业绿色、循环、低碳发展，促进产业节约利用海洋文化资源，高效保护和修复海洋生态环境。首先，在尊重海洋自然规律的基础上，利用科技创新技术，不断提升海洋文化资源集约节约和综合利用效率，打造环境保护型和资源节约型海洋文化产业，加快海洋文生态环境治理和海洋文化资源破坏的修复问题，使得海洋文化资源和生态环境保护与产业发展协调统一，促进人与海洋的长期和谐共处，增强海洋文化产业的可持续发展能力；[①] 其次，通过科技创新技术，积极培育扶持海洋文化产业新业态，建立海洋文化科技创新产业体系，促进海洋文化资源的高效、可持续利用，同时不断开拓海洋文化产业的新空间、新领域、新视野，依托技术创新培育出具有知识技术密集、资源物质消耗少、成长潜力大、综合效益高、环保可持续等特征的战略性新兴海洋文化产业，不断壮大海洋文

① 马雯月．开放经济视角下的海洋产业发展［D］．青岛：中国海洋大学，2008.

化产业，形成海洋文化产业发展的新增长点；最后，产业要依托于技术创新有效传播海洋文化，合理利用互联网、大数据和新媒体来创新海洋文化产品和服务的流通渠道，优化海洋文化产品和服务的消费环境，提高海洋文化产业的消费升级和供给侧改革，同时，利用技术创新完善海洋文化产业价值链，进行海洋文化价值增值创新，拓宽海洋文化产业市场，充分彰显海洋文化产业的辐射力与影响力，促进海洋文化产业发展的同时，也为我国海洋生态文明建设添砖加瓦。

7.5.3 构建海洋文化产业绩效评价体系

大卫·索斯在《文化政策经济学》中提出，文化政策一定不能忽略文化诉求，政策要充分体现文化目标的内涵、实现方式和评估方法。[①] 因此，海洋文化产业的发展需要构建一套能够体现我国和谐海洋观，对海洋文化产业发展情况进行科学有效测评，可操作性和可实现性强的海洋文化产业绩效评价体系，来评价分析我国海洋文化产业发展的社会效益和经济效益，并通过评价结果分析我国海洋文化产业的发展效率，为提高海洋文化产业发展效率提供决策。

海洋文化产业发展绩效评价需要经过指标数据的收集、评价指标的初选和最终构建、指标的预处理、权重的确定、在挑选合适的评价方法下进行综合评价、分析评价结果等一系列过程。在此过程中，数据的收集源于海洋文化产业统计和计量工作的顺利开展，而评价指标体系的构建则是准确衡量海洋文化产业发展绩效的基础和关键。海洋文化产业的发展既要保证经济效益，又要兼顾社会效益，因此，需要分别从社会效益和经济效益两个角度进行评价指标体系的设计。另外，在具体的指标选取时，要能从多个角度分别反映

① David Throsby，The economics of cultural policy. Cambridge University Press，UK，2010：21.

不同区域、不同海洋文化产业门类的绩效情况，总体的评价能够对我国海洋文化产业资源的合理配置、发展速度和效益有个直观的反映；不同区域海洋文化产业的绩效评价可以为不同地区协调海洋文化发展的经济效益和社会效益起到标杆作用，促进不同区域间产业发展的取长补短和整体进步；不同产业门类发展的绩效评价可以明确哪些是优势行业应该加大支持的，哪些是新兴行业应该引导鼓励的，哪些是落后行业应该逐渐被淘汰的，哪些是环境保护资源友好型的行业，哪些是高耗能、高污染型的行业，从而为我国海洋文化产业的转型升级发展提供指导；不同产业类型海洋文化产业发展绩效的评价可以帮助产业看清自身发展的优劣和所处的主体地位、拥有的市场竞争力，协调不同产业之间的发展，促进海洋文化产业系统的平衡、稳定。

在社会效益上，海洋文化产业的发展要体现其基础设施服务的供给所做的社会贡献（包括公共海洋文化事业发展相关的图书馆等机构数量和从业人员情况等）和所承担的社会责任（包括海洋文化的宣传和海洋意识的普及工作等）、公益性海洋文化事业的社会支持力度（包括展览、表演的参观参展人数等）、海洋文化公共设施的覆盖率（包括城市和农村地区海洋文化基础设施人均拥有量等）、社会影响度（包括海洋文化事业和产业发展对外的合作交流情况等），以及海洋文化产品和服务的示范效应情况（包括海洋文化产业发展示范基地、海洋意识普及教育示范基地的数量等）。

海洋文化产业经济效益的评价是能够比较直观反映海洋文化产业发展现状的评价体系，也是在我国产业发展中应用非常广泛和成熟的评价体系，因此在海洋文化产业经济效益发展评价体系的构建上，可以参考其他产业成熟完善的评价方法，但同时一定要兼顾到海洋文化产业的“涉海性”“文化意识形态性”等特殊之处，为海洋文化产业的发展做出科学的评价和正确的判断，引导产业发展追求经济效益的方式优化。另外，在对经济指标的构建中，尤其是要兼顾到沿海社群中处于较低产业地位的渔村渔民等社群的民生、民计情况，分析个人、家庭、家族式个体从业者在海洋文化产业发展中所带来的不可忽略的经济效益，明确它们的主体地位。

最后，对于所构建的绩效评价体系，要对评价方式和结果进行权威的检测以及正规的评估公报发布，披露我国海洋文化产业发展的相关信息，政府部门和各类不同海洋文化产业要根据评价结果进行及时的监督和反馈，为不同产业之间的改进提升以及政府进一步的战略规划提供参考，推动海洋文化发展的科学发展和可持续发展。同时，政府要引导地方建立与产业发展评价结果相挂钩的公平准确、奖罚分明的激励制度，通过实行表彰、奖励与警告、惩罚等方法，健全和完善评价标准体系。

7.5.4 建立海洋文化产业风险机制

我们处在一个市场风云变幻的时代，面对的是一个海洋文化需求日新月异的世界，外部世界环境和社会氛围的变迁，加之产业内部海洋文化的意识形态性、精神创造性和海洋文化需求的不确定性，都加剧了海洋文化产业发展可能面临的海洋文化环境自然风险、社会政治风险、市场技术和经济风险，给正在发展初期的海洋文化产业带来了一定程度的冲击。风险并不是危险，更不是失败，通过建立风险机制，对产业发展过程中可能遇到的风险进行评估、预测、识别和控制，合理地进行风险的规避和转移，就能分散和化解风险，使产业根据风险反馈及时做出调整和改善，化险为夷，增强持续发展能力，促进我国海洋文化产业的健康发展。①

风险防范是风险管理机制中最为核心和关键的环节，因此，在宏观上，政府应该从对海洋文化产业发展的整体布局的把控出发，通过对产业发展的

① 刘彦武，周红芳．文化产业发展中的风险防控机制研究［J］．中华文化论坛，2011（2）：165-171.

市场内外部环境、人才和技术环境、文化环境、市场占有率和竞争力等情况的考察，从国家层面构建海洋文化产业发展合理有效的风险预警机制，提高海洋文化产业灵活面对、积极应变风险的能力；在微观上，海洋文化产业的各类产业则要在经营过程中制定产业价值链各个环节上包括市场运营、政策、知识产权保护、投资、创意转化等风险在内的防控和应对战略规划，把风险管理上升到战略管理的高度加以重视，主动、灵活、开放、前瞻性地分析未来发展过程中可能遇到的风险以及风险规避的方法和手段，增强产业的风险预防能力。

在具体的风险控制和应对方法上。首先，政府要从宏观上利用产业政策规制为海洋文化产业发展做好风险的事前控制，通过完善市场机制来控制可能面对的风险控制市场失灵状况。同时，在政府的引导下，通过成立海洋文化创业基金会或者大力发展海洋文化产业中介组织，进行风险投资的介入，通过客观公正的风险评估做出正确的投资决策和风险预防和控制建议；其次，在政府的扶持下，建立海洋文化产业信息平台，增强不同产业之间的信息交流和互动，减少产业市场中信息的不对称，同时还可以通过平台信息的共享了解产业发展的软硬环境，吸收其他产业风险管理的经验和教训，从而做出正确的决策，减少不要的损失和成本；最后，政府以顶层设计完善保险机构等中介组织对海洋文化产业发展的支持和服务，为产业的风险管理进行多方位的部署和指导，同时，完善民间保险机构等中介组织，与政府力量形成合力，为海洋文化产业的发展搭建一张“安全网”，提供全面的风险保障，减轻风险发生后带来的灾害与损失，为海洋文化产业的健康发展保驾护航。[①]

① 张玉玲．保险支持文化产业要量身定做，更要全程支持［N］．光明日报，2011 年 1 月 17 日．

8 结论与展望

8.1 研究结论

本书以我国海洋文化产业发展模式为研究对象，以习近平新时代海洋强国思想、海洋经济可持续发展理论、海洋生态文明建设理论等基本理论作为指导，通过采用定性和定量研究相结合的研究方法，对我国当前海洋文化产业发展模式进行了一系列梳理、分析和研究，主要得出以下结论。

（1）通过对我国海洋文化产业发展现状的梳理分析，可以看出我国海洋文化产业作为新兴产业形态，尚未得到足够的关注，其总体发展水平比较低，在市场化、商业化和政府主导等因素的影响下，政府、企业方面尚未对海洋文化的先导作用给予足够的重视，国民大众的海洋意识普遍不强，海洋文化产业的发展受到相应的制约，致使海洋文化的先导作用没有在海洋文化产业的发展中得到充分发挥。

（2）基于对各省份之间的比较研究结果显示，我国沿海省份海洋文化产业的发展呈现出自北向南和自西向东两个维度逐渐增强的趋势，大致呈现出一个反写的“L”形，该结果与各省份之间经济发展现状是相互对应的。在对国内外海洋文化产业发展模式进行梳理并得到相关启示的基础上，提出“海洋文化+”的海洋文化产业发展模式理念，根据不同的要素需求，研究分析了我国5类“海洋文化+”的海洋文化产业发展模式。提出并分析了联盟式区域联动模式和虚拟文化产业园模式两个未来发展新趋势。

（3）运用层次分析法构建的指标评价体系对我国海洋文化产业发展模式选择进行实证检验，结果显示：在当前条件下，海洋文化资源、市场需求、政府行为、人才科技、人口卫生等因素中，海洋文化资源对我国海洋文化产业的发展是最重要的影响因素，我国海洋文化产业发展中，相比产业属性而言，海洋文化的属性应该得到更多的且应有的重视。

（4）在上述研究分析的基础上，对我国海洋文化产业发展模式进行重新构建。提出构建我国海洋文化产业创新生态系统发展模式，提倡充分发挥海洋文化的先导作用，深入整合人力、技术、信息、资本等创新要素，实现创新因子有效汇聚，为网络中各个主体带来价值创造，实现各个主体的可持续发展。同时，阐明海洋文化产业发展模式重构的必要性，阐明重构的思路、应有的机制、发展模式体系和政策衔接。以此来推动海洋强国建设、生态文明建设和“一带一路”倡议，在发展海洋文化产业的同时大力弘扬我国海洋文化。

（5）提出了我国海洋文化产业发展的对策建议和保障措施。从提高全民海洋意识、优化海洋文化产业空间布局结构、实施提升智育支持环境的人才培养工程、建立健全完善的配套机制等方面，提出海洋文化产业发展的对策建议和保障措施，以期为我国海洋文化产业发展提供理论和政策层面上的参考。

8.2 创新之处与研究不足

1）创新之处

进入21世纪以来，随着产业结构的调整，海洋文化产业慢慢走上时代舞台，成为国民经济中不可或缺的朝阳产业，海洋文化产业的研究也得到越来越多学者的关注，成为国内外相关领域学者关注的新热点，本书在对海洋文化产业发展模式的研究中，主要有以下几个方面的创新。

拓宽视野、创新选题：在选题方面，突破了国内相关研究中大都以某省份或某地区为单独研究对象的局限，通过文献梳理，目前尚未发现站在国家层面的视角针对我国海洋文化产业发展模式进行系统研究的专著或论文，本书在这一领域实现了选题上的创新。

学科融合、交叉统一：在研究内容方面，通过分析研究找准切入点，在把文化产业研究与管理学研究结合的同时，明确海洋文化的研究方向，通过研究找到海洋文化、文化产业和管理学三个方面的结合点，以此实现交叉学科的融合，在此基础上研究解决我国海洋文化产业发展模式的现实问题。

科学分析、创新模式：在研究方法方面，构建数学模型，使用层次分析法等研究方法将实地调研、查阅资料和走访调研等各种途径获取的海洋文化产业数据进行分析，对我国海洋文化产业发展模式的选择进行实证检验，针对所面临的具体问题，具有前瞻性地提出并倡导以海洋文化为先导创新生态系统海洋文化产业发展新模式，这在理论和实践层面都是一种可以相得益彰的创新。

多地考察、旨在求实：在丰富素材方面，不拘泥于书本知识，开展国内外调研、考察。利用国外调研的机会，关注沿海国家海洋文化产业的发展现状，挖掘其历史发展轨迹，破译其成功的真正秘诀，同时发现其存在的问题；在国内，走遍全国十余个沿海省市，实地考察从事海洋文化产业的行业，揭示这一行业的真正面貌和现实问题，从而有针对性地研究和解决问题。

2）研究不足

本书在开展海洋文化产业发展模式研究过程中，相关数据获取难度较大，有一些可以鲜明地刻画海洋文化产业的指标，因为有效的数据不能获取而无法采用，不足之处体现在因数据不够翔实而造成的分析结果不够精准。作为新兴产业，海洋文化产业的历史发展并不长，相比别的产业，学界对其关注并不多，对海洋文化产业的定量分析还很少，所以，海洋文化产业的资料搜集是一份高难度的工作。国家统计局直到 2012 年才给予文化产业分类标准——文化及相关行业分类（2012），从而明确了文化创意产业的分类及其统计流程。本书所获取到的数据资料来源：一方面是从公开统计年鉴、统计公报以及国家部委科研机构的报告中进行汇总得到的，另一方面则是来自于各地区文化产业及园区的统计。由于很多指标难以统一量化，有些更有代表性的指标不得不放弃使用，同时，由于有些数据仅仅是近两三年才开始进行统计的，能获取的数据年限较短，不足以充分支撑并用于模型的研究，也不得不忍痛舍弃，这是本书的遗憾之处。另外，开展实地调研需付出大量的时间和精力，目前仅能在部分具有典型代表性的地区开展一些基础调研工作，要在短短的 3—5 年内实现深度调研的全覆盖更是难上加难，这也是当前研究中的不足之处。

当前研究的不足，正是下一步需要努力改进和完善的地方，在今后的研究中，笔者将会继续深入，争取以更大的实地调研范围来弥补公开统计数据的不足之处，为我国海洋文化产业的健康可持续发展提供更加完善和全面的对策参考。

8.3 展望

本书选题的研究切入点是海洋文化产业发展模式研究。由于部分直接相关统计资料的局限和海洋文化产业自身分类界定的模糊性，一些问题需要进一步的深入研究和实践验证，希望有更多的专家和学者能对这些问题产生兴趣，加入到海洋文化产业研究的队伍中来。

（1）对海洋文化产业结构进行的评价仍处在探索阶段，评价指标体系的构建尚显粗糙，指标的选取也不够系统，仍需要进一步综合梳理统计年鉴和其他相关统计数据，对评价体系继续改进和完善，力争构建一个指标数据更便于搜集、分析结果更客观合理、操作使用更简便易行的海洋文化产业评价模型，力求能够给沿海地区的地方政府相关部门提供一个可靠的海洋文化产业参考资料，并能够给当地海洋文化产业政策的调整提供理论依据和实践指导。

（2）书中构建的我国海洋文化产业创新生态系统发展模式，作为一个具有共生关系的经济共同体和一个基于长期信任关系形成的松散而又相互关联的网络，其内部各个要素之间的关系如何合理配置、实际运行过程中各要素之间发生冲突矛盾时应当如何理顺其内部关系等方面都需要更进一步的深入探讨和研究。

（3）在海洋文化产业的实际发展过程中，其内在的优势并未完全凸显出来，文化的先导作用也尚未得到足够的重视，文化自身的优势没有得到充分发挥。作为新的文化和经济增长点，海洋文化产业如何在供给侧结构性改革和新旧动能转换中进一步优化产业结构、最优配置要素、充分发挥效能以及提升经济增长的质量和数量、正确处理政府与市场关系等问题仍需要学者、专家及政府决策者深入地思索和考量。

（4）有关海洋文化产业的实证调研与研究相对匮乏，深入细致的实地调研工作尚未到位，走出去看得不够、了解得不够，国内许多沿海城市缺乏相关的实地研究，目前的研究仍然仅仅局限在以往的研究基础之上开展，对国内沿海地区或海岛的典型案例的深入研究将作为后续研究的一个主要方向。

（5）海洋文化产业横跨第二产业和第三产业，传统的行政管理机制效率较低，一定程度上制约甚至阻碍了部分地区海洋文化产业的发展。在国家大力实施经济体制改革创新的大背景下，如何创新更为高效的行业管理机制以及区域产业的协同发展机制，尚需今后继续加以研究。

参考文献

[1] Ron Ayres. Cultural Tourism in Small-Island States：Contradictions and Ambiguities. Island Tourism and Sustainable Development [M] . Praeger Publishers，2002.

[2] Porter M E. The Competitive Advantage of Nations [M] . London：The Macmilan Press Ldt，1990.

[3] Jay B.Barney. Gaining and Sustaining Competitive Advantage [M] . Addision-wesley Publishing Company，1997.

[4] Choi Young Ho. 韩国文化产业走势 [M] . 吴正，译 . 上海：上海译文出版社，2005.

[5] Throsty.D. Economics and Culture [M] . Cambridge University Press，2001.

[6] Florida R. The Rise of Creative Class [M] . New York：Basic. 2002.

[7] WEF. The Global Competitiveness Report [R] . Geneva：World Economic Forum，2002.

[8] IMD. The World Competitiveness Yearbook [M] . Lausanne：International Institute for Management Development，2002.

[9] J.R. Logan，H.Molotch.Urban Fortunes：the Political Economy of Place [M] . London：Universiyt of California Press，2007.

[10] Friedman J. Cultural Identity and Global Process [M] . London：

Sage, 1994.

[11] Alberto Frigerio. The Underwater Cultural Heritage: a Comparative Analysis of International Perspectives, Laws and Methods of Management [D]. 2013, IMT Institute for Advanced Studies Lucca.

[12] Johanna Humphrey. Marine and Underwater Cultural Heritage Management, obben Island, Cape Town, South Africa: Current State and Future Opportunities [D]. 2014, University of Akureyri.

[13] Villena M. G and Chavez C.A. The Economics of Territorial Use Rights Regulations: A Game Theoretic Approach [N]. Working Paper Series, 2005: 41-42.

[14] K.Bassett, R.GriffithsI.Smith. Cultural Industries, Cultural Clusters and the City: the Example of Natural History Film-making in Bristol [J]. Geoforum, 2002 (33): 165-177.

[15] Daud Hassan. Land Based Sources of Marine Pollution Control in Japan: A Legal Analysis, David C. Lan Institute for East-West studies Working Paper Series, 2011: 2.

[16] Morgan G.R. Optimal fisheries quota allocation under a transferable quota (TQ) management system [J]. Marine Policy. 1995, 19 (5): 379-390.

[17] Jorgensen S., Yeung D.W.K. Stochastic differential game model of a common Property fishery [J]. Journal of Optimization Theory and Applications. 1996, 90 (2): 381-403.

[18] Jaime Speed Rossiter, Giorgio Hadi Curti, Christopher M.Moreno. Marine-space assemblages: Towards a different praxis offisheries policy and management [J]. Applied Geography, 2015, 59: 142-149.

[19] SarahVann-Sander. Is economic valuation of ecosystem services useful to

decisionmakers ? Lessons learned from Australian coastal and marine management [J] . Journal of Environmental Management, 2016, 178: 52-62.

[20] Molotch H. Place in Product [J] . International Journal of Urban and Regional Research, 2002, 26 (4) : 665-88.

[21] G Drake, This Place Gives me Space: Place and Creativity in the CreativeIndustries [J] . Geoforum, 2003, 34 (4) : 511-524.

[22] K.Bassett, R. GriffithsI. Smith. Cultural Industries, Cultural Clusters and the City: the Example of Natural History Film-making in Bristol [J] . Geoforum, 2002 (33) : 165-177.

[23] Yvonne Payne Daniel. Tourism Dance Performance Authenticity [J] . Annalsof Tourism Research, 1996, 23 (4) : 780-797.

[24] Greg Richards, Julie Wilson. The Impact of Cultural Events on City Image: Rotterdam, Cultural Capital of Europe 2001 [J] . Urban Studies, 2004, 41 (10) : 1931-1951.

[25] Michela Addis. New Technologies and Cultural Consumption-Edutainment is Bom [J] . European Journal of Marketing, 2005, 39 (7) : 729-736.

[26] Allen.J. Scott. Cultural-products Industrie and ban Economic Development Cultural: Economy, Urban Affairs Review [J] . Journal of Socio-Economics, 2003, 32: 571-587.

[27] Chris R. and Jeremy H. Aboriginal Tourism—A Linear Structural Relations Analysis of Domestic and International Tourist Demand [J] . International Journal of Tourism Research. 2000 (2) : 15-29.

[28] L.Mizzau, F.Montanari. Cultural Districts and the Challenge of Authenticity: The Case of Piedmont, Italy [J] . Journal of Economic Geography,

2008，8（5）：651-673.

[29] Towse.R. Creativeity Copyright and the Creative Industries Paradigm [J]. KYKLOS，2010，63（3）：395-410.

[30] Colgan C.S. The Ocean Economy of the United States：Measurement，distribution & trends [J]. Ocean & Coastal Management，2013（71）：334-343.

[31]〔日〕渡邊昭夫，秋山昌廣. 日本をめぐる安全保障これから10年のパワーシフトーその戦略環境を探る [M]. 東京：亜紀書房，2014.

[32]〔德〕霍克海默，阿多诺著. 洪佩郁、蔺月峰译. 启蒙辩证法 [M]. 重庆：重庆出版社，1990.

[33]〔德〕黑格尔. 历史哲学 [M]. 上海：三联书店，1956.

[34]〔英〕尼古拉斯·加汉姆. 解放·传媒·现代性——关于传媒和社会理论的讨论 [M]. 李岚，译. 北京：新华出版社，2005.

[35]〔芬〕芮佳莉娜·罗马. 以盎格鲁—萨克逊方式解读文化产业，世界文化产业发展前沿报告（2003-2004）[M]. 北京：社会科学文献出版社，2004.

[36] 塞缪尔·亨廷顿. 文明的冲突与世界秩序的重建 [M]. 北京：新华出版社，2002.

[37]〔英〕贾斯廷·奥康纳. 欧洲的文化产业和文化政策，世界文化产业发展前沿报告（2003-2004）[M]. 北京：社会科学文献出版社，2004.

[38]〔英〕理查德·凯夫斯. 创意产业经济学：艺术的商业之道 [M]. 北京：新华出版社，2004.

[39] 陈少峰，张立波. 文化产业商业模式 [M]. 北京：北京大学出版社，2011.

[40] 胡惠林. 文化产业发展与国家文化安全—全球化背景下中国文化产

业发展问题思考［M］. 北京：学林出版社，2001.

［41］〔日〕伊藤宪一 .21 世纪日本的大战略—从岛国迈向海洋国家［C］. 日本国际论坛，森林出版社，2000：98.

［42］Margaret B.Swain. 土著旅游业中的性别角色：库拉莫拉 . 库拉亚拉的旅游业和文化生存［A］. 东道主与游客：旅游人类学研究［C］. 昆明：云南大学出版社，2002.

［43］许浩，廖宗林 . 试论“陆地文化”和“海洋文化”区别的实质［A］// 中国海洋学会，广东海洋大学 . 中国海洋学会 2007 年学术年会论文集（下册）［C］. 北京：中国海洋学会，2007：4.

［44］杨国磊 . 提升休闲渔业服务质量，保护渔家传统文化［A］. 2010 中国海洋论坛论文集［C］. 青岛：中国海洋大学出版社，2010：297.

［45］苗锡哲，叶美仙 . 渔业资源研究［A］//2010 中国海洋论坛论文集［C］. 青岛：中国海洋大学出版社，2010：231–237.

［46］韩兴勇，马莹 . 海洋文化资源在发展海洋旅游产业中的作用分析［A］// 2010 中国海洋论坛论文集［C］. 青岛：中国海洋大学出版社，2010：268–275.

［47］柳和勇，叶云飞 . 试论我国非物质海洋渔捕文化资源的开发［A］// 中国海洋学会 2007 年学术年会论文汇编［C］. 北京：中国海洋学会，2007：277–283.

［48］邹桂斌 . 海洋文化产业发展和社会治理策略初探［A］//《中国海洋学会 2007 年学术年会论文集》（下册）［C］. 北京：中国海洋学会，2007.

［49］张广海，李淑娟 . 海洋生态环境指标体系初探［A］. 2004 年海洋发展论坛论文集［C］. 青岛：中国海洋大学出版社，2006：239–244.

［50］郭萍，赵鹿军 . 谈完善我国海洋环境保护行政立法的几点思考［A］. 2004 年海洋发展论坛论文集［C］. 青岛：中国海洋大学出版社，2006：

77—88.

[51] 领娣，刘子玉 . 海洋经济结构战略性调整，有效保护海洋生态环境 [A]. 2004 年海洋发展论坛论文集 [C]. 青岛：中国海洋大学出版社，2006：163.

[52] 张开城 . 海洋文化与海洋文化产业研究 [A]. 2005 国际海洋论坛 [C]. 北京：海洋出版社，2008：316-320.

[53] 郭进文 . 漫谈雷州民俗石狗文化 [A]. 2005 年国际海洋论坛 [C]. 北京：海洋出版社，2008：316-320.

[54] 苗锡哲，叶美仙 . 渔业资源研究 [A]. 2010 中国海洋论坛论文集 [C]. 青岛：中国海洋大学出版社，2010：231-237.

[55] 曲金良 . 海洋科学的海洋人文内涵与大学科体系构建 [J]. 中国海洋大学报，2008（3）：12-23.

[56] 郭晓勇 . 郑和下西洋的影响及其中断原因——海洋文化的视角 [D]. 武汉：华中师范大学，2006.

[57] 陈叶萍 . 基于价值链的国内旅游演艺企业核心竞争力研究 [D]. 上海：上海师范大学，2010.

[58] 李云鹏，晃夕，沈华玉 . 智慧旅游：从旅游信息化到旅游智慧化 [M]. 北京：中国旅游出版社，2013.

[59] 陶国相 . 科学发展观与新时期文化建设 [M]. 北京：人民出版社，2008.

[60] 杨国桢 . 海洋丝绸之路与海洋文化研究 [J]. 学术研究，2015（2）：92-95 + 2.

[61] 王秀萍 . 日本“海洋国家论”之历史发展过程和主要内容 [J]. 改革与开发，2011（1）：22.

[62] 徐杰舜 . 海洋文化理论构架简论 [J]. 浙江社会科学，1997（4）：

112-113.

［63］吴继陆．论海洋文化研究的内容、定位及视角［J］．宁夏社会科学，2008（4）：126-130.

［64］刘桂春，韩增林．我国海洋文化的地理特征及其意义探讨［J］．海洋开发与管理，2005，22（3）：9-13.

［65］赵君尧．中国海洋文化历史轨迹探微［J］．职大学报，2000（1）：25-34.

［66］李德元．质疑生流：对中国传统海洋文化的反思［J］．河南师范大学学报（哲学社会科学版），2005，32（5）：87-89.

［67］吴建华，肖璇．海洋文化资源价值探析［J］．浙江海洋学院学报（人文科学版），2007，24（3）：17-20.

［68］赵君尧．郑和下西洋与15世纪前后中西海洋文化价值取向比较［J］．湛江海洋大学学报，2004，24（5）：19-21.

［69］李俊霞．甘肃文化产品走向世界的战略问题研究［J］．甘肃社会科学，2013（1）：195-198.

［70］唐向红，李冰．日本书化产业的国际竞争力及其前景［J］．现代日本经济，2012（4）：47-55.

［71］姚国章．“智慧旅游”的建设框架探析［J］．南京邮电大学学报（社会科学版），2012（2）：13-16.

［72］张凌云，黎巎，刘敏．智慧旅游的基本概念与理论体系［J］．旅游学刊，2012（5）：66-73.

［73］邓贤峰，李霞．“智慧景区”评价标准体系研究［J］．电子政务，2012（9）：100-106.

［74］刘加凤．常州智慧旅游公共服务平台建设研究［J］．中南林业科技大学学报（社会学版），2012（5）：22-24.

[75] 颜敏 . 智慧旅游及其发展—以江苏省南京市为例 [J] . 中国经贸导刊，2012（20）：71-74.

[76] 吉慧 . 山东智慧旅游研究 [J] . 物联网技术，2012（12）：73-78.

[77] 朱珠 . 浅谈智慧旅游感知体系和管理平台的构建 [J] . 江苏大学学报（社会科版），2011（6）：97-100.

[78] 李京颐，陈文力，宁华 . 北京地区旅游企业信息化发展状况调查 [J] . 旅游学刊，2007（5）：46-53.

[79] 候建娜，李仙德，杨海红 . 旅游演艺产品中地域文化元素开发的思考—以《印象·刘三姐》为例 [J] . 旅游论坛，2010，3（3）：284-287.

[80] 贺培育，潘小刚 . 湖南文化产业国际化发展研究 [J] . 湖南社会科学，2009（5）：145-148.

[81] 徐世丕 . 旅游演艺对我国传统演艺市场的冲击和拓展 [J] . 中国戏剧，2008（9）：14-17.

[82] 胡丽琴，刘明柱，杨永强 . 数字旅游体系框架研究 [J] . 资源与产业，2007（2）：81-83.

[83] 周霄，肖智磊 . 经济欠发达与发达地区县域旅游发展模式比较研究—以河南栾川和江苏常熟为例 [J] . 江苏商论，2007（10）：90-91.

[84] 陈亮，刘寰 . 广西文化产业实施“走出去”战略问题研究 [J] . 广西社会科学，2007（4）：17-19.

[85] 梁栋栋，陆林 . 数字旅游初探 [J] . 资源开发与市场，2005，21（1）：78-80.

[86] 柳和勇 . 舟山观音信仰的海洋文化特色 [J] . 上海大学学报（社会科学版），2006，13（4）：53-57.

[87] 杨瑞霞 . 我国县域旅游的规划与发展分析 [J] . 商业经济，2004（12）：109-111.

[88] 沈望舒 . 北京文化产业要实施“走出去”战略 [J] . 北京联合大学学报，2002，16（1）：71-75.

[89] 肖玲 . 对于县域旅游规划重点问题的探讨—以饶平县旅游规划为例 [J] . 热带地理，2002，22（1）：138-141.

[90] 万里 . 关于“文化产业”定义的一些思考 [J] . 湖南第一师范学报，2001（1）：17-20 + 24.

[91] 金元浦 . 创意产业的全球勃兴 [J] . 社会观察，2005，（2）：22-24.

[92] 邓达 . 创意产业的核心价值与知识产权 [J] . 管理世界，2006（8）：146-147.

[93] 孙智英 . 创意经济的形态和业态研究 [J] . 东南学术，2008（6）：107-111.

[94] 施惟达 . 从文化产业到创意产业 [J] . 学术探索，2009（5）：25-26.

[95] 祁述裕 . 文化产业，文化创意产业 [J] . 学术探索，2009（5）：29-30.

[96] 单世联 . 本自同根生，相煎何太急—关于“文化产业”与“创意产业”的一点思考学术探索 [J] . 学术探索，2009（5）：31-32.

[97] 胡惠林 . 对“创意产业”和“文化产业”作为政策性概念的一些思考 [J] . 学术探索，2009（5）：33-34.

[98] 李景平 . 创意产业创意经济 [J] . 新疆艺术学院学报，2010（9）：88-91.

[99] 李具恒，杜万坤 . “创意阶层”人力资本的“硬核”摊化 [J] . 社会科学辑刊，2007（6）：145-149.

[100] 郑晓东 . 创意城市的路径选择 [D] . 上海：上海社会科学院，

2008.

[101] 王慧敏 . 创意城市的创新理念、模式与路径 [J]. 社会科学，2010（11）：4-12.

[102] 仁锋 . 城市观嬗变与创意城市空间构建：核心内容与研究框架 [J]. 城市规划学刊，2010（6）：109-118.

[103] 张洁 . 我国创意产业的国际竞争力经济管理 [J]. 经济管理，2009（12）：32-38.

[104] 丛海彬，高长春 . 中国创意城市竞争力决定因素评价研究 [J]. 吉林师范大学学报（人文社会科学版），2010（5）：97-100.

[105] 陈伟雄，张华荣 . 文化创意产业与城市竞争力的相互作用机理分析—以上海市为例 [J]. 江苏工业学院学报（社会科学版），2009（3）：30-34.

[106] 张华荣 . 关于海峡西岸经济区创意产业竞争力的理论与现实思考 [J]. 综合竞争力，2011（1）：66-72.

[107] 陈清华 . 文化创意产业知识溢出效应研究 [J]. 南京社会科学，2010（5）：34-38.

[108] 丘萍，张鹏，雅茹塔娜，等 . 海洋文化产业与旅游产业融合探析 [J]. 海洋开发与管理，2018，35（4）：16-20.

[109] 纾舒 . 中国海洋文化研究历程回顾与展望 [J]. 中国海洋大学学报（社会科学版），2016（4）：32-41.

[110] 李珂 . 让海洋文化融入海口 21 世纪海上丝绸之路发展战略中 [J]. 今日海南，2016（3）：42-44.

[111] 陈晔 . 我国海洋文化的时空特征研究——基于地名的由来及其演变过程 [J]. 中国海洋大学学报（社会科学版），2018（4）：64-69.

[112] 张开城 . 海洋文化产业现状与展望 [J]. 海洋开发与管理，

2016，33（11）：27-31.

［113］徐杰舜.海洋文化理论构架简论［J］.浙江社会科学，1997（4）：112-113.

［114］吴继陆.论海洋文化研究的内容、定位及视角［J］.宁夏社会科学，2008（4）：126-130.

［115］刘桂春，韩增林.我国海洋文化的地理特征及其意义探讨［J］.海洋开发与管理，2005，22（3）：9-13.

［116］赵君尧.中国海洋文化历史轨迹探微［J］.职大学报，2000（1）：25-34.

［117］齐晓丰.中国海洋文化产业的优势分析及几点建议［J］.海洋信息，2014（4）：55-58.

［118］张开城.海洋文化和海洋文化产业研究述论［J］.理论研究，2016（4）：3-4.

［119］黄沙，巩建华.中国海洋文化产业发展历程、意义与趋势［J］.中国海洋经济，2016（2）：201-219.

［120］尤晓敏，瞿群臻.海洋文化产业集群协同创新问题及对策研究［J］.中国渔业经济，2013（5）：100-103.

［121］郝鹭捷，吕庆华.我国海洋文化产业竞争力评价指标体系与实证研究［J］.广东海洋大学学报，2014（10）：1-7.

［122］吴小玲.利用海洋文化资源发展广西海洋文化产业的思考［J］.学术论坛，2013（6）：204-208.

［123］叶武跃，林宪生.辽宁省特色海洋文化产业的集聚化发展模式探讨［J］.海洋开发与管理，2013（10）：98-102.

［124］吴思.海洋文化特质对中国国家形象建构的价值与作用［J］.新闻前哨，2019（8）：113-114.

［125］李晓欢．中华海洋文化的基本特征及发展特点［J］．时代金融，2019（17）：130-132.

［126］张开城．比较视野中的中华海洋文化［J］．中国海洋大学学报（社会科学版），2016（1）：30-36.

［127］曲金良，王苧萱．海洋文化产业统计指标体系研究［R］．青岛市统计局委托课题研究报告，2015.

［128］张娜，田晓玮，郑宏丹．英国文化创意产业发展路径及启示［J］．中国国情国力，2019（6）：71-75.

［129］柴志明．发展海洋文化产业的若干思考［J］．浙江传媒学院学报，2014，21（1）：76-78.

［130］郝鹭捷，吕庆华．我国沿海区域海洋文化产业溢出效应研究［J］．中国海洋大学学报（社会科学版），2016（5）：96-102.

［131］李佳薪，谭春兰．海洋产业结构调整对海洋经济影响的实证分析［J］．海洋开发与管理，2019，36（3）：81-87.

［132］徐文玉．基于产业主体视角的海洋文化产业发展研究［J］．浙江海洋学院学报（人文科学版），2016，33（6）：16-24.

［133］张良福．中国加快建设海洋强国的若干理念与原则［J］．中国海洋大学学报（社会科学版），2019（2）：5-8.

［134］林昆勇．学习习近平总书记关于海洋事业的重要论述［J］．理论建设，2018（6）：5-10.

［135］王建友．习近平建设海洋强国战略探析［J］．辽宁师范大学学报（社会科学版），2019，42（5）：103-112.

［136］魏亚丽．利用共词聚类分析我国海洋经济可持续发展研究热点［J］．江苏商论，2019（1）：124-126.

［137］张震，贾善铭，王泽宇．中国海洋经济协调发展研究综述［J］．

资源开发与市场，2018，34（8）：1133-1138 + 1162.

［138］张一，马雪莹．海洋生态文明建设目标：社会效益及路径选择［J］．中国海洋大学学报（社会科学版），2019（4）：23-27.

［139］戴桂林，郭越，王畅，等．新时代开放型海洋渔业体系构建与创新路径探讨［J］．中国国土资源经济，2019，32（8）：15-22.

［140］张晓．海洋保护区与国家海洋发展战略［J］．南京工业大学学报（社会科学版），2017，16（1）：100-105.

［141］李宇亮，刘恒，陈克亮．海洋自然保护区生态保护补偿机制研究［J］．生态学报，2019（22）：1-11.

［142］金元浦．文化体制改革向何处去？——产业发展与普惠民众之间新的平衡［J］．人民论坛·学术前沿，2013（23）：46-53.

［143］傅才武，何璇．四十年来中国文化体制改革的历史进程与理论反思［J］．山东大学学报（哲学社会科学版），2019（2）：43-56.

［144］胡惠林．新时代应尤其注重维护国家文化资源安全——学习习近平总书记总体国家安全观关于文化资源安全的重要思想［J］．人民论坛·学术前沿，2018（22）：68-79 + 107.

［145］丰爱平，刘建辉．海洋生态保护修复的若干思考［J］．中国土地，2019（2）：30-32.

［146］张胜冰，臧金英．基于数字化的海洋文化遗产保护体系的构建［J］．集美大学学报（哲社版），2017，20（1）：25-32.

［147］李思屈，郑宇．论现代海洋媒介传播体系的构建——以提升浙江媒介海洋传播力为例［J］．现代传播（中国传媒大学学报），2013，35（10）：41-45.

［148］李海峰．借鉴美国经验发展中国海洋文化创意产业的思考［J］．中国海洋经济，2017（2）：231-243.

［149］韩雄伟．国外海岛旅游开发的经验启示［N］．中国海洋报，2019-6-18.

［150］万芳芳，白蕾，王琦．海洋世界遗产发展趋势分析及相关申报建议［J］．海洋开发与管理，2013（6）：26-31.

［151］崔倩茹．英国海洋文化与立法研究［D］．济南：山东大学，2018.

［152］修斌，黄炎．日本新潟县的海洋文化产业开发及其启示——以日本最早的鲑鱼博物馆为例［J］．中国海洋经济，2019（1）：177-189.